美　学

中国社会科学院
哲学研究所美学研究室　编

2017卷

中国社会科学出版社

图书在版编目(CIP)数据

美学.2017卷/中国社会科学院哲学研究所美学研究室编.
—北京:中国社会科学出版社,2018.12
ISBN 978-7-5203-3766-3

Ⅰ.①美… Ⅱ.①中… Ⅲ.①美学—文集 Ⅳ.①B83-53

中国版本图书馆CIP数据核字(2018)第279681号

出 版 人	赵剑英	
选题策划	郭晓鸿	
责任编辑	杨 康	
责任校对	王 龙	
责任印制	戴 宽	

出 版	中国社会科学出版社	
社 址	北京鼓楼西大街甲158号	
邮 编	100720	
网 址	http://www.csspw.cn	
发 行 部	010-84083685	
门 市 部	010-84029450	
经 销	新华书店及其他书店	

印 刷	北京明恒达印务有限公司	
装 订	廊坊市广阳区广增装订厂	
版 次	2018年12月第1版	
印 次	2018年12月第1次印刷	

开 本	710×1000 1/16	
印 张	20	
插 页	2	
字 数	272千字	
定 价	78.00元	

凡购买中国社会科学出版社图书,如有质量问题请与本社营销中心联系调换
电话:010-84083683

目 录

艺术美学专题

会议综述

《美学》复刊词

千禧五年，《美学》复刊。

1979 年《美学》问世之时，适逢改革开放与文化复兴之初，故尽"筚路蓝缕，以启山林"之力，颇具投石激水、开蒙新民之功。

此刊原以大开本行世，故有"大美学"之雅称。当时印数虽多，但其读者更众，若幸得一册，则传阅论辩，有关情景或见于讲堂书斋，或闻于酒酣耳热。敏悟灵思之士，推陈出新、著书立说，为中国美学发展广布薪火，是为文坛佳话。

瞬逾廿载，时过境迁。然学问之道常在，而美学创构不止，学界需求方殷，《美学》应时复刊，亦属自然理势。

国内书刊，已琳琅满目。《美学》忝列其中，当有所为。其办刊宗旨，将师法前贤，光扬和而不同之学风，确立海纳百川之视野，贵真求是，讲究学理，重视创见，力主文以质胜、不以名取，鼓励运思深入、文笔平实，提倡追问求索、辩驳明晰，希冀融贯中外，究天人之际，通古今之变，立一家之言。凡此种种，敬望诸君！

本刊凸显焦点，特辟"实践美学论辩"一栏，欢迎批判创新、百家争鸣，诚愿一同协力，推动学术繁荣。

《美学》编辑部

2005 年冬

实践美学专题

特约稿两篇

李泽厚:答高更(Paul Gauguin)三问

李泽厚

（《中华读书报》网络版不顾李泽厚先生的反对，曾将此文改名为《我希望第二次文艺复兴回归原典儒学》。今恢复原名，李泽厚先生作了最新修订。）

何道林（以下简称"问"）：2015 年 10 月在美国夏威夷大学由世界儒学研究联合会举办的 "Li Zehou and Confucian Philosophy"（李泽厚与儒学哲学），据说是第一次以健在的中国大陆人文学人为题的国际学术研讨会。

李泽厚（以下简称"答"）：有些人这样说，但我不清楚，这也不重要。我所知道的是，这次论文将结集出英文版。

问：你本人也参加了这次会议，并作了英语发言，能否谈谈？

答：会议的语言主要是英语，我没有提交和宣读论文，只在讨论中作了几次发言，也没有发言稿。

问：仍然希望你介绍你的发言。

答：那我现在就用中文综述一下，并做些补充。

我们从何处来？

问：就这样。还是用你习惯的问答体，请讲。

答：内容以前基本都讲过，这次只突出了几点。我带去了自己那本书《人类学历史本体论》（第三版）的封面，封面上有一幅后印象派大家高更（Paul Gauguin）的晚年名作。其标题是："我们从何处来？我们是什么？我们往何处去？"我不懂法文，英译是："Where do we come from? What are we? Where are we going?"这三问恰好表明了我要探求的问题，我把这本书的封面撕下来，带去给大家看看。

问：这三问也就是你提出的："人类如何可能？什么是人性？何谓命运的哲学？"

答：对。首先讲第一问：人从哪里来？一般有两种回答，一是上帝造人，人由天国乐园堕落而来，不断救赎自己，经最后审判而重返天堂。古希腊神话也有以宙斯为首的活灵活现的神的世界，这已给了答案，所以西方哲学似乎很少提出这个问题。而自 Nietzsche 喊出"上帝死了"以后，现在学术界则流行社会生物学，认为人是由动物基因突变（gene mutation）而来，因此人类社会只是动物界的继续。

问：这就是说人是一种无毛的猿，与动物无甚区别。动物也有社会组织，也有伦理，甚至也有政治权术。这一类的论述有很多，非常出名，传播甚广，影响很大。如《裸猿》《黑猩猩的政治》，等等。

答：因为这会议的题目是"儒学哲学"，我就说，中国的儒学恰恰不同意这两种看法，而认为人类文明（civilization）、文化（culture）都是历史的产物，有一个历史形成、发展的进程。概括起来，可以说是人类本身创造了自己。这也是我几十年来的基本观点。

问：如何说？

答：虽然中国古书也讲"天生烝民，有物有则"，"天命之谓性"，但这个"天""天命"以及"天道""天意"，等等，都是相当含混模糊的，中国没有明确的创造主（Creator）的观念，也没有创造过程的记述。"天生烝民"的"天"，也可以解释成自然的天。这就相当不同于《旧约》里那个有许多具体的作为、语言，能够发号施令、创造世界、创造人类的人格神上帝。

问：你经常引用《新约》的"太初有言"（语言）与《周易》的"天行健"（太初有为）相比较。

答：我又一次引用《浮士德》讲"太初有为"与"太初有言"，我并且说，我所讲的"为"是指人类自己的"为"，而不是天的"为"。我认为，中国的"天行健"，与"人性善"一样，是儒学的一种情感态度，是儒学的"有情宇宙观"，而不是客观的事实描述，实际不过是人类行为的情感借喻和反映。

问：我知道你能背诵《约翰福音》第一章。你过去主要是以此比较西方的"Logos—逻辑—语言—理性"与中国的"道始于情""礼生于情"，等等。

答：这次我强调儒学最重要的特征之一，是注重历史。作为巫史会集交接点的《周易》以及其他中国古籍，描述上古是"穴居而野处"，提出人类有这么一个有巢（巢穴居住）、燧人（取火）、伏羲（渔猎）、神农（农业）、黄帝（手工大制作）前后连续的时代，这是非常明确的历史进程。几千年前的描述，与今天的人类学研究若合符契，这一直使我赞叹不已。

问：赞叹什么？

答：赞叹儒学哲学的"强烈的历史意识"（the strong consciousness of history）。《战国策》里有"前事之不忘，后事之师"，章学诚有"六经皆史"的说法。所以我说"天地国亲师"的"师"远不只是老师，主要应该指历史。老师教的主要也是历史，《三字经》《龙文鞭影》里大量的也是讲历史，而不像西方讲《圣经》故事、希腊神话。中国史书从未间断，最为丰富，世界第一。从"六经"到《史记》到《资治通鉴》到历代正史以及各种稗官野史，大量记述的是这个世界、这个人生各种基本经验、悲欢离合、大体真实的故事。这是中国文化的中坚内容。

中国人的强烈的历史意识，正是中国"人活着"的背景、依靠和根据，日常生活和文化艺术、诗文小说无不表现出这一特质。这才是儒学哲学的根本精神。人之所以在这个哲学中的地位极高，"道四术，唯人道为可道也"（《郭店竹简·性自命出》），人之所以能"参天地、赞化育"（《中庸》），就是因为人本身是能"为天地立心"（张载）的历史创造者。

问：你由此把它扩展到人类，强调以"制造—使用工具"作为人类的起源，不是上帝造人，也不是基因突变，而是人自己造出不同于动物界的物质文明和精神文化，从而成为人类，便是这种儒学哲学根本精神的继续？

答：这就区别了《周易》与《圣经》，亦即区别了人与神，而且也区别了人与动物，因为动物只有进化史，没有自己的历史。儒家非常强调人禽之分、人兽之别，当然无法认同也就根本区别于现在非常时髦的自然演化说和社会生物学。

问：这也就回答了 Gauguin 的第一问？

答：有意思的是，Gauguin 这三问，原本有其少年时代受天主教学校教育的背景。Gauguin 这三问用的是 We 而不是 I，是大我而非小我。我很高兴在这次会议上有两篇外国学者写的文章，非常重视或赞同我讲的"大我"与"小我"、"主体性"与"主观性"的区别。我这些说法，曾经受到国内自由主义学者们的一片猛烈攻击。但我至今坚持一切均历史产物，小我的自我意识相对于几百万年的人类来说，只是非常晚近的成果。正如婴儿和今天的人工智能，便很难说有"我"的意识。

我们是什么？

问：Gauguin 第一问，似乎已作了回答。那么第二问（我们是什么）呢？

答：我的回答是，我们是一种制造—使用工具并有人性心理的动物。

问：人是动物，这大概没问题，关键就在什么是人性了。你70年代就说过，人性一词，古今中外大量使用，却从无公认的定义，仍然相当含混、模糊，有时偏向动物性，有时又偏向超动物性。

答：用我的说法，人性主要是指人所特有而为动物所无的文化心理结构。落实到个体上，便是情理结构。

问：Aristotle说过，人是理性的动物，强调人所特有而为动物所无的是理性。所以西方哲学多半一直说"理"而不谈"情"，崇奉理性，甚至主张理性至上，法庭挂的是公正（justice），也就是理性的公平，所以有个天秤挂在那里。但问题是这"理性"又从何来，也就是你所提及的问题。这个"从哪里来"其实主要属于第一问。

答：我的回答当然就是从积淀而来，就是从"制造—使用工具"中来。但积淀并不只是理性，因为人的心理结构不只是理性。我在1980年发表的《孔子再评价》提出"仁的结构"中的"心理原则"，突出的恰恰是"情"而非"理"。人性是人心的情理结构，而不只是理性。理性如前面所说，常常被认为是上帝的"言"（语言—逻辑—Logos，等等），因此可以完全无关于人的实体存在、生物本能、生存需要和生理欲望，Kant的超人类的纯粹理性便是如此。

问：你讲情、情本体、情理结构，但动物也有情啊。

答：这"情"是文化积淀的"情理结构"，不等同于动物的情；其中有理，但不同于机器的理。这我已讲过许多次了。

问：你在这次会议上，将积淀分为三个层次，以前讲过没有？

答：以前也讲过，这次略为详细些。第一层，我称之为原始积淀，即制造—使用工具，使人的行动的主体性积淀为人的心理的主观性，其中包括对称、平衡、节奏、韵律等秩序感、形式感的建立，当然更包括动作语言（手势语）和发声语言（主要是语义）。此即理性的出现。当然还有主体性间的冲突与和谐、协同与分离等感受和经验。

我非常欣赏这次会议论文中有一篇以近 20 年考古学的新分支——认知考古学的研究材料，从原始石器和手的变化等方面来论证和赞同我的积淀说。这是一位美国学者写的。我说这是对我非常重要的科学支持。在西方，Nature 经常含有某种固定的意味，而我所谓 Human nature 实际等同于 Human psychology，它是变异的、进化的，是在动物生理基础上，人类自己塑建起来的。这 Psychology 一词，我只把它作为一种哲学概念，并不等同于今天实证的、经验的心理科学。

问：当然，你所谓"人性心理"，以及"情理结构"等，都只是一种哲学观念，细节和论证还待以后的科学发展。那么，积淀的第二层呢？

答：那就是不同文化的不同积淀了。由于社会组织、人际关系、意识形态、宗教信仰、生活形态、价值观念、思维方式、情感表达都颇有不同，形成了不同文化。这便形成了不同的心理积淀。我常说，Kant 虽然不进教堂，也未必真相信那个人格神的上帝，但他提出的超人类的纯粹理性、超现象界的本体，我以为仍然有上帝的影子。他所追求的普遍必然性，也是"两个世界"的文化心理积淀在哲学中的表现。

问：你在 1979 年的《批判哲学的批判》一书里，便提出客观社会性替代 Kant 的普遍必然性，这一点至今没有人注意。

答：对，没人重视。Kant 强调先验性的普遍必然，如同西方讲的"天赋人权""人生而平等"一样，是一种没有来由的原理、原则。西方老百姓或学者们也不一定读《圣经》、信上帝，但总觉得有个上帝在。中国并无此心理积淀，"天"在中国人心中仍然是如王国维所说的半神半自然。天是 Heaven，又是 Sky，既主宰又并不绝对，也并不普遍必然；相反，"人定胜天"倒是常常被人乐用，人们信奉、依靠的是各式各样、虽神圣而世俗且多元、常带有历史故事的神明，如关帝、妈祖、观音菩萨，等等。对西方人来说，先验就是先验，不必问从哪里来；对中国人来说，常常要问这先验又是从哪里来的，划到哪里为止。

中国人只有 go beyond（超脱），没有西方基督教的 transcendent（超验）的概念，这仍然是积淀了的强烈历史意识在主导的缘故。

问：西方强调的超验、先验和普遍必然，其实就是某种绝对性，而你讲的这种历史主义，缺乏绝对性，不妥。

答：不然。我认为绝对性也是历史的成果或产物。无论内在或外在，都是经过长期历史的积累或积淀而产生的。我一再举过杀老与尊老、溺女婴或养女婴的例子。西方普遍必然的绝对性常常来自神，中国普遍必然的绝对性来自人类自身。至于自然科学中的普遍必然的绝对性，我在《批判》一书里已讲过，也许以后还可再讲讲。

问：这些问题当然非常复杂，没法一次讲清楚。那么积淀的第三层呢？

答：第三层，就是所有上面两层积淀都必然落实在个体心理上。而个体因先天（如生理遗传）、后天（如环境、教育、经历）的差异，每个个体心理积淀的文化心理结构以及情理结构是并不相同的，而且可以差异很大。正如每个人都有自己的 DNA 一样。这里用 DNA 来比喻，只是强调每个个体的差异，它并不是真正的 DNA，因为它不是一成不变的，而恰恰是随人的先天遗传的差异，以及后天环境、教育、活动、经历、素养的不同而变异的。所以我一直强调"积淀"是一个前行的进程，是 formation、process，这次也讲了这点。

问：所以积淀并不像一些批评者认为的，是理性压倒感性，集体压倒个性？

答：与那些批评恰恰相反，积淀使人的个性发展到更多元、更多样，也更细化、更丰富、更复杂，其个性差异远非任何其他动物所能比拟。自然的人化使人外在地具有了超生物的肢体和器官（super-biological limbs and organs），创造了丰富的人文世界，同时也使人内在地具有了超生物的心理结构（super-biological psychology），造成了丰富的人性世界。情感与欲望相关联，"情"（包含"欲"）与"理"的不同比例、成分、先后顺序、交错往返的种种不同，造成了大量甚至无限的个性差异，有如 DNA 的不同组配一样。也正是这种积淀的个体差异，使其对原有积淀存在着突破或改变的可能。正是个体不同的情理结构，使人具有了创造性。创造性属于个体，包括工具、科技、精神文化各方面均如此。

人类的主体性是生产、活动、群体关系、社会生活，等等。人类的主观性是语言、观念、宗教信仰、意识形态，等等。由于积淀的个体差异，使人有可能由突破后者而改变前者，也就是内在人性对外在人文的突破或变异。这就不是 Marx 的经济基础决定上层建筑，上层建筑反作用于经济基础这么简单，而是更为复杂多样了。总之，双重积淀都是在动物生理基础上所塑建、构造而成的。这就是我所讲的内在自然的人化。

我们往何处去？

问：剩下 Gaugin 最后一问了，"我们往何处去？"或"我们走向何方？"这似乎就涉及你的"命运哲学"了。

答：我在会上说，"我不知道"。这确实是当今人类遭遇的命运大问题，因为只有今天的人类拥有毁灭自己整个族类的危险和可能。儒家强调知命、立命，今天就不仅是要立个人之命，而且要立人类之命，这当然与哲学有关。所以哲学不只是研究语言，而且也研究命运。我也很高兴这次会议上，有篇韩国学者的文章，最后提到了我的命运的哲学和哲学的命运，我以为个体和群体的命运都具有极大的偶然性。所以我说，人类走向何方，我不知道，我只想从哲学领域提出两点意见。

问：哪两点？

答：一是心理学转折。20 世纪哲学领域有个语言学转折（Linguistic turn），影响极大，扩及几乎所有学科，分析哲学、语言哲学统治了整个世纪，产生了"哲学旨在纠正语言""语言是存在之家""文本之外无他物"等纲领。这与 20 世纪和 21 世纪以数学语言和理论物理为基础的高科技的迅猛发展有关。这种发展当然还需要继续进行，因为它们使人类物质生活大大改善，人的寿命有很大的延长，这应该高度肯定，不是某些后现代主义和保守主义所能否定的。但这的确也带来不少问题和祸害，如生态破坏、环境污染、贫富分化、人情淡薄，等等。

科技作为工具本体，主要是讲理性。理性至上，从而也成为现代社会秩序和人际关系的主调话语，自由主义盛行，个人主义膨胀。而对理性的反动，则是动物情欲的宣扬和倡导，使得个体生存的荒谬、隔绝、无意义日益突出，暴力、吸毒、流浪日益吸引人们，人成为半理半肉的两面性的动物。

问：因之你的"情本体""情理结构"以及"关系主义"，等等，是想以原典儒学的"道始于情"以及一直流传到现在中国人的生活中常讲的"通情达理"，来提出这个心理学转折？

答：Wittgenstein 讲，Heidegger 也有冲破语言界限的冲动，Wittgenstein 自己则以伦理学来冲破这个语言界限。我提出"情理结构""情本体"，也是想冲破这个界限，我想以此摆脱理性至上主义，但不是将"情本体"随意地、普遍必然地使用。例如我提出"情本体"，但在伦理学中，我却是 Kant 派而不是 Hume 派。我强调在人的内在道德心理结构中，不是"情"而是"理"作为主宰，才算道德。这次会议上，我也明确地讲了这一点，我说，Hume 只能作为 Kant 的补充，理性绝不能成为情感的奴仆。理性是道德的动力，情感只是助力。

我在会议上也讲了我的伦理学有三个要点，其中之一是道德心理结构中的三要素（观念、意志、情感），前两者都是理性，观念是理性的内容，意志是理性的形式。但这形式有绝对性，这就是 Kant 讲的绝对律令（categorical imperative），绝对律令即此心理的结构形式，这也就是自由意志，它是由作为内容的相对观念所历史积淀而形成的普遍必然的绝对性。我的伦理学的另两个要点是，我把伦理和道德作了严格的外（制度、风习、规范、律法，等等）、内（意志、观念、情感）的区分，并强调了是由外而内，由伦理而道德；还有一点，就是我的传统宗教性道德、现代社会性道德的两德说。因时间关系，没有详谈。

问：也有学者对伦理、道德作过区分。

答：我在会上说了，美国著名作家、哲学家 Santayana 就作过区分，但与我的区分完全不同。其他学者也如此。

问：你提醒这些很重要，情理结构、情本体并不是那么简单直截。

答：这个心理学的哲学转折，当然不会是现在，很可能要到 22 世纪才能出现。但哲学应高瞻远瞩。我在会上说，希望未来的脑科学和医学的迅猛发展能支持我的情理结构说，如同前面提到的，近 20 年的认知考古学可以对我的原始积淀说给予科学的支撑一样。

问：看来你的文化心理结构说或积淀说与 Freud 理论是恰好相反的方向？

答：Freud 认为人类的文明或文化压抑了个体的动物性本能、欲望，驱使它们进入无意识领域，例如梦中实现性的欲望，等等。我同意 Freud 这一观点，并认为这是一大贡献，人类文明、文化对个体心理的确有压抑的负面作用。但片面夸大，就引起后现代对理性的全面否定，而导致动物性的行为、心理的"解放"。文化心理结构说更重视文明、文化对人类心理的塑造、构筑的建设性方面，即：人类不同于动物，除理性、语言、思维、逻辑外，也包括情感、欲望，例如使性变成爱，使动物的快乐感觉变为人的审美需要，如此等等。这就是中国儒学讲的陶冶性情。

总之，人性心理恰恰是人类自己经过学习、教育、陶冶而塑建出来的。它既非天赐，也非自然演化，这就为研究人性、研究脑科学提出了一种哲学上的转换。所以又回到了开头所讲的强烈的历史意识的重要，以及教育的重要、学习的重要。"惟教学半"（《尚书·商书·说命》），"教学相长"（《礼记·学记》）。我把《论语》一书的主题归结为"学"，正是"学"才使人成为人，这是儒学的核心。

问：你对第三问的另一点意见是什么？

答：这就只能更简单地提一下了。

问：请说。

答：20 年前，我提出过希望有"第二次文艺复兴"。第一次文艺复兴是回归希腊，把人从神学、上帝的束缚下解放出来，然后引发了宗教改革、启蒙运动、工业革命，等等，理性主义、个人主义盛行，也导致今日后现代的全面解构。我希望第二次文艺复兴将回归原典儒学，把人从机器（高科技机器和各种社会机器）的束缚下解放出来，重新确认和界定人是目的，发掘和发展个性才能。由"道始于情"而以国际和谐、人际和谐、宗教和谐、民族和谐、天人和谐、身心和谐为标的，使人类走向光明的未来。这就是"为生民立命，为往圣继绝学，为万世开太平"（张载），但这又仍然需要人类自身的努力奋斗。

我一开头回答"人类走向何方"时，说我不知道，因为历史有许多的偶然性。我在 1979 年《中国近代思想史论》中就认为，偶然与必然是历史哲学的最高课题。为什么今天要集中各方力量剿灭恐怖分子和极端组织，就是因为某一天这些组织中的部分人可能弄到核弹和现代生化武器消灭人类，埋葬这个在他们看来污秽丑恶的世界，把全人类送入他们宣讲的天堂乐园。这也就是为什么我一再讲儒家的"一个世界"和"历史意识"的原因之一。这些就不多讲了。

问：那你的"命运的哲学"对人类走向何方还是很乐观？

答：即使对未来抱以乐观的展望，恐也不能多谈，否则就成为可笑的话语。以此为结。

李泽厚:儒学、康德、马克思三合一

——《康德新解》英译本序

李泽厚

  本书是在中国"文化大革命"时期的 1972—1976 年写成的,1979 年出版。以后虽多次再版,但因我已离开康德研究的领域,对本书讲述康德的部分未能有什么修改。《康德新解》是最初拟定的书名,因为当时各种情况,未能采用。中文版书名一直是《批判哲学的批判——康德述评》。

  何谓《康德新解》?是想在叙述、介绍、解说和评论康德哲学的过程中,初步表达自己的"人类学历史本体论"哲学思想。它以唯物论、实践论和积淀论(The theory of sedimentation)为基础,突出康德"人是什么"(What is the Human being)的主题,强调康德提出的"认识如何可能"(先天综合判断如何可能)只能由"人类如何可能"来解答。并认为,康德哲学实质上是提出和探讨"什么是人性"的问题。我认为人性(human nature)不是上帝授予,也不是自然进化的结果,而是百万年人类制造—使用工具的社会群体实践所历史地建立起来的人性心理(human psychology)。这里的心理(psychology),不是指现实的心理经验或经验的实证科学,而是从哲学上认为人类具有自我建构而为动物所无的心理形式结构(psychological forms、structures、frameworks)。

所以本书表层述评是由康德讲到马克思,实际上是由马克思回到康德,即由人以制造—使用工具的物质实践活动和社会关系作为生存基础,提出和论说似乎是"先验"的认识、道德、审美的心理形式结构的来由和塑建,这就把康德颠倒了过来,并认为这可以与中国传统儒学联结起来。

我是否是马克思主义者?

也许,在这里我首先需要回答的问题是,我是否是马克思主义者?因为书名副标题和书内许多地方都提到了它。

回答是,"yes and no"。

先讲"no"。

"no"有三条。一、我认为马克思主义是一部分现代知识分子对社会现实的革命追求和对未来远景的理论设想,它并不具有阶级性质,从而它并不是某特定阶级的世界观。二、我不认同"阶级斗争是推动历史前进的动力"等学说,不赞成"阶级斗争为纲"、无产阶级专政为马克思主义的必备纲领和核心理论。三、我以康德先验辩证篇为榜样,认为《资本论》以"抽象劳动""社会必要劳动时间"这些缺乏经验依据的基本概念,抽象地、逻辑地推论出没有资本、商品、市场经济,是一种缺乏客观现实可能的"先验幻相",它并无实现的可能性和必要性,设计具体方案和步骤(如人民公社、五七道路)去实现这一幻相的"理想社会",便会造成巨大灾难。

如果以这三条衡量,我当然不是马克思主义者。

"yes"只有一条,但这一条我认为很根本、很重要。几十年来,我坚持认为制造—使用工具的群体实践活动是人类起源和发展的决定性因素,从而,这也就是认同马克思、恩格斯所提出的制造工具、科技、生产力和经济是自古至今人类社会生活的根本基础。我认为这就是唯物史观的硬核(hard core),这一史观的其他部分,我并不接受。

但我认为唯物史观的这一硬核是马克思、恩格斯留下的最可珍贵的遗产。而这恰好可以与重视人的物质生命、此世生存、现实生活的中国儒学非常一致。

此外，我认为"共产主义"与儒学传统的大同理想可以沟通。"货恶其弃于地也，不必藏于己；力恶其不出于身也，不必为己。"（《礼记·礼运》）与共产主义的"各尽所能、各取所需"等，可以相互联结，作为鼓舞人心、团聚人群去改变世界（包括自我身心）的情感信仰和"社会理想"，并成为中国传统的（政治）宗教性道德的组成部分和重要延续。如果以这一标准来衡量，则我仍可以是马克思主义者，而且是儒学—马克思主义者。

为什么加上儒学？

我以为马克思、恩格斯论证了人类社会的物质生存的历史层面，而没有着重探讨人的内在心理。人性却始终是儒学的中心课题。儒学强调"内圣开外王"。我从哲学上提出"文化—心理结构"（cultural-psychological formation）和"情理结构"（emotional-rational structure）等概念，在科学上，我认为脑科学（brain science）、心理学和教育学，将以实证地、具体地研究人性而成为未来学科的中心。而这又恰恰是对康德提出的"人是什么"、实即"人性是什么"的根本问题的新解。我说过，人类学历史本体论是中国儒学、康德与马克思三合一。但写作本书时，正值毛泽东发动批孔大运动，我不可能谈儒学，而且这毕竟只是一本讲康德的书，所以必须与我几乎同时写作、发表（如 1976—1978 年写作、1980 年发表的《孔子再评价》）的其他著作，特别是以后的著作和这些著作中提出的"度的本体性"（proper measure）、"实用理性"（pragmatic reason）、"乐感文化"（The culture of optimism）、"两种道德论"（A theory of two morals）、"情本体"（emotion as substance）等联结起来，才能充分看到这个"三合一"。当然，这个"三合一"只是主体，其中还吸取融入了好些其他的中外学说和思想。

但即便如此，关于"什么是人性"的"三合一"探索，仍然以或明或暗的方式呈现在这本书内。

例如，在认识论，我回答了康德那著名的"感性与知性的不可知的共同根源"的问题，认为它不是先验想象，而是人类实践，即认为感性源于个体实践的感觉经验，知性源于人类实践历史的心理形式。康德归诸"先验"的知性范畴和原理，我以为是百万年人类的独特实践对心理结构形式的塑建成果。它通过语言和教育（广义）传递给后代，代代相传，对个体来说，成了"先验"。本书中突出以客观社会性来替代普遍必然性，就是以实用理性和"一个世界"观来倒转那个并无由来的康德的纯粹理性，就是强调人通过行动中所不断把握、创造、开发和恒动不居的"度的本体性"，来建立各种确定的客观社会性，以替代那所谓普遍必然的本体世界。对人类学历史本体论哲学而言，不可知只可敬畏者是宇宙为何存在的物质物自体，即宇宙本身，亦我所说的"理性的神秘"之所在。这个"只可思之，不可知之"的物自体及其"宇宙与人协同共在"等根本设定，使"一切发现均发明"的认识论具有无比开拓的前景。所有这些，可能不会为有"两个世界"悠长背景的西方学人所接受，却正是基于中国传统所可作的现代解说。

例如，在伦理学，康德著名的三条"绝对律令"（categorical imperative），我以为其中"普遍立法"和"自由意志"两条，也是百万年人类心理塑建的形式结构。"人是目的"则并非"绝对律令"，它是具有某种普遍性并兼理想性的现代社会性道德（modern social moral）。道德是以理性而非情感为基础，观念是理性的内容，它随时代、社会、文化不同而变迁，理性的形式是意志，它是自古至今人类道德行为和心理的普遍必然性的（仍乃客观社会性的）不变结构。

美学方面当然也是如此。它更涉及个体身心、感性理性的水乳交融，等等。

　　总之，对个人来说的"先验"，实际上是人类总体经验通过历史积淀而建立的，这就是"人类学历史本体论"（A theory of Anthropo-His-torical Ontology）所说的"经验变先验，历史建理性，心理成本体"［empirical turns into transcendental（a priori）；history builds up rationality（reason）；psychology grows into substance］。这也就是 A New Key to Kant 的 Key。它是以中国儒学为基地，接受马克思，对康德所作出的一种新的理解和解说。

回到人类起源的主题

　　达尔文以自然进化谈了人类起源，现代社会生物学论证人与动物的相同相似，认为动物也有道德、审美甚至政治等等，本书接受达尔文的自然进化论，但反对后一学说和潮流。达尔文的终点是我另开炉灶的起点和前提。我认为"人是什么""人类如何可能""人何以为人"已非自然演化所能决定或解释，而属于人类自我塑建问题。从本书开始，到我最近的论著，我一直从中国儒学特别重视人兽区分（the distinction between human being and animals）这一根本观点出发，提出人类心理的文化历史积淀，认为人类为维持生存，百万年必要而充分地制造—使用工具的群体实践，使人类突破了基因极为接近的黑猩猩之类的动物生活，萌生了理性、情理结构、语言（主要是动物所没有而与工具制造使用有关的语义），从而逐渐开启、产生和决定了对待自然和对待群己关系不同于动物的客观社会特征，开启、产生和决定了不同于动物的逻辑、数学、各种符号系统等人类认识形式和伦理规范、道德律令等人类行为方式；并且是由后者（伦理）引发出前者（认识）。我特别重视的是它们以后长久的独立发展，反过来不断地构造人生和生成现实，使人类获有了超生物的（super-biological and super-biological）的肢体、性能、存在、价值和独有的主体性（subjectality，实践、行为、活动）和主观性（subjectivity，心理、认识、审美）。也正是负载着和积淀着这种历史经验,才使语言成为存在之家(house of Being)。尽管以此为基础的现代文明带来了各种祸害灾难,但总体来说,毕竟利大于害,使人类生活和生存迈进了一大步,这正是今日儒学所应重视和肯定的"人类简史"。本书未能展开这些,只是通过论述康德,作了一个隐秘的导论。

这毕竟是一本 40 年前的书了,而且是写在当时中国的恶劣情境中。如果今天来写,肯定会很不一样。我已年老体衰,无力再作,包括书中留下许多缺陷和时代印痕,也不能修改、订正了,我甚至不能够审阅这个英文版的绝大部分译文,深感愧疚,读者谅之。

此序。

2016. 10,Boulder,Colorado

(原载《社会科学报》2016 年 12 月 19 日)

审美的"类主体"与"自由的形式"

——实践美学的两个重要视点

徐碧辉 *

摘　要：本文讨论了实践美学的两个重要命题：审美的"类主体"和"美是自由的形式"。文章提出，美学作为探讨人类审美现象的学科，它所隐含的前提便是把"人类"作为审美的主体。正因如此，美的本质必须与人的本质联系起来理解。这正是实践美学最初的名字"人类学本体论哲学"的由来。从这个角度来说，美的本质是"自然的人化"。但是，"美是自然的人化"，这只是指明了美的哲学前提。就美本身的规定性来说，它更是一种自由的形式。所谓"自由的形式"，从客体方面说，是为人所掌握和运用的形式规律和形式法则；从主体方面说，是人类在改造自然的实践过程中所形成的、能够掌握和运用形式规律或形式法则为人的目的服务的造形力量。"美是自由的形式"作为实践美学所提出来而没有很好地展开的命题，是一个非常值得重视的命题。从这个命题可以沿着两条路径进一步进行探索和研究。一方面，既然美作为自由的形式是一种主体的主动造形力量，那么，主体如何掌握形式而创造美？形式怎么才能成为主体所掌握的"自由的形式"？另一方面，形式本身有哪

---

　* 徐碧辉，北京大学哲学博士，中国社会科学院哲学研究所研究员，研究生院博士生导师。主要从事中国美学、实践美学、马克思主义美学等领域研究。

些规律、规则或法则，这些规律、规则或法则如何成为一种自由的形式？无论是现实实践中还是在艺术创作中，这都是极为重要的问题。由此，"美是自由的形式"也是进一步探讨审美发生和艺术规律的起点。

关键词：实践美学；类主体；自由的形式

自进入 21 世纪之后，历史仿佛在不经意间又经历了一个轮回：20 世纪 90 年代备受冷落的美学基本理论问题重新又受到普遍关注，曾一度被人宣判为"过时"、"不会再有什么可说的"实践美学再次成为争论的焦点。这是因为，一方面，借着新世纪中国经济迅速复苏的东风，学术问题重新回到人们的视野之内，20 世纪 90 年代那种短视的经济主义思潮在一定程度上得到扼制，因而，各学科的基础理论问题重新引起人们的重视；另一方面，从美学理论本身来说，自 20 世纪 80 年代至今所取得的最值得重视的成果依然是实践美学。

实践美学作为中国美学家在 20 世纪 50—60 年代那个特殊的历史环境下所创立的美学理论，一方面顺应了时代的要求，为 20 世纪下半叶的人文启蒙思潮和思想解放运动提供了哲学和理论支持；另一方面，从理论上说，它是中国美学家对于马克思主义美学的一种创造性的发展，对于整个 20 世纪的中国乃至世界美学来说，也不能不说是一种巨大的贡献。以李泽厚为代表的中国实践美学家们，在 80 年代的思想解放思潮中，站在时代的前列，摆脱了当时的哲学和美学领域的机械唯物主义反映论，从马克思主义哲学的原典出发，以马克思主义的实践论为基础，同时融合德国古典美学和现代西方美学成果，把美学问题放到整个人类社会历史实践中去理解，从哲学层面上有效地解释了美和美感的本质问题，美学在人文学科中的核心地位，美学作为中国现代性启蒙学说对现代中国思想解放运动作用等问题。整个 80 年代，实践美学的观点取得了大多数美学家和思想界的认同，其影响超越学科领域，辐射到整个社会文化和思想领域。90 年代以来，实践美学家们从多方面、多维度深入发展了这一学说。一方面继续强调其历史唯物论和实践论哲学基础，另一方面，在这个基础之上，把研究的视野向具体的美感和艺术领域深入，从工具本体向心理本体延伸，并扩大视野，把中国传统儒家的孝—仁学说纳入美学的框架，把心理本体具体化为情本体，使得实践美学向由人类学本体论和个体生存论进行深度扩展。90 年代以来，美学领域呈现出多元化趋势，一些当时的青年学者以当代西方哲学为依据，对实践美学进行了不同侧面、不同角度的批评。然而，实践美学不但没有像某些人说的已经"被超越"、在后实践美学的"凌厉攻势"之下"节节败退"，反而发展壮大起来。由于对于"实践"的不同理解，实践美学本身又分化出不同的学派。除了实践美学的主要代表李泽厚的"人类学本体论"的实践美学，还有朱光潜后期的"艺术生产劳动论"，蒋孔阳的"以实践论为基础、以创造论为核心的审美关系说"，刘纲纪的"实践批判的存在论美学"，周来祥的"和谐说"，朱立元的"实践存在论美学"，张玉能、邓晓芒等人的"新实践美学"，等等。这些不同侧面、不同角度对实践美学的阐释和发展对于繁荣当代中国美学学术、深入推进美学基本理论的研究做出了不可磨灭的贡献。

　　当然，每一种视角的确立，都伴随着其他视角的遮蔽。而且，所有这些对实践美学的阐释和解读之间本身也常常是相互矛盾、冲突的。厘清这些问题，找出它们矛盾的关节所在，对于发展中国美学、推进美学基础理论，特别是在整个新世纪伊始、又逢改革开放 40 年、新中国建立近 70 年的时代背景下，更有迫切性和必要性。作为 20 世纪中国马克思主义美学最主要的代表和成果，李泽厚的实践美学在今天仍是最值得关注的。笔者近年来写过一些有关方面的文章和论著，对李泽厚先生的实践美学从各种不同角度做过分析①，因而本文不再讨论实践美学的主

---

① 参见徐碧辉《情本体——实践美学的个体生存论维度》（《学术月刊》2007 年第 2 期）；《从人类学实践本体论到个体生存论——再论李泽厚的实践美学》（《美学》2008 年复刊第 2 卷总第 9 期）；《从人类主体到个体主体——论李泽厚实践美学的主体性观念》（《汕头大学学报》2008 年第 1 期）；《论实践美学的自然的人化学说》（《沈阳工程学院学报》2008 年第 1 期）；（转下页）

要内容，而主要谈谈李泽厚先生的实践美学中尚未为人所注意的两个问题：美学的类主体和形式论，这也是美学本身必须解决和面对的问题。以期引起学界关注，并请同人们批评、指教。

一　从类主体走向个体主体

马克思在《1844 年经济学哲学手稿》中曾经对共产主义下过一个经典性的定义，这是中国学术界都非常熟悉的。其中谈到，共产主义是"人和自然界之间、人和人之间的矛盾的真正解决，是存在和本质、对象化和自我确证、自由和必然、个体和类之间的斗争的真正解决。它是历史之谜的解答，而且知道自己就是这种解答"①。这里谈到的这几对矛盾恐怕是人类在任何时代、任何社会都需要面对的问题，是贯穿人类社会始终的矛盾，也是哲学始终所要面对的问题，即它们属于那类"永恒问题"。本文这里主要讨论"个体和类"之间的关系。这是一个古老的问题，起源很早，在西方哲学史界多有讨论，但在美学界却一向少为人注意。古希腊时期，柏拉图谈到"共相"与"实相"；巴门尼德和芝诺把"一"与"多"看作是哲学的根本问题。黑格尔的辩证法把它称为"普遍性"与"特殊性"，或者说"一般性"与"个别性"。这里"共相"或"普遍性"都是从整个世界的存在或者说人和物的"共在"角度，把世界作为一个整体来进行的抽象，而非单独就人类自身进行的思考。一般认为，真正对人类的"存在"问题进行考察和反思的是诞生于 19 世纪末期的存在主义哲学，但是，这是一种误解。事实

（接上页）徐碧辉、王丽英《论李泽厚的实践美学》（《吉林大学社会科学学报》2006 年第 1 期）；《新中国实践美学六十年》（《社会科学辑刊》2009 年第 5 期）；《从自然的人化到人自然化——后工业时代美的本质的哲学内涵》（《四川师范大学学报》）2011 年第 4 期；《自然美、社会美、生态美——从实践美学看生态美学之二》（《郑州大学学报》2012 年第 11 期）；《论李泽厚实践美学的情本体理论》（《四川师范大学学报》2015 年第 5 期），等等。另见拙著《实践中的美学——中国现代性启蒙与新世纪美学建构》，学苑出版社 2005 年版；《美学何为——现代中国马克思主义美学研究》（中国社会科学出版社 2014 年版）。

①　马克思：《1844 年经济学哲学手稿》，《马克思恩格斯全集》第三卷，人民出版社 2002 年版，第 297 页。

上，早在 19 世纪 40 年代，马克思就已经提出人类作为一个类的存在和发展问题，并在不同的文本从不同的角度中予以分析。

马克思在《1844 年经济学哲学手稿》提出，人类之所以成为人类，是由于人的自由自觉的活动，由于人改造世界的实践活动："通过实践创造对象世界，改造无机界，人证明自己是有意识的类存在物，就是说是这样一种存在物，它把类看作自己的本质，或者说把自身看作类存在物。""有意识的生命活动把人同动物的生命活动直接区别开来。正是由于这一点，人才是类存在物。"① 学术界一般都把这些论述看作马克思的实践观点的阐述，它说明人是通过实践的方式存在的，是实践活动使人成为人。的确，这是非常重要的关于人的实践本性的论述。但是，对于这里谈到的"类"这个概念，很少有人从正面加以注意和阐释，即便看到了，也都把它作为马克思早期受费尔巴哈影响的痕迹来对待，却没有看到，这是理解马克思的实践哲学的重要概念。"实践"与"类"是密切联系在一起的：正是对于世界的实践改造，使人把自己和动物区别开来，从而成为区别于其他动物的"类存在物"。在《德意志意识形态》中，马克思谈道："我们首先应当确定一切人类生存的第一个前提，也就是一切历史的第一个前提，这个前提就是：人们为了能够'创造历史'必须能够生活。"② 在《资本论》中谈到，人类与动物的区别在于其有意识有目的的活动③，等等。这里的"人"，显然应该理解为一个抽象的类概念，指"人类"或者作为一个类存在的人，它是

① 马克思：《1844 年经济学哲学手稿》，《马克思恩格斯全集》第三卷，人民出版社 2002 年版，第 273 页。

② 马克思恩格斯：《费尔巴哈》，《马克思恩格斯选集》第一卷，人民出版社 1995 年版，第 78—79 页。

③ 马克思：《资本论》第一卷第五章："蜘蛛的活动与织工的活动相似，蜜蜂建筑蜂房的本领使人间的许多建筑师感到惭愧。但是最蹩脚的建筑师从一开始就比最灵巧的蜜蜂高明的地方，是他在用蜂蜡建筑蜂房以前，已经在自己的头脑中把它建成了。劳动过程结束时得到的结果，在这个过程开始时就已经在劳动者的表象中存在着，即已经观念地存在着。他不仅使自然物发生形式变化，同时他还在自然物中实现自己的目的，这个目的是他所知道的，是作为规律决定着他的活动方式和方法，他必须使他的意志服从这个目的。"

人在与动物相区别的意义上谈到的。因而，马克思哲学中的"人"是大写的人，是指整个人类。这是马克思的一贯思路。从中学时代起，马克思就立下志向，要为全人类谋福利，为全人类的幸福和解放而奋斗。后来的哲学思考，也是把人类整体作为思考的对象，考虑的是人类整体的生存和发展问题，是"人类中的个体"的自由而全面的发展问题。只是当这一问题落实为具体的社会发展道路和社会运动的规律时，马克思才进一步提出了历史唯物主义原理，提出社会的发展程度最终受物质生产力水平的制约。而在谋求社会进步的具体道路时，又提出阶段斗争和暴力革命的假说。马克思的思路是从抽象到具体，从人类到社会，从历史到现实。因此，马克思的哲学在某种意义上可以看作是一种人类学实践哲学，是以"人类"为本体的哲学。

中国的实践美学承续了马克思哲学这一思路，把人类作为哲学的主体。众所周知，实践美学之所以被命名为"实践美学"，是因为它把审美活动放到人类社会历史实践中去理解和阐释，强调它的社会实践基础，因而，实践美学是一种哲学美学。换言之，它是从哲学角度对美学的哲学本质的一种解释。这种视角决定了实践美学的基本特点：其所潜含的审美主体是人类主体，即以人类为审美主体，而非具体的审美活动中的主体，即非个体主体。只是在后来的发展中，个体主体才被包含进来。

早在《批判哲学的批判》一书中，李泽厚已经把他所要建立的哲学明确称为"人类学本体论哲学"。"人类学"在这里指的不是某种具体的原始部落状况研究或田野调查，而是指对作为社会实践主体的"人类总体"的具体历史发展过程规律的考察，是从哲学上对人类作为某种超生物族类的社会存在的本质的探讨。因此，它的主体只能是"总体的人""大写的人"，其主体性只能是一种"类主体性"。

本书所讲的"人类的""人类学""人类学本体论"就完全不是西方的哲学人类学之类的那种离开具体的历史社会的或生物学的含义，恰恰相反，这里强调的正是作为社会实践的历史总体的人类发展的具体行程。它是超生物族类的社会存在。所谓"主体性"，也是这个意思。人类主体性既展现为物质现实的社会实践活动（物质生产活动是核心），这是主体性的客观方面，即工艺——社会结构亦即社会存在方面。同时主体性也包括社会意识，亦即文化心理结构的主观方面。从而这里讲的主体性心理结构也主要不是个体主体的意识、情感、欲望，等等，而恰恰首先是指作为人类集体的历史成果的精神文化：智力结构、伦理意识、审美享受①。

也就是说，李泽厚是从人类历史发展过程中去探索作为人类精神现象的美的本质的，是把美和美感放到人类社会的历史实践中去探索、理解的。他所理解、分析的美是在实践——历史过程中生成、在实践——历史中发展的，它建基于人类学历史本体论哲学基础之上。因而，它的基本问题是探讨自然如何生成为美，作为生物性存在的人类如何产生具有超生物性的审美心理结构。在《批判哲学的批判》中，他说得很清楚：

> "自然向人生成"，是个深刻的哲学课题，这个问题又正是美学的本质所在。自然与人的对立统一的关系，历史地积淀在审美心理现象中，它是人所以为人而不同于动物的具体感性成果，是自然的人化和人的对象化的集中表现。……美不只是一个艺术欣赏或艺术创作的问题，而是"自然的人化"这样一个根本哲学——历史学问题。美学所以不只是艺术原理或艺术心理学，道理也在这里②。

无论是"积淀说"，还是"实践论"，抑或是"主体性"学说，李泽厚所要探讨的，是人作为一种生物族类如何能产生超生物性的审美心理，美是如何在人类历史实践活动中形成的。个体的、感性的心理如何能产生社会性的、理性的认识和审美心理结构。换言之，社会性的理性

---

① 李泽厚：《批判哲学的批判》，台北风云时代出版公司1990年版，第100—101页。
② 同上书，第516页。

如何积淀为个体性的感性。具体说来，这个过程是一个"积淀"的过程，由社会向个体、历史向现实、理性向感性进行"积淀"。不仅审美心理是积淀的成果，道德和科学认知都是积淀的成果。艺术创作也是一个积淀的过程。艺术按照形式结构，可分为形式层、形象层与意味层三个层次，它们分别与原始积淀、艺术积淀和生活积淀相对应，即原始积淀产生形式，艺术积淀产生形象，生活积淀产生意味。积淀说始终只是一种哲学假说，它具体如何落实，尚需要科学特别是脑科学的发展，这是李泽厚多次指出的。事实上，整个心理学何尝不是一些假说，何尝不需要科学研究进一步发展去证实、发展它们呢？积淀说之所以引起强烈的兴趣——包括赞同和批判，原因在于，它对于一种人类的科学到目前为止尚无法解释的现象提出一种哲学假说，它要去解释一种它本身无法完全解释的现象，完成一个本身无法完成的任务。问题在于，人类到目前为止的科技和认知水平，只能对此提出一些哲学假说，只要能自圆其说，只要能说得通，假说又何妨。

由于这种人类学本体论视野，李泽厚美学的重点始终是美的根源与美的本质这类有关美的哲学问题，是从自然与人、必然与自由、社会总体与个体等矛盾关系的历史运动变化过程中去探讨美和美感的本质。这样，他的立足点始终是作为类存在的人，大写的人，也就是他所说的"大我"，而非个体的、感性具体的"小我"。

另一方面，"人类"是一种抽象，是指人与动物的区别而言；在具体的历史行程中，人类主体性必然通过具体个体的行为而表现出来。因此，李泽厚的人类学历史本体论一方面从"自然如何向人生成""人类何以可能"这样的问题入手，探讨人类如何通过社会历史实践使内外自然人化，在改造外在自然的同时改造内在自然，使原本是动物性的心理如何建构、形成人的心理，形成认识、伦理和审美的心理结构，同时也特别指出个体感性的独特作用，指出在主体的心理结构的自然人化（即认识、伦理和审美）中，认识和伦理都指向审美，历史、总体、理性最终落实到自然、个体和感性之上：

> 在审美中则不然，这里超生物性已完全溶解在感性中。它的范
> 围极为广大，在日常生活的感性经验中都可以存在，它的实质是一
> 种愉快的自由感。所以吃饭不只是充饥，而成为美食；两性不只是
> 交配，而成为爱情；从旅行游历的需要到各种艺术的需要；感性之
> 中渗透了知性，个性之中具有了历史，自然之中充满了社会；在感
> 性而不只是感性，在形式（自然）而不只是形式，这就是自然的
> 人化作为美和美感的基础的深刻含义，即总体、社会、理性最终落
> 实在个体、自然和感性之上。①

新时期以来，也正是李泽厚在中国哲学界最先突出个体、个性的价
值和意义。早在《批判哲学的批判》中，他即已指出，"个人存在的巨大
意义日益突出，个体作为血肉之躯的自然存在物，在特定状态和条件上，
突出地感到自己存在的独特性和无可重复性。"②"随着整个世界的迈进，
在审美艺术中最先突出表现的个性的独特性、丰富性、多样性，个体的
重要意义，将在整个社会生活的各个方面充分展示和发展起来。而个性
和个体潜能的多方面和多样性的发展，正是未来社会的一大特征。"③

李泽厚后期更关注的是个体感性生存的意义，在他的几个哲学提纲
中所强调的都是这一点。因为，个体来到世界上，是"被扔入的"，是
一种偶然。如何把这种偶然性变成一种独特性，如何使偶然来到世界上
的个体感性具有独一无二的价值，如何在历史必然性中寻找并凸显个体
感性生命的价值，这是他一直着力阐述的。从四个"主体性哲学提
纲"，到《哲学探寻录》，到后来的《实用理性和乐感文化》，都在着力

---

① 李泽厚：《批判哲学的批判》，台北风云时代出版公司 1990 年版，第 523 页。
② 同上书，第 528 页。
③ 同上书，第 529—510 页。

探讨这个问题，都在试图为个体感性生命确立一种生存的"意义"，确立活着的"味道"。他最后找到的是一种审美形而上学，并坚信美学将成为未来的第一哲学。

由于李泽厚的人类学本体论哲学的基础和出发点是人类主体，他始终是把个体放到人类总体中去考察，把感性放到理性中去，把现实放到历史中去。这使得他的哲学在具有深厚的社会历史深度的同时，也导致某些学者的误解：他没能把个体感性的价值强调到应有的高度。但实际上，如前所述，李泽厚的哲学恰好一直在为个体感性存在的价值寻找哲学上的依据。在李泽厚看来，个体感性如果没有社会理性作为基础，那么只能是一种毫无意义的动物性本能。所谓"纯粹的感性"，不就是动物性吗？因而那不是对人的抬高，而是相反，是对人类存在意义的严重贬损。因此，个体感性的价值和意义始终只能通过社会、理性去定位。这就使得在一些人眼里，李泽厚成为过时的启蒙理性的代言人，成为被时代的发展所抛弃的"宏大叙事"的代表。

从某种意义上说，李泽厚的人类学本体论哲学或实践哲学的确存在一种内在矛盾，有一种二元论倾向。这种矛盾源于李泽厚作为哲学家的辩证思维或"二律背反"思维。李泽厚的实践美学总是有两个问题的维度，这既是康德的"二律背反"思维给予他的思想深刻性之所在，也是黑格尔辩证法给他的启迪。同时，李泽厚的哲学继承了马克思的历史唯物论，以历史唯物论的实践论对康德的唯心主义先验论进行了改造。在李泽厚的哲学中存在着许多相互对立的矛盾：总体（类）与个体、必然与自由、人与自然、工具本体（物质生产）与心理本体（情本体）、类（群体）主体性与个体主体性、理性与感性（社会性与生物性）、自然的人化与人的自然化，等等。他的目标是把这些相互对立的矛盾方面结合、统一起来。正是在这些矛盾的对立、冲突、运动、紧张、和解的过程中，李泽厚的哲学才具有了无可比拟的深刻性，同时也具有了多种发展和改造的可能性。也正是由于这种二元论倾向，在缺乏辩证思维的一些学者眼里，他的学说成为自相矛盾的典型，成为注重物质性、现实性而忽视精神性、超越性的代表。在李泽厚的学说中，问题总是有两个方面，他对两个方面都予以充分重视，可能在不同时期会有所偏重，但绝不偏废。

李泽厚实践美学的问题不在于过于强调物质性，忽视精神，而在于个体和类之间的关联如何可能实现？社会的理性如何积淀为个体的感性？总体、必然性如何体现为个体、偶然性？马克思曾说过，共产主义是"个体和类之间的矛盾的真正解决"，这应该是从实践上来讲的。但马克思并没有从理论上说明个体和类之间如何产生矛盾？如何解决这一矛盾？而这是李泽厚的积淀说所要解决的问题。从这个意义上说，积淀说作为一种哲学假说远远未能完成它给自己提出的任务。一方面，它有待于科学的发展，随着科学的发展，许多哲学问题将不再成为问题；另一方面，从目前的实践美学本身来说，它正是实践美学的个体生存论维度——情本体理论所要阐释和分析的。情本体理论正是提出个体感性价值和归宿的一种尝试，是在现代科技高度发达的条件下、整个世界祛魅的前提下，为后信仰时代的个体生存所提出一种价值假说。

从人类学本体论到个体生存论，实践美学走了一条从抽象到具体、从整体到个别之路。这也是恩格斯所总结的辩证法的思维之路。从整个美学的历史看，它也走了一条从抽象到具象、从人类到个体、从理性到感性之路。从古典美学到现代美学，可以看作一个从抽象到具体、从以人类为主体的美学到以个体感性生命为主体的美学。美学从来就是人类的，是抽象的，而非具体的生活过程的描述。美本身就是一种抽象。当人们谈论"美"的时候，已经是在谈论一种抽象的价值。这种抽象的基础是人类，是以人类作为假设前提而进行的抽象。当柏拉图否定美是某种具体的东西，并且明确指出不能把"什么是美"和"美是什么"混为一谈的时候，美已经被抽象出来，成为一种普遍性的价值。当黑格尔把美看作"理念的感性显现"的时候，这个"理念"依然是黑格尔心目中的普遍价值；当康德说美是一种"无功利的快感时"，他的假设前提依然是一种普遍性的人的存在。

从这个意义上说，实践美学继承了西方古典美学的这一传统，把美学看成人类的一种普遍性的共享性价值，所要建立的是"人类学本体论美学"。区别在于，以往的哲学家们只是单纯把审美活动看作一种纯粹的精神现象，从心理到心理，从精神到精神，因此，对美的本质的理解总有一种雾里看花、似是而非的感觉。实践美学则奠基于马克思的实践唯物主义哲学，在精神现象中看到物质力量的作用，找到人类社会历史发展的最终推动力量，即社会历史实践所产生的物质性的力量。正如马克思所说的："'精神'从一开始就很倒霉，受到物质的'纠缠'，物质在这里表现为震动着的空气层、声音，简言之，即语言。语言和意识具有同样长久的历史。"[①] 实践美学作为奠基于人类历史实践的美学学说，强调的是从社会——历史——实践的整体性维度去理解美和审美的本质，从而不仅把审美这种精神活动与社会历史实践关联起来，找到其真正的社会基础，而且，同时找到了审美和其他精神现象的真正历史价值和地位，澄清它在整个人类历史——实践过程中的特殊作用。

当实践美学从历史追问走向现实建构、从人类学本体论走向个体生存论时，它最后走向了审美形而上学。根据李泽厚的理解，人类将走出以物质为主导的时代，那时，精神才真正起主导作用，人类才真正进入自由而诗意的发展世界。那么，到那时候，人类将何以立足？实践美学提出的是审美救赎或审美形而上学，在人与世界的物质共在的基础之上、在"人自然化"的"天人合一"境界中享受自由而全面的发展、自由而诗意地生存[②]。作为一种哲学，我们可以批判；作为一种理想，

---

① 马克思：《费尔巴哈》，《马克思恩格斯选集》第一卷，人民出版社1995年版，第81页。

② 李泽厚《哲学探寻录》："当整个社会的衣食住行只一周三日工作时间的世纪，精神世界支配、引导人类前景的时刻将明显来临。历史将走出唯物史观，人们将走出传统的'马克思主义'。从而'心理本体'（'人心'—'天心'问题）将取代'工具本体'，成为注意的焦点。于是，'人活得怎样'的问题日益突出。"（见《实用理性和乐感文化》，生活·读书·新知三联书店2005年版，第167页）

我们不妨期待。人类因为有理想而有希望，生命才值得去活，去体味，才多姿多彩。由此，实践美学从人类学本体论向个体生命存在本身深入，为个体生命存在提出一种审美价值观、审美救赎观。这或许正是实践美学作为在 20 世纪 80 年代成熟起来的美学学说依然充满魅力的原因之所在吧。

二　"自然的人化"和"自由的形式"

实践美学的批评者往往望文生义，认为实践美学就是把"实践"概念当作美学的基本概念，然后再以实践的"物质性""理性""群体性"等去批评实践美学的"物质性""理性""群体性"。这实际上是一种莫大的误解。实践美学把实践作为美学的基础，从社会历史实践过程中去寻找美和美感的本质，但并不就是说美和美感的本质就是实践本身。实践美学从对美的社会历史实践根源的考察出发，认为美的本质在于"自然的人化"。所谓"自然的人化"在李泽厚那里是指人对自然的实践改造，而并非指把人的意识或情感、思想通过象征、拟人、比喻等修辞手法赋予自然，使自然成为人的情感意识的某种物化象征。这一点对于理解实践美学特点很重要。李泽厚认为后者对自然人化的理解是一种唯心主义理解，它遮蔽了"自然的人化"的真正含义，歪曲了马克思的实践论思想。美是自然的人化，既是自然人化的过程，也是自然人化的成果。在自然人化过程中，自然本身的形式规律为人所掌握，成为自由的形式，因此，美不是主观化的"自由的象征"而是客观性的"自由的形式"。因此，美和美感的根源是建立在社会实践基础上的"自然的人化"，而美的本质是"自由的形式"。

问题在于，按照实践美学的观点，不仅"美"是自然的人化，科学（认识形式）、善（伦理结果）也都是自然的人化。自然的人化只是美产生的前提条件或必要条件，却不是充分条件。有了自然的人化，只是为美的诞生创造了前提；但美自身区别于其他自然人化成果（如科学、道德，这都是自然人化的成果）的本质是什么？这就必须引入形式问题。使美区别于认识和伦理的是其形式和形式感。只有当人不仅掌握自然规律，而且把这种规律以一种形式化的感性形象呈现出来的时候，才谈得上美。换言之，形式规律为人所掌握才能成为"自由的形式"，才能成为"美"。

对于形式问题的关注并非始于今日。但是，与过去单纯讨论形式问题的不同之处在于，实践美学把形式问题放到社会历史实践中去看待，它说明，恰恰是人类的社会历史实践，使得形式美诞生，并使对形式的自由掌握和自由运用，成为理解审美本质的节点。

理解形式问题，首先必须理解"自然的人化"，因为，"自由的形式"正是在"自然的人化"的基础上诞生的。没有"自然的人化"，便没有"自由的形式"。"自然的人化"在实践美学中不仅指人对外在自然界的实践改造，同时也是指对人的内在心理的文化改造。这就是"自然的人化"的两个方面："外在自然的人化"和"内在自然的人化"。它们分别又可分为狭义和广义两个方面。"外在自然人化"的狭义含义指人通过使用一定的劳动工具对自然的实践改造，如开荒种地、植树造林、改造河道、修建房屋，等等。这是自然人化的基础和核心意义。在这个基础上，在人类改造自然的实践过程中，人与自然的关系发生了历史性的变化。当人对自然的实践改造达到一定程度，人对自然规律的掌握达到一定程度之后，自然对于人来说便不再是敌对、疏远和异己的力量，人对自然不再只是感到恐惧和敬畏，而是感到亲切、亲近，把自然界当自然的家园，当作一种可以包容、接纳人的精神家园。这时候，自然便从单纯的敬畏和恐惧对象变成了欣赏和审美的对象。这便是"广义的自然人化"。

人类在改造外在自然界的同时，其内在的感官结构和心理结构也在经历巨大的变化，这便是"内在自然的人化"。原本只是动物性的感官变成人类的感官，可感受到的不只是单纯的动物性的生理要求，更把这种单纯的生理要求复杂化，成为人类独特的心理要求，这就是"内在自然的人化"，它包括"感官的人化"和"情欲的人化"。这种复杂的心理结构包括可以了解和把握客观世界的某种本质性规律的科学—认识结构；把社会组织起来的某种共识性的、可规范社会成员行为的道德—伦理结构，即通常所谓"良心"；当然也包括把自然以及人类本身的伟大实践过程作为审美对象予以欣赏和赞美的审美结构。审美心理的存在便是美感的生理—心理基础①。

"自然的人化"作为实践美学关于美的本质的学说，为美的本质问题提供了哲学上的阐释。但是，"自然的人化"毕竟只是对美和美感的人类学历史本体论解释，或者是对美的本质的一种哲学解释，而不是为"美"下的定义。不仅"美"是自然人化的成果，作为伦理价值的"善"和作为认知结果的科学同样也可以说是自然人化的成果；不仅美是在自然人化过程中产生的，人类对客观世界的认识（"真"）、对社会成员的道德伦理要求（"善"）同样也只是自然人化的积极成果，是自然人化的产物。所以，"自然的人化"是美和美感产生的必要条件，却不是充分条件。也就是说，只有自然人化了，才可以产生美和美感，但并不是只要有了自然的人化就必然产生美和美感。那么，自然的人化如何能产生美？广义自然人化的历史尺度到底在哪里？这个问题便是实践美学提出的"自由的形式"说所要解决的问题。

形式问题是一个相当古老的问题，几乎与人类文明一样古老。人类文明诞生之初，就伴随着对世界的形式规律和形式结构的探索。我们可以看到，西方古希腊时代有毕达哥拉斯对"数"的形式探讨，他们认为宇宙以某种数的结构和比例存在并运动着，宇宙的和谐由此产生；亚里士多德更把"形式"作为宇宙存在的本体，认为是形式为质料赋形

---

① 关于实践美学的"自然的人化学说"的详细内容，可参见徐碧辉《论实践美学的自然的人化学说》（《沈阳工程学院学报》2008 年第 1 期）；《从"自然的人化"到"人自然化"——后工业时代美的本质的哲学内涵》，《四川师范大学学报》2011 年第 4 期。

才有世界的各种秩序。中国古代的太极图、阴阳五行说、先天象数学等实际上也都是对世界的构形规则的一种猜测。

形式是普遍存在于自然界的，比例、对称、均衡、节奏、韵律、曲线、对比等形式随处可见。实践美学强调的是，只有当形式为人所掌握，成为人能够自由运用的改造世界的法则和尺度时，它才成为美；反之，如果它仅仅作为客观世界的某种规则，尚未为人所掌握，它便还不是美。"人类在漫长的几十万年的制造工具和使用工具的物质实践中，劳动生产作为运用规律的主体活动，日渐成为普遍具有合规律的性能和形式，对各种自然秩序、形式规律，人类逐渐熟悉了、掌握了、运用了，才使这些东西具有了审美性质。自然事物的性能（生长、运动、发展等）和形式（对称、和谐、秩序等）是由于同人类这种物质生产中主体活动的合规律的性能、形式产生同构同形，而不只是生物生理上产生的同形同构，才进入美的领域的。因此，外在事物的性能和形式，既不是在人类产生之前就已经是美的存在，就具有审美的性质；也不是由于主体感知到它，或把情感外射给它，才成为美；也不只是它们与人的生物生理存在有同构对应关系而成为美；而是由于它们跟人类的客观物质性的社会实践合规律的性能、形式同构对应才成美。"①

实践美学认为，形式本身无所谓美与丑，只有自由的形式才是美。所谓自由的形式，是人类在改造自然的实践过程中所形成的、能够掌握、运用形式规律和形式法则为人的目的服务的造形力量。"这里的所谓'形式'，首先是种主动造形的力量，其次才是表现在对象外观上的形式规律或性能。"② 即是说，作为美的"自由形式"之"形式"，首先是人类作为活动主体所具有的主动创造形式的能力（即李泽厚所谓的"造形力量"），是主体在实践过程中由于掌握了客体的规律、并能自由运用这种规律去为其目的服务、去生产、创造其所需要的产品从而

① 李泽厚：《美学四讲》，载《美学三书》，安徽文艺出版社 1999 年版，第 480—481 页。
② 同上书，第 482 页。

产生的创造性能力。这种创造能力最初制造直接与实用目的相联系的产品。当产品积累到一定程度、社会生产实践发展到一定阶段，便产生了脱离纯粹实用功能的艺术品。无论是建筑还是日常生活中的实用产品，或是创作艺术作品，主体都必须掌握一定的形式规则或法则。譬如，只有当人掌握一定的比例、对称、均衡、节奏、韵律等知识之后，人类才有可能去建造住房，构筑城市。在建筑住房的过程中，比例、对称、节奏、均衡等原本存在于客体世界的规律为主体所掌握并运用，成为一种主体性造形力量，亦即为主体掌握的形式。主体运用它去创造新的产品，因而，形式成为主体化的形式，即自由的形式，这就是美。随后，当人对这些形式规律的掌握达到一定程度，在社会生产的发展、环境影响的综合作用之下，便产生了雕塑、绘画等纯粹艺术形式。就艺术创作本身来说，也必须经过刻苦训练，掌握艺术创作的基本技巧和法则，然后才谈得上自由创作。当人熟练地掌握艺术技巧之后，便不再受技巧的限制，可以在一定程度上超越其限制，达到"从心所欲不逾矩"的境界。这些所谓艺术技巧的一个重要内容便是艺术的形式规律。同样，具体的生产制作也可以"熟能生巧"。

实践美学特别强调的是，所谓美作为"自由的形式"，首先是人类主动进行的改造世界的客观性的物质活动中的一种主体性能力在实践改造自然中的运用，它是一种创造形式的能力，是为人所掌握的形式规律，即是一种主体化的形式力量。因此，它不是一种精神性的象征。"美作为自由的形式，首先是指这种合目的性（善）与合规律性（真）相统一的实践活动和过程本身。它首先是能实现目的的客观物质性的现实活动，然后是这种现实的成果、产品或痕迹。所以它不是什么'象征'。'象征'（symbol）主要是种精神性的、符号性的意识观念的标记或活动。……真正的自由必须是具有客观有效性的伟大的力量。这种力量之所以自由，正在于它符合或掌握了客观规律，只有这样，它才是一种'造形'——改造对象的普遍力量。孔子说'从心所欲不逾矩'，庄子有庖丁解牛的著名故事，艺术讲究'无法而法，是为至法'，实际都在说明无论在现实生活或艺术实践中，这种在客观行动上驾驭了普遍客观规律的主体实践所达到的自由形式，才是美的创造或美的境界。……自由（人的本质）与自由的形式（美的本质）并不是天赐的，也不是自然存在的，更不是某种主观象征，它是人类和个体通过长期实践所自由建立起来的客观力量和活动。就人类说，那是几十万年的积累；就个体说，那也不是一朝一夕的功夫。自由形式作为美的本质、根源，正是这种人类实践的历史成果。"①

"美是自由的形式"作为实践美学所提出来而没有展开的命题，是一个非常值得重视的命题。从这个命题可以沿着两条路径进一步进行探索和研究。一方面，既然美作为自由的形式是一种主体的主动造形力量，那么，主体如何掌握形式而创造美？亦即主体如何造形？形式如何成为主体所掌握的"自由的形式"？这样，人类作为实践主体掌握、运用形式的历史便进入研究的视野。另一方面，形式本身有哪些规律、规则或法则，这些规律、规则或法则如何成为一种自由的形式？无论是现实实践中还是在艺术创作中，这都是一个极为重要的问题。由此，"美是自由的形式"，既是实践美学通过哲学研究所得出的美的定义，也是进一步探讨审美发生和艺术活动规律的起点。从自由的形式入手，一方面可以向审美主体发展，进一步延伸到审美心理、审美经验和艺术创作；另一方面，从客体方面说，西方传统美学对于形式规律的探讨在这个意义上重新具有了新的生命力和意义。

也就是说，作为美的"自由的形式"应该包含两个方面的含义：一方面指主体在改造客体世界中其行为必须合乎客观世界存在的规律、结构，即所谓合规律性；另一方面指人作为主体可以自由运用这些形式来达到自身的目的，即所谓合目的性。

作为客体世界的规律、结构的形式，也可以区分为浅表层和深层两

---

① 李泽厚：《美学四讲》，载《美学三书》，安徽文艺出版社1999年版，第482—483页。

个层次。首先，从表层上看，它是指世界上普遍存在的某种形式规律或法则，这一点也一直是人们探讨的对象，如对称、比例、节奏、均衡、曲线、结构、大小、位置，等等。这些形式规律同样是人类在漫长的实践过程中发现并能运用的。研究表明，这些形式规则是普遍存在的，许多动物的构造是对称性的；包括人体本身大体上也是按照所谓"黄金分割"的比例组成的。这都是为人所熟知的事实。许多人正是以此为据认为美就存在于客观世界本身之内。但是，这些形式规则只是客观世界构成的一种客体性法则，没有人的实践活动，没有人对它的掌握和运用，它不能成其美。没有人，它只是一种死形式，而不是活形式。

形式还有另一层更深刻的含义，就是本体性含义，即亚里士多德的"形式因"。亚里士多德认为世界的构成有四种因素：质料因、形式因、动力因和目的因。其中，动力与目的都是由某种形式构成，因此，它们可以与形式因合并起来，这样，实际上，构成世界的只有"质料因"和"形式因"两种。质料（matter）是一件东西所赖以构成的材料，而形式（form）则是使这些东西成其为这件"东西"的外形、构造。在质料和形式之间，质料只是一种潜能，形式才是决定性因素。正是凭借着形式，质料才成为某种确定的东西。比如一个大理石雕塑，大理石是质料，雕刻家所塑造的形状便是形式；一个人制造一个铜球，铜便是质料，球的形状便是形式，等等。一个雕像是一件"东西"，这是由于雕刻家为它赋形；它的质料，即它所由以构成为雕像的大理石在某种意义上仍然是一块石头的一部分，或者是一片山石内容的一部分，作为大理石它并没有变化；变化的只是其形式。这里的所谓"形式"，包含了目的因和动力因，成为宇宙最后的原因、终极的目标，因此，它和柏拉图的"理式"有相当的相似之处。

"形式"本身具有"本体性"。形式不是把质料组装起来的外壳，它是质料本身得以存在的方式，因而，它是世界上普遍存在的法则，正因为世界上普遍存在着形式法则或形式美，人们才能通过某种艺术形式去表现情感或思想。实际上，在某些时候，在一定意义上说，形式本身就具有形而上的意味，具有表达超越性思想或情感的功能。这里的形式既包括艺术形式，也是一种人生形式。正如苏珊朗格所言："人生本是支离破碎的，除非我们为它赋予形式。"这里的"形式"，不是外在形状之"形"（shape），而是一种"有意味的形式"（significant form）。这里，"form"本身就包含着构造、塑造、构成、形成之意，它使质料得以赋形，成为可以认识、把握、运用的形式或结构。因此，所谓"形式"，绝不是单纯地被内容决定的仅仅表达某种思想或情感的工具，不是一种思想的外衣、内容的外壳，而是本身就包含着深刻的意味。

新实践美学与身体美学

张　弓　张玉能[*]

摘　要： 新中国第一次美学大讨论中脱颖而出的实践美学，由于种种原因没有注意身体美学，产生了身体美学的缺失。实际上，身体美学是美学的一个重要组成部分，每一种哲学美学都应该有自己的身体美学。在美学全球化和后现代主义美学思潮的影响下，西方身体美学的兴起，给中国当代美学一种启示，实践美学应该有自己的身体美学。在实践美学和后实践美学的争论中，新实践美学反思和发展实践美学，建立起了新实践美学的身体美学。新实践美学的身体美学，是一种分支美学，它主要研究人对自身的审美关系，以促进人类的自由全面的发展。

关键词： 新实践美学；身体美学；分支美学

随着中国当代美学在全球化形势下的发展，身体美学已经受到美学学人们的重视，要求建立中国的身体美学以促进中国当代美学进一步发展的呼声越来越高。许多人一方面感觉到中国当代美学的主导流派——实践美学缺失了身体美学，既没有继承中国传统美学中的身体美学思

---

* 张弓，华东政法大学人文学院副教授，马克思主义理论研究中心兼职副研究员，研究方向为马克思主义美学理论、文化研究。张玉能，华中师范大学文学院教授，主要从事美学、西方美学、西方文论、文艺学等方面研究。

想，也没有跟上美学全球化的发展步伐；另一方面，他们似乎又认为身体美学是在西方后现代主义美学中率先发展和凸现出来的，好像应该按照西方身体美学的模式来建构中国当代的身体美学。实际上，实践美学确实没有注意到身体美学这一重要维度，产生了身体美学的缺失，但是，实践美学作为一种哲学美学，本身就内在地蕴含着身体美学的维度，只是由于片面理解了实践概念的含义而遮蔽了身体美学的维度，而在实践美学和后实践美学的争论中，新实践美学在重新阐释实践概念的过程中重新明示了身体美学的维度。在研究人对现实的审美关系的美学整体中，人对现实的审美关系中的"现实"应该有他人（社会）、自然、自身三个主要方面，相应地就应该有伦理美学、生态美学、身体美学三个维度，这些都可能在艺术之中集中表现出来，因而还应该有艺术美学或者文艺美学。从这一角度来看，美学就应该有伦理美学、生态美学、身体美学、艺术美学这么几个维度的分支美学。

一　身体美学在实践美学中的缺失

新中国第一次美学大讨论中脱颖而出的实践美学，由于种种原因没有注意审美的身体维度，产生了身体审美维度的缺失。实践美学的最早的代表人物，比如李泽厚，对于实践概念的理解就是执着于"物质生产"这一个方面，而且他所说的"物质生产"还仅仅指人类的生活资料和生产资料的生产，而把人类的精神生产和话语生产以及物质生产中人类的自身生产都排除在实践的范畴之外，这样就必然会遮蔽了美学的身体之维。

实际上，马克思主义实践唯物主义哲学内在地包含着身体和身体生产，也就是所谓"两种生产"的理论。恩格斯在《家庭、私有制和国家的起源》1884 年第一版序言中指出："根据唯物主义观点，历史中的决定性因素，归根结蒂是直接生活的生产和再生产。但是，生产本身又有两种。一方面是生活资料即食物、衣服、住房以及为此所必需的工具的生产；另一方面是人自身的生产，即种的蕃衍。一定历史时代和一定地区内的人们生活于其下的社会制度，受着两种生产的制约：一方面受劳动的发展阶段的制约，另一方面受家庭的发展阶段的制约。"① 这就是马克思主义的"两种生产的理论"。我们的美学和文艺学的研究长期以来主要重视的是物质生产的生活资料和生产资料的生产方面，而往往不够注意人的自身生产对审美和艺术的决定性作用和根本性影响。其实，人的自身生产是人类社会实践中物质生产的一个重要方面，甚至可以说是一个必不可少的人类存在的本体论基础，因为没有人的自身生产也就没有人类社会的一切。因此，研究人类的审美和艺术不能忽视人的自身生产的本体论意义和功能。人自身的生产造成了人的存在，正是人的存在需要生活资料的生产和生产资料的生产，才产生了物质生产的"劳动"，而劳动生产生成了人类社会和人类社会的一切。人是通过劳动生产自我生成的历史成果。人类通过劳动生产超越了动物界而生成为人类的存在，从而也改变了人自身的生产方式和生产关系。因此，人的自身生产不同于动物的种族繁衍，具有人类社会性、实践自由性、审美超越性。人的自身生产的社会性决定了审美和艺术的民族性、阶级性、个体性；人的自身生产的实践自由性决定了审美和艺术的合规律性与合目的性相统一，个体性与群体性相统一，功利性与非功利性相统一；人的自身生产的审美超越性决定了审美和艺术的个别与一般相统一，偶然与必然相统一，概念与形象相统一。人的自身生产是审美和艺术的最切近的根源。

人的自身生产不同于一般动物的种族繁衍，它是一种人类所独有的社会性生产，因而具有人类社会性、实践自由性、审美超越性。尽管有一些动物也具有一定的种群性或者社会性，在它们的种族繁衍之中也有某种社会性或种群性，但是这种社会性或种群性却是动物性的，而不是人类性的。正如马克思在《1844 年经济学哲学手稿》之中所说的："诚

---

① 《马克思恩格斯选集》第四卷，人民出版社 1995 年版，第 2 页。

然，动物也生产。它为自己营造巢穴或住所，如蜜蜂、海狸、蚂蚁等。但是，动物只生产它自己或它的幼仔所直接需要的东西；动物的生产是片面的，而人的生产是全面的；动物只是在直接的肉体需要的支配下生产，而人甚至不受肉体需要的影响也进行生产，并且只有不受这种需要的影响才进行真正的生产；动物只生产自身，而人再生产整个自然界；动物的产品直接属于它的肉体，而人则自由地面对自己的产品。动物只是按照它所属的那个种的尺度和需要来建造，而人懂得按照任何一个种的尺度来进行生产，并且懂得处处都把内在的尺度运用于对象；因此，人也按照美的规律来构造。"① 虽然马克思在这里所论述的主要是物质生产中的生活资料和生产资料的生产，不过，其中也涉及人和动物的"自身的生产"。马克思所说的"动物只生产自身，而人再生产整个自然界"说的是，动物的物质生产就只有一种形式，它的自身生产与物质生产是同一的，而人的生产，除了生产自身之外还要再生产整个自然界。因此，人有两种生产：人的自身生产以及生活资料和生产资料的生产。不仅如此，马克思的上述一段话所阐述的原则也适用于人和动物的自身生产的区别。这种区别也就是人类物质生产（包括人自身的生产）的特征：人类社会性、实践自由性、审美超越性。

所谓人类社会性是指，人的自身生产并不是纯粹生物性的活动，而是一种人类社会所独有的社会性活动。这一点是许许多多人类学家、社会学家都认同的。由法国著名人类学家克洛德·列维－斯特劳斯、乔治·杜比作序，法国著名人类学家、社会学家安德烈·比尔基埃、克里斯蒂亚娜·克拉比什·朱伯尔、玛尔蒂娜·雪伽兰、弗朗索瓦兹·佐纳邦德主编的《家庭史》，众多的作者都反复重申了人的自身生产的人类社会性。人的自身生产只是在人类社会中通过婚姻于社会性家庭之中进行的，而家庭既是生物性驱使的结果，又是社会文化的产物。克洛德·列维－斯特劳斯在《家庭史》序言之中说："在人类社会的长

① 《马克思恩格斯选集》第一卷，人民出版社 1995 年版，第 46—47 页。

河中，家庭以极不相同的面貌出现。但不管哪一种形式，如果只从繁衍后代的本能、夫与妻之间及父亲与子女之间的亲情联系上或将这些因素这样或那样结合在一起来解释，都无法得到完全的解释，只用这些因素解释家庭之所以存在都解释不了。理由很简单，那就是：在任何人类社会中，一个家庭出现，其先决条件必须是存在另外两个家庭。这两个家庭中，一个家庭出一个男的，另一个家庭出一个女的，从这两个人的婚姻中产生第三个家庭，且如此无限反复下去。没有家庭就没有社会。反之，如果先没有社会，也就没有家庭。"似乎还可以说社会与家庭是互为前提的。人类的婚姻和家庭是以生物学前提为根基的，但是人类的婚姻和家庭又是在社会及其文化的影响下产生和发展的。"家庭是一个社会组织，但基于生物根基之上。不论社会属于何种类型，家庭普遍存在。但是，每个社会又由于其人口结构、经济组织及宗教信仰不同，分别给家庭打上独具特点的烙印。"① 人类的自身生产是在通过婚姻组织的家庭之中进行的，这是一个人所共知的历史事实和现实存在。《家庭史》的主编之一弗朗索瓦兹·佐纳邦德在该书的绪论之中也明确指出："一个人总是在一个'家庭'中出生，别人通过'家姓'来辨认这个人，然后这个人才会从社会方面来说成为另外的一个什么人。……家庭是理所当然的，家庭也像语言一样，是人类存在的一个标志，特别是怎么能不从自己的经历推论出、演绎出：在任何社会中，对所有的人，家庭大概是一样的呢？"② 这种每个人都必然生活于其中的婚姻和家庭的社会关系当然就使得人的自身生产具有了人类社会性，尤其是具有了个体性、民族性、阶级性。也就是说，人的自身生产通过某种形式的婚姻

---

① 〔法〕安德烈·比尔基埃、〔法〕克里斯蒂亚娜·克拉比什·朱伯尔、〔法〕玛尔蒂娜·雪伽兰、〔法〕弗朗索瓦兹·佐纳邦德主编：《家庭史》第一卷上册，袁树仁、姚静、肖桂译，生活·读书·新知三联书店1998年版，第6—8页。

② 〔法〕克洛德·列维－斯特劳斯、〔法〕乔治·杜比作序，〔法〕安德烈·比尔基埃、〔法〕克里斯蒂亚娜·克拉比什·朱伯尔、〔法〕玛尔蒂娜·雪伽兰、〔法〕弗朗索瓦兹·佐纳邦德主编：《家庭史》第一卷上册，袁树仁、姚静、肖桂译，生活·读书·新知三联书店1998年版，第15页。

和家庭所生产出来的人，首先是一个单个的个人，然后才是一个处于一定的民族文化之中和一定的经济地位之中的个体。此外，人的自身生产，并不像动物生产那样只是产生一个新的生命体，这个新的动物生命体很快就可以独立进行活动，成为一个独立的个体，而它是需要一个相当长的，把婴儿培育、教育成为一个可以自立，参与一定社会活动的独立个体，长大成人的生产活动。因此，使孩子长大成人的过程就更加明确地具有人类社会性、实践自由性、审美超越性。

所谓实践自由性是指，人的自身生产不是一种动物性的本能活动，而是一种既合乎动物本能的自然规律性，又合乎人的社会目的性的活动；既是一种个体的行为，又是一种社会行为；既有某种功利性，又有某种超功利性的社会活动。所谓"自由"，按照马克思主义经典作家的论述，就是对于自然的必然规律的认识和运用。马克思主义的实践唯物主义的自由观突出了人类社会实践的创造性自由，也就是在社会实践之中认识事物的客观规律为人类的一定个体和群体的某种功利目的或非功利目的服务。恩格斯在《反杜林论》中说："自由就在于根据对自然界的必然性的认识来支配我们自己和外部自然。"① 毛泽东《在扩大的中央工作会议上的讲话》中也说过："自由是对必然性的认识和对客观世界的改造。只有在认识必然的基础上，人们才有自由的活动。"② 毛泽东早在 1941 年就指出："'自由是必然的认识'——这是旧哲学家的命题。'自由是必然的认识和世界的改造'——这是马克思主义的命题。"③ 马克思在《1844 年经济学哲学手稿》中指出过："动物的产品直接同它的肉体相联系，而人则自由地与自己的产品相对立。"④ 马克思和恩格斯在《共产党宣言》中指出的："代替那存在着阶级和阶级对立的资产阶级旧社会的，将是这样一个联合体，在那里，每个人的自由

---

① 《马克思恩格斯选集》第三卷，人民出版社 1995 年版，第 456 页。
② 《毛泽东著作选读》下册，人民出版社 1986 年版，第 833 页。
③ 同上书，第 485 页。
④ 《马克思恩格斯选集》第一卷，人民出版社 1995 年版，第 46—47 页。

发展是一切人的自由发展的条件。"① 从这些论述中，我们可以看到自由的含义主要是：1. 自由是对必然性的认识和运用，也就是客观必然性和人的主观能动性在实践中的统一，或者说是合规律性与合目的性的统一。2. 自由是摆脱肉体的直接需要的对待物，或者说是超越直接功利的对待物。3. 自由是个人与社会的统一。从美学的角度来看，实践—创造的自由之含义应该包括以下三个方面：一是在实践—创造中人能够把握和运用自然和社会的规律来为自己的某种目的，特别是审美的目的服务，即达到合规律性与合目的性的统一。二是在实践—创造中人能够超越某种物质的或精神的直接功利关系而主要实现了人的某种非功利目的，尤其是审美目的，即达到功利性和超功利性的统一。三是在实践—创造中人能够和谐地处理好个体与群体（个人与社会）的关系，即达到个体与群体（个人与社会）的统一。当人类这些实现了的实践—创造的自由以感性形象体现出来并形成了肯定性的价值属性，那就是广义的美，尤其是指狭义的美，即西方美学所谓优美，我们称之为柔美。当我们以自由的态度面对现实事物时，我们就是在对现实事物进行审美活动。人的自身生产就是这样一种自由的实践—创造活动。比如，人类的自身生产有一条基本的禁忌规则，那就是"乱伦禁忌"。这条基本规则的产生是人类长期实践和认识的结果。一方面是乱伦的结果产生了畸形和死亡率提高的结果，另一方面乱伦禁忌调节了两性的关系，使得社会得以继续存在。"婚配原本也可以在近亲之中、在父与女之间、在母与子之间结成。如果这样，人类就会由一系列的血缘群体构成，自我封闭，从本质上对相邻和相似的群体持敌对态度。既然他们之间只有暴力关系好维持，其赌注便是女人。确实，当每一次一个群体中出现了人口不平衡时，这个群体便只有通过暴力，也就是战争的形式来搞到缺少的伙伴了。结果是，不可能建立任何一种稳定的社会形式。创立了普遍的禁止乱伦——当然，其方式很不相同——它包含着婚姻伙伴的交

---

① 《马克思恩格斯选集》第一卷，人民出版社 1995 年版，第 294 页。

换，调节了两性的关系，社会得以产生而且持续发展下去：所以，确实，如果在什么地方没有两个家庭，一个家庭准备给出一个男子，另一个家庭准备给出一个女子，从这两人的婚姻中产生出第三个家庭来，社会是无法存在的。"① 由此可见，人类的自身生产就是在种族繁衍的生产过程中不断认识生殖的自然规律和生活法则而达到某种自由，找到了婚姻和家庭的形式以及诸如乱伦禁忌之类的规则才使得社会得以持续发展和完善。只有这样的实践的自由才使得人类的自身生产达到了合规律性和合目的性的统一，个体与社会的统一，规律性与非功利性的统一。这就是人的自身生产必然走向审美超越性的前提条件。

所谓审美超越性是指，人的自身生产超越了动物的本能活动，而成了一种"按照美的规律来构造"的生产活动，它可以按照人们自己的美的意愿在某种程度上达到个别与一般相统一，偶然与必然相统一，概念与形象相统一，选择出越来越美的后代。人类的自身生产内在地具有美的规律。从表面上看，好像人的性爱、婚姻、家庭的自身生产过程是人本身无法控制的，特别是后代的外在美（先天的相貌、体型、肤色、发色，等等）是人们无法控制的，完全是一种生物学遗传性因素决定的。但是，人们在择偶、缔结婚姻和家庭之前可以通过一系列"按照美的规律"的选择，选择合乎自己审美观念的配偶来缔结婚姻和家庭，这样就给"按照美的规律来构造"的人的自身生产规定了一种遗传基因。人们所谓的"夫妻相""父女相""母子相"等就是人的自身生产之中"人工选择"与"遗传基因"共同决定的结果。的确，人类的自身生产，绝不会是那种动物似的随机自然的苟合，而是经过了人类的"按照美的规律"进行选择的结果。高尔基在《谈谈〈诗人丛书〉》之中说："个人的爱情的浪漫主义化具有深刻的文化教育的意义，——它

---

① ［法］克洛德·列维-斯特劳斯、［法］乔治·杜比作序，［法］安德烈·比尔基埃、［法］克里斯蒂亚娜·克拉比什·朱伯尔、［法］玛尔蒂娜·雪伽兰、［法］弗朗索瓦兹·佐纳邦德主编：《家庭史》第一卷上册，袁树仁、姚静、肖桂译，生活·读书·新知三联书店1998年版，第103—104页。

表明男子希望和女人建立一种使两脚的雄性动物不同于四脚动物的关系。因为有这样一种愿望，想象力就帮助了男女两性培养了对形式完美的生理倾向，培养了他们的性的美学。"① 正是这种人类的美好愿望和想象力，使得人们能够在社会实践中达到不断发展的自由境界，使得人们能够在实践之中努力实现自己的美好愿望。所以，高尔基在《论"渺小的"人及其伟大的工作》中指出："照天性来说，人都是艺术家。他无论在什么地方，总是希望把'美'带到他的生活中去。他希望自己不再是一个只会吃喝，只知道很愚蠢地、半机械地生孩子的动物。他已经在自己周围创造了被称为文化的第二自然。"② 正是这种人的艺术家"天性"使得人的自身生产依照"艺术家"的眼光和想象力的选择，把人类的生殖活动变成了一种"按照美的规律来构造"的艺术创造活动，根据自然规律和文化规律来创造的审美活动。因此，人的自身生产就超越了动物的本能活动而成了审美自由的创造活动。英国动物学家、文化人类学家戴思蒙·莫里斯在《男人和女人的自然史》中专门论述了人类的性与美的关系。他认为，人类的择偶是有美的标准的，尽管这种美的标准受到社会的习惯和文化等因素的影响变得非常复杂，美的标准往往不是通行的，但是，人类的择偶还是有一些大致相通的地方。"年轻人不仅要找一个伴侣，还要找一个漂亮的伴侣。"漂亮的伴侣是人类择偶的一个不同于其他动物的重要方面，而且每一个个体的美是人们择偶必定会考虑的。"不管你喜欢不喜欢，个体美在挑选配偶时扮演了极为重要的角色。"漂亮的人总是更能吸引异性，一个美丽的女人总能击败一个适合做贤妻良母的对手。人类的自身生产的前提条件不仅仅是繁殖能力本身，而且更要考虑美的因素。"与人为的修饰不同，自然生理的美会引起更大的视觉冲击力。主要是：（1）基本性信号（宽阔

---

① ［俄］高尔基：《论文学》，孟昌、曹葆华、戈宝权译，人民文学出版社1978年版，1983年北京第2次印刷，第51页。

② ［俄］高尔基：《文学论文选》，孟昌、曹葆华译，人民文学出版社1959年版，第71页。

的男性的肩膀，圆润的女性的臀部等）；（2）年轻的标志（精力旺盛，
有曲线美、光滑的皮肤等）；（3）健康的标志（光洁的皮肤，没有疾
病，身体健康）；（4）对称的特征。"这些看似自然生理的美实质上成
了文化的"集体无意识"。"青年的健康和对称给出了任何文化都承认
的生物美。"这些都是经过了大量的不同文化的实验的结论①。这就明
显地证明了，人类的自身生产是一种对于生物繁殖的审美超越，已经超
越了单纯的生殖目的和功能，成了一种审美的活动，一种"按照美的
规律来构造"的自身生产活动。"按照美的规律来构造"的法则不仅是
生活资料和生产资料的生产法则，也是人的自身生产的法则。正是在人
类自身生产的人类社会性、实践自由性、审美超越性的基础上，身体美
学才得以产生出来。

二 身体美学是每一种美学不可或缺的一部分

实际上，身体美学是美学的一个重要组成部分，每一种哲学美学都
应该有自己的身体美学。在美学全球化和后现代主义美学思潮的影响
下，西方身体美学的兴起，给中国当代美学一种启示，实践美学应该有
自己的身体美学。在实践美学和后实践美学的争论中，新实践美学反思
和发展实践美学，建立起了新实践美学的身体美学。

尽管身体问题一直是西方哲学家、美学家所关心的一个问题，但是
在鲍姆加登、尼采之前，由于二元对立的思维模式占据着哲学思想的主
导地位，身体不仅是与心灵相对立的，而且是从属于心灵的。古希腊古
罗马、中世纪、文艺复兴时代都是如此，而笛卡尔的二元论就更加明确
地规定了身心二元对立的思路，因此，心灵吞没了肉体，理性遮蔽了感
性，理性主义成了启蒙主义时代的最高原则。正是在这样的情况下德国
哲学家鲍姆加登于1750年写了一本名为 Aesthetica 的专著，以填补哲学

① ［英］戴思蒙·莫里斯：《男人和女人的自然史》，蒋超、孙庆、杜景珍译，华龄出版社
2002年版，第51—53页。

体系缺乏"感性学"（身体学）的空白。所以英国新马克思主义美学家伊格尔顿在《审美意识形态》一书的开头就指出："美学是作为有关肉体的话语而诞生的。在德国哲学家亚历山大·鲍姆加登所作的最初的系统阐述中，这个术语首先指的不是艺术，而是如古希腊的感性（aisthesis）所指出的那样，是指与更加崇高的概念思想领域相比照的人类的全部知觉和感觉领域。"① 当然，鲍姆加登仍然是一个理性主义者，只是到了尼采，身体才被彻底地凸显出来，使身体回归到动物性方面，它们都和权力意志等同②。正如社会学家布莱恩·特纳所说："传统的身/心二元对立以及对人的身体的忽视是社会科学中主要的理论和实践问题。"③ "身体、社会和文化的互动是社会实践的关键特征，也是在这里，我们才死活需要一个有关'活生生的身体'的精巧复杂的社会学。"④ 其实，我们也需要一个有关"活生生的身体"的美学。而法国哲学家、美学家梅洛－庞蒂就强调要从知觉和身体来研究审美现象。"根据胡塞尔的意向性现象学，梅洛－庞蒂断定，基本的意向性扎根于活生生的身体，这个身体则在作为一个化身的主体性之内。这样，知觉和身体活动即便被分离，也只能是人为假想的分离，因为基本的知觉形式（比如看本身）包括了身体活动。"⑤ 以后，法国哲学家、美学家福柯更加重视生命和身体问题，甚至认为，整个社会问题就是一个对身体的规训和建构的问题，所以，到了晚年福柯主张建立一种"生存美学"。这实际上就是随着社会对身体缺失的反思的深入而必然得出的结论，尤其是西方消费社会及其消费主义的必然结果。克莱恩·特纳指出："身体的政治化和生命的女性化促进了对人体进行社会分析的兴

---

① ［英］特里·伊格尔顿：《审美意识形态》，王杰、傅德根、麦永雄译，柏敬泽校，广西师范大学出版社 2001 年版，第 1 页。

② 汪民安、陈永国编：《后身体：文化、权力和生命政治学》，吉林人民出版社 2003 年版，编者前言第 11 页。

③ 同上书，第 4 页。

④ 同上书，第 10 页。

⑤ 同上书，第 15 页。

趣。这两个密切相关的社会变化应同当代消费主义的发展联系起来。20世纪增长的消费文化和时尚产业特别重视身体的表面。消费社会重视强健/美丽的身体，在这个消费社会的成长过程中，我们可以看到西方价值发生了主要的历史性变化。西方价值先是因为一些苦行原因强调内心控制，现在则因为审美目的而强调对身体表面的操控。这种身体的变化代表了西方价值的世俗化倾向。""与消费主义密切相关的是，人们对身体的审美性质日渐重视了，而这则是从长相的角度来强调苗条和自我调控。身体成为趣味和区分的一个基本特征，根据这种区分，对人的形式管理成为文化资本或身体资本主要方面的一部分。"① 在这样的情况下，身体问题、身体美学就被凸显出来，并且成为后现代主义的一个重要方面。也就是说，"一旦身体变得时尚化，一旦它被整理编码，在社会理论中就会越来越多地强调欲望、性和情绪，这则是主宰福柯、德里达、鲍德里亚等人的思想的后结构主义运动的一部分"②。这样，身体美学也就应运而生。美国美学家理查德·舒斯特曼在2000年出版的《实用主义美学——生活之美，艺术之思》之中明确地提出了建立身体美学作为当代美学发展的一个思路。他关于身体美学这样写道："身体美学可以先暂时定义为：对一个人的身体——作为感觉审美欣赏（aisthesis）及创造性的自我塑造场所——经验和作用的批判的、改善的研究。因此，它也致力于构成身体关怀或对身体的改善的知识、谈论、实践以及身体上的训练。"③ 他认为"身体美学具有三个基本维度"。其一是"理论化维度，包含有关传统本体论和认识论的身体问题，也包括福柯和皮埃尔·布尔迪厄已经使之成为中心的社会政治学的探究：身体怎样既被权力塑造又被雇用为维持权力的工具；健康、灵巧和美丽的身

---

　　① 汪民安、陈永国编：《后身体：文化、权力和生命政治学》，吉林人民出版社2003年版，第19页。

　　② 同上书，第20页。

　　③ ［美］理查德·舒斯特曼：《实用主义美学——生活之美，艺术之思》，彭锋译，商务印书馆2002年版，第268页。

体标准，甚至性和性别的最基本范畴，是怎样被构造去反映和维持社会势力的"①。其二是"实用主义身体美学"维度，"与逻辑（无论是谱系的还是本体论的）是描述性的分析身体美学相对，实用主义身体美学通过提议身体改善的特殊方法和从事于它们的比较批评，而具有特殊的标准的、规范的特征。由于任何提议的方法的生存能力，都依赖于关于身体的某种（无论是本体论的、心理学的还是社会的）事实，这种实用主义的维度总是预先包含分析的维度。但是，它不仅通过对分析描述的事实进行评价，而且通过提议以不同的方法重塑身体和社会去改善某种事实，从而超出了纯粹的分析"②。其三是"实践的身体美学"，"它不是制造理论或文本的事情，甚至不是提供身体关怀的实用主义方法的文本，而完全是通过针对身体自我完善的有智力的规范的身体操作，对这种关怀的实际实践（无论是采用表象、经验还是执行模式）。这种实践维度不是与说有关，而是与做有关，它被学术人的哲学家所忽视，这些哲学家对推论逻辑的承诺，在这种语境化的身体中典型地终结了"③。理查德·舒斯特曼的这种设想应该说是合理的、有价值的，值得我们借鉴。

我们认为，身体美学的建立是当前适应社会发展和美学拓展的一条可行之路。然而，身体美学不过是一般美学或普通美学的一个分支，就像理查德·舒斯特曼所说："身体美学似乎最容易被当作美学的一个分支学科，一个像'音乐美学'、'视觉美学'或'环境美学'之类的业已确立的分支学科一样的东西，虽然它是一个更着重于身体的分支学科。"④所以，按照我们的观点，美学是以艺术为中心研究人对现实的审美关系的科学，那么，身体美学就是一般美学或普通美学的一个关于身体或从

---

① ［美］理查德·舒斯特曼：《实用主义美学——生活之美，艺术之思》，彭锋译，商务印书馆 2002 年版，第 360 页。

② 同上书，第 360—361 页。

③ 同上书，第 365 页。

④ 同上书，第 368 页。

身体的视角研究的分支学科。身体美学就是以艺术为中心研究人对身体的审美关系的科学。因此，我们不必把身体美学的凸显视为所谓"身体转向"，而只应该把身体美学的建立视为美学的一种拓展和面向生活、面向人本身的表现。如此说来，身体美学就必须与一般美学或普通美学相一致，在不同的美学体系之中就会有不同的身体美学部分。

法国哲学家、美学家福柯一再指出，他所关心的中心问题就是"我们自身"。生存美学就是以"关怀自身"为核心，努力使人生变成审美过程的实践智慧①。而且，福柯认为，任何社会历史事件的出现和实际影响，都离不开身体这个最重要的场所。身体是任何历史事件发生所必不可少的场域。当权力试图控制和驾驭整个社会的资源、人力和组织的时候，它首先要征服的，就是身体。身体是个人与社会、与自然、与世界发生关系的最重要的中介场域，是连接个人自我同整个社会的必要环节，也是把个人自我同知识论述、权力运作以及社会道德连接在一起的关键链条，同时又是社会权力竞争中所要直接控制的对象。身体还是个人自身及整个社会的再生产的中心支柱和基础②。所以，福柯说："尽可能地使用我们的身体，将身体作为我们的多种多样的快感的可能源泉，在我看来，是一件非常重要的事情。例如，如果我们考虑快感的传统建构过程，我们马上就可以发现：身体的快感，或者肉体的快感，始终都是饮料、食物和性。"③

因此，我们在今天全球化的语境下，在消费社会的影响日益明显的情况下，建立身体美学就是一种具有必然性和合理性的科学研究行为。每一种普通美学或者哲学美学之中都应该有相应的身体美学。

三　身体美学是一种分支美学

新实践美学的身体美学，是一种分支美学，它主要研究人对自身的

①　高宣扬：《福柯的生存美学》，中国人民大学出版社 2005 年版，第 87 页。
②　同上书，第 102 页。
③　同上书，第 65 页。

审美关系，以促进人类的自由全面的发展。

我们认为，人的身体在身体美学的范畴内应该有三个层次：物质身体（肉体存在）、符号身体（身体符号）、整体身体的人，那么，人对身体的审美关系也应该有三个层面：人体的美和审美、身体符号的美和审美、整体人的美和审美①。而且，从实践转向和实践分析的角度来看，这三个层次的审美关系都表现为审美实践和艺术实践，都是人类的一般生产（物质生产、话语生产、精神生产）的审美化和艺术化。

所谓物质身体（肉体存在）生产的审美化和艺术化当然就包括了人的自身生产和人体美生产，它们都与马克思所谓"按照美的规律来构造"和高尔基所谓"性的美学"密切相关，而且是人类的生产发展必不可少的前提。那么，作为研究人对自身身体的审美关系的身体美学，自然就必须密切关注人的肉体、肉体欲望以及与之相关的性和暴力等，然而这些人的肉体、肉体欲望、性和暴力等对人的关系在身体美学范畴内必须升华为审美关系的形象的自由显现。而且也不能停留在肉体（物质身体）的层面上，还必须深入到它们的符号层面，阐发它们的内在蕴含和象征意义。这样就可以顺理成章地过渡到人的身体符号的话语生产的层面。所谓人的身体符号的生产是人的自身再生产的话语实践，或者称为人的身体的话语生产，它是在人的自身生产的物质生产的基础上进行的对人的自身身体的审美化和艺术化的话语生产，其主要内容有文身、刺面、穿耳、发型、美容、美体、妆饰、服饰，等等。如上所述，这些身体符号的生产是人类社会早期就已经开始了的，而且一直延续到今天成为消费社会和消费主义审美观的一个重要方面；它一般都不过是在人的肉体（物质身体）之上施行某种修饰、打扮、造型，以彰显出一定的符号蕴含和象征意义，构造出某种具有符号蕴含和象征意义的感性形象来显示人的某种社会身份和社会价值，并超越其中的功利性目的而实现人们的审美目的，以满足人们的审美需要。但是，在社会实

---

① 高宣扬：《福柯的生存美学》，中国人民大学出版社 2005 年版，第 5—12 页。

践中，尤其是在审美实践和艺术实践中，人的肉体存在和符号身体并不是二元对立和灵肉相分的，而是物质和精神对立统一、身心一体的。那么，人的身体的美和审美同样也不是二元对立和灵肉相分的，人的肉体的美和审美同身体符号的美和审美也绝不会是完全分立或者简单相加，而是人们作为他者（审美对象），完整地把握人的身体与人发生审美关系的过程；这样来看，在实践转向和实践分析中身体美学研究的对象不仅是肉体、肉体欲望所形象显现的人体美和审美，还应该包括身体符号所形象显现的身体妆饰和服饰的美和审美，最后更加有必要关注作为整体的人对人的审美关系所显现出来的人的身体的整体美。这个整体人的美或者人的身体的整体美及其审美，除了显现为物质身体（肉体存在）和符号身体的外在美（语言美、行为美、服饰美）及其审美和艺术，还少不了以审美和艺术的形象显现出精神意蕴的内在美（思想美、情操美、心灵美）。一方面，人的身体的外在美是人的内在美的形象显现的物质基础，这种内在美不可能独立于人的外在美而存在；另一方面，外在美必须与内在美一起生成为作为整体身体的"整体人的美"，并融汇于人对自身的认知关系和伦理关系之中，以达成人的全面自由的发展。因此，身体美学在实践转向和实践分析的语境下，所谓的"身体转向"也就是这种"实践转向"中的一个维度，在这种实践转向之中身体美学的终极宗旨就只能是人的自由全面发展①。

　　因此，我们要建立的身体美学是普通美学的分支学科，或者说是新实践美学所属的一个分支美学。美学是以艺术为中心研究人对现实的审美关系的科学。那么，身体美学就是以艺术为中心研究人对自身身体的审美关系的学科，也就是普通美学的一个分支学科。如果说，人对现实的审美关系中的"现实"包含着社会（他人）、自然、人自身，那么，美学就应该大体上也有伦理美学、生态美学、身体美学，而这些都要集中表现在文学艺术中，因而可以还有文艺美学。那么从现实这个角度来

---

① 张玉能：《身体美学与人的全面发展》，《上海文化》2007 年第 2 期。

划分，美学就可以有伦理美学、生态美学、身体美学、文艺美学这样四大类。就身体美学而言，人的身体不仅仅是自然的肉体的存在，而且更是人的自身生产的产物和结晶，因此，人的身体可以分为三个层面：肉体存在，身体符号，整体的人（肉体身体、符号身体、精神身体的有机统一）。那么，人对身体的审美关系也应该有三个层面：人体的美和审美；身体（符号）的美和审美；整体人的美和审美。人体的美和审美主要关系到人的肉体欲望及其表现——性和暴力，但是仍然应该升华为自由的形象显现；身体符号的美和审美主要关系到人在自身之上的符号生产及其表现——身体的妆饰和服饰；整体人的美和审美则关系到人的整体的生产——自由全面发展的人及其形象显现。人的自由全面发展正是美学的根本目的，因此，在人的人体美、身体符号美和整体人的美及其艺术表现的研究之中，不能片面地强调"身体转向"，而应该指归于人的自由全面发展。这样，我们所谓的身体美学也就是在广义的人的自身生产的基础上的人对身体的审美关系的美学分支学科，它包含着关于人体美、身体符号美、整体人的美及其审美，其集中表现在它们的艺术创造之中。这种身体美学在全球化和后现代的消费社会的语境下是一门大有作为的美学分支学科，对于人的自由全面发展是不可或缺的，它对于人的自身的肉体、欲望、性爱、情欲的审美化和审美教育也是极其重要的。

重审"美学大讨论"时期李泽厚
实践美学思想[*]

江 飞^{**}

摘 要：在"美学大讨论"的激烈论辩中，年轻的李泽厚批判吸收各家观点，初步构建起以马克思"自然的人化"为哲学基础的"客观社会论"实践美学的基本原则和理论框架，并赋予其"人类学"的视野与内涵，形成了与朱光潜"艺术实践美学"不同的"人类学实践美学"。重审"美学大讨论"时期李泽厚实践美学思想的特征、贡献与局限，不仅有利于我们把握李泽厚实践美学思想的早期特征和中国实践美学的早期形态，更有利于理解李泽厚美学思想的当代发展和中国实践美学的演进路径。

关键词：李泽厚；美学大讨论；人类学实践美学；艺术实践美学

作为一个坚持"走自己的路"的思想者，李泽厚在"美学大讨论"中通过批判吸收车尔尼雪夫斯基、普列汉诺夫、列宁以及"社会派"等苏联哲学和美学思想以及黄药眠的"社会生活实践"论美学思想和

---

* 本文系国家社科基金重大项目"20世纪中国美学史"（12&ZD111）、安徽省2016年高校优秀青年人才支持计划重点项目（gxyqZD2016203）的阶段性成果。

** 江飞，安庆师范大学文学院副教授，主要从事中西比较诗学、美学和中国当代文学研究。

毛泽东"实践论"思想，尤其是从马克思《1844 年经济学哲学手稿》
（以下简称《手稿》）中汲取"自然的人化"思想，针对朱光潜、蔡仪
等人的理论缺陷而提出了以"客观社会论"为中心的哲学美学和艺术
美学理论；继而将车尔尼雪夫斯基的"美是生活"命题进一步具体化、
科学化，即把抽象主观的"生活"转换为具体客观的"实践"，把"美
是生活"转换为"美是现实肯定实践的自由形式"，初步建立起实践美
学的基本原则和理论框架，当然也不可避免地存在着某些局限。重审
"美学大讨论"时期李泽厚实践美学思想，不仅有利于我们把握李泽厚
实践美学思想的早期特征和中国实践美学的早期表现，更有利于理解李
泽厚美学思想的当代发展和中国实践美学的演进路径。

一　李泽厚"人类学实践美学"与朱光潜"艺术实践美学"

李泽厚在"自然的人化"基础上通过兼收并蓄实现了从"生活论"
向"实践论"的美学转向，尤其是在《〈新美学〉的根本问题在哪
里?》（1959）一文中第一次明确提出了"美的本质就是现实对实践的
肯定""自由的实践就是创造美的实践"① 等重要命题：这标志着其实
践美学的正式诞生。紧接着又在《美学三题议》中提出"美是现实肯
定实践的自由形式"这一更加完善的命题，在美的"必然内容"之外
揉进具体形象性（自由形式）一面，即美是现实的对象世界以一切感
性的东西（即美的形象性）肯定着人的实践，从而在"实践"论的基
础上重新解释了美的客观社会性与具体形象性，并据此对"美的本质"
的具体展开——美学范畴进行了重新界定，比如崇高（包括悲剧）是
现实肯定实践的严重形式，滑稽是这种肯定的比较轻松的形式②：这成
为其在美学大讨论时期实践美学的基本内涵。

总体来看，其突出的特征在于：他借用马克思《手稿》中有关

---

① 李泽厚：《美学论集》，上海文艺出版社 1980 年版，第 147、148 页。
② 同上书，第 197—225 页。

"人类的普遍性""人类的自然""历史是自然的向人的生成"等话语资源，从一开始就赋予了这种美学的"实践"观以"人类学"的视野与内涵。因为在他看来，现实之所以成为美的现实、具有美的性质，是因为它们肯定着人类的实践，实践使人类自身对象化，"同时也使对象人类化"；因此，"现实的美在本质上都是人类的、社会的"，无论是自然、社会，还是人的社会生活、人的自然，"都具有人类的社会的性质"①。总之，他的结论在于，"美的本质就是现实对实践的肯定；反过来丑就是现实对实践的否定。美或丑的多少取决于人类实践的状况、人类社会生活发展的状况，取决于现实对实践的关系"②。拿"自然美"来说，只有当"自然"成为"人类学的自然"的时候它才成为美，这种"自然"不仅指可被人类劳动实践所直接征服的对象（如大地园林、水库港湾），也指那些非劳动所直接征服的对象（如高山大海、日光月色），因为它们"与人类社会生活实践发生了良好有益的关系（即这些现实事物也是肯定着人们实践的）"；而自然的"向人生成"的状况和程度也就是人类改造自然的状况和程度决定了自然是"美"还是"丑"。可见，李泽厚所谓的"实践"（"自然的人化"）是历史的、社会的、"人类的"实践，而非"个人"的实践，其过程是"一个长期的人类历史过程"，其内容是"在漫长的实践史过程中，……实践在人化客观自然界的同时，也就人化了主体的自然——五官感觉，使它不再只是满足单纯生理欲望的器官，而成为进行社会实践的工具"③。换言之，人类几十万年实践的历史成果实现了"客观自然的人化"与"主体的自然人化"，亦即他后来所命名的"自然的人化"的两个方面——"外在自然的人化"与"内在自然的人化"。虽然他此时只将"实践"视为认识论范畴，但不容否认，这种认识论实践美学的"人类学"内涵与

---

① 李泽厚：《美学论集》，上海文艺出版社 1980 年版，第 146 页。
② 同上书，第 147 页。
③ 李泽厚：《美学三题议——与朱光潜同志继续论辩》，《哲学研究》1962 年第 2 期。

其后来实践美学的哲学基础"人类学本体论哲学"的"人类学"内涵是一以贯之的。按其在《批判哲学的批判：康德述评》中所言："本书所讲的'人类的''人类学''人类学本体论'，就完全不是西方的哲学人类学之类的那种离开具体的历史社会的或生物学的含义，恰恰相反，这里强调的正是作为社会实践的历史总体的人类发展的具体行程。它是超生物族类的社会存在。"① 从这个意义上说，李泽厚的这种早期实践论美学可称之为"人类学实践（认识论）美学"，正如有学者所言，"人类学视野是李泽厚哲学与美学提出与回答问题最根本的学理依据，是这一理论学术个性的根源，同时也是其有效性的明确边界"②。

相较而言，从同一起点（马克思主义实践论）出发的朱光潜则走上了与李泽厚迥然不同的"艺术实践美学"的道路。联系其实践美学的代表文章《美学研究些什么？怎样研究美学？》（1960）、《生产劳动与人对世界的艺术掌握》（1960）、《美学中唯物主义与唯心主义之争》（1961）等来看，朱光潜在根据马克思的"美学的实践观点"建立自己的"美学的实践观点"时，始终紧扣"艺术""艺术实践"来进行驳论和立论，"美是文艺的一种特质，文艺是一种社会意识形态，所以美必然带有意识形态性或阶级性"③，这是其"实践美学"的根本论点；美学研究应以艺术为中心，艺术实践等同于劳动实践：这是其"艺术实践美学"最突出的又紧密相关的两个特点。

在朱光潜看来，"因为艺术是人类艺术掌握的最集中最高度发展的形式，只有先把艺术认识清楚，然后才能认识一般现实生活中的审美的性质"。这正如马克思所言的"人脑解剖是猴脑解剖的基础"；又因为"美是艺术的一种属性"，"美的本质只有在弄清艺术的本质之后才能弄清，脱离艺术实践而去抽象地寻求美，美是永远寻不到的"。所以，美

---

① 李泽厚：《批判哲学的批判：康德述评》，生活·读书·新知三联书店 2008 年版，第 89 页。
② 薛富兴：《李泽厚后期实践美学的内在矛盾》，《求是学刊》2003 年第 2 期。
③ 朱光潜：《在中国科学院哲学社会科学学部委员会第三次扩大会议上的发言》，《新建设》1961 年第 1 期。

学研究要以艺术（实践）为中心即主要对象，"离开'用艺术方式掌握世界'，离开人的认识和实践活动，不能有所谓美。"① 正是从"用艺术方式掌握世界"（即"在自己所创造的世界里观照自己"）这一命题出发，朱光潜首先区分了"科学的理论性的掌握世界的方式"和"艺术的实践精神的掌握方式"，并指出实践掌握与艺术掌握既密切相关又有区别；继而指出，马克思主义美学实践观要求艺术应视为生产（劳动）实践的必要构件，按其所言，"实践观点就是唯物辩证观点，它要求把艺术摆在人类文化发展史的大轮廓里去看，要求把艺术看作人改造自然，也改造自己的这种生产实践活动中的一个必然的组成部分"②；继而在"人化的自然"（"人的本质对象化"）这一共同原则的基础上将"艺术实践（创造）"与"劳动实践（创造）"相等同；最后借用"劳动的异化"理论阐明劳动实践与艺术实践原本就是一体的，只不过在阶级社会中脱了节，而马克思主义的共产主义的理想就是要"使劳动和艺术活动由在阶级社会中的分裂回到二者之间里所应有的统一"③。

　　由此可见：朱光潜的艺术实践美学始终贯穿着他从《手稿》《〈政治经济学批判〉导言》《资本论》《费尔巴哈论纲》等经典著作中所理解的"马克思主义美学"的精神要义；尤其是其坚持"艺术是一种社会意识形态"这一认识与实践相统一的主张，强调艺术家个人的主观"意识活动"对艺术和美的重要作用，一定程度上减弱了美学讨论中其他讨论者"对于主观创造活动带主观唯心主义嫌疑的畏惧"，纠正了仅仅从认识、客观、社会等方面单向性地理解艺术和美的偏颇。

---

① 朱光潜：《美学研究些什么？怎样研究美学？》，《新建设》1960 年第 3 期。
② 朱光潜：《生产劳动与人对世界的艺术掌握》，载新建设编辑部编《美学问题讨论集》第六集，作家出版社 1964 年版，第 205 页。
③ 朱光潜：《美学中唯物主义与唯心主义之争——交美学的底》，载新建设编辑部编《美学问题讨论集》第六集，作家出版社 1964 年版，第 245 页。

　　当然，朱光潜的问题也显而易见：他既认为一切实践活动包括生产劳动和艺术、一切创造性的劳动包括物质生产与艺术创造，又认为"艺术审美活动起于劳动或生产实践""劳动就是艺术活动"，那么，劳动与实践、艺术活动（实践）与生产活动（实践）究竟是什么关系？由此看出，朱光潜对"艺术""劳动""生产""实践"这些核心概念的表述淆乱不清，尤其是对"艺术"和"实践"作了最广义的理解。洪毅然很快就指出"朱先生混淆了审美认识与生产实践的界限，把两者等同起来混为一谈"①，而李泽厚则更敏锐地揭示出这种"概念的迷乱"（蔡仪语）背后的隐秘"心思"："朱先生实际上是口讲生产，心指艺术，在两种实践、生产的混淆中用艺术实践吞并了生产实践，精神生产（劳动）吞并了物质生产（劳动）。"② 与其说这表现了朱光潜言说策略的高妙，不如说表现了他试图继承欧美心理（经验）主义美学的最后一点遗产，又迫于形势不得不以马克思主义实践论加以改造的两难与不彻底。这种不彻底也集中表现在他哲学方法论上的进步性与保守性的并存。"进步"是指他看到并指出了从单纯认识活动来看美学（艺术）问题的"直观观点"（以柏拉图为代表）的错误，并试图以马克思主义的"实践观点"——即从认识与实践的统一且以实践为基础的原则——来看美学（艺术）问题，因此特别强调人与自然、个人与社会、认识与实践这三组关系的"对立统一"③；"保守"是指由于时代氛围和学术视野的限制他最终又退回到他所批判的反映论框架内，尤其是在提出以马克思主义社会意识形态论打破列宁反映论之后，又不得不对自己所犯的这一

----

　　① 洪毅然：《论"人对世界的艺术掌握"及其相关问题——对朱光潜先生美学近著的几点质疑》，载新建设编辑部编《美学问题讨论集》第六集，作家出版社1964年版，第214页。

　　② 李泽厚：《美学三题议——与朱光潜同志继续论辩》，载《哲学研究》1962年第2期。

　　③ 朱光潜：《生产劳动与人对世界的艺术掌握》，载新建设编辑部编《美学问题讨论集》第六集，作家出版社1964年版，第206页。这种"对立统一"的观点来自对黑格尔美学的辩证法基础的吸收，在他看来，黑格尔"替美学上的实践观点种下了种子"，"提出了一系列的辩证的对立与统一的原则，例如人与自然，精神与物质，主观与客观，感性与理性，特殊与一般，认识与实践，个人性格与当时社会流行的人生理想等对立范畴的辩证的统一"。参见朱光潜《黑格尔美学的评价》，载新建设编辑部编《美学问题讨论集》第五集，作家出版社1964年版，第338页。

"严重错误"进行"自我批评",于是他只能在强调"存在决定意识"的同时补充强调"意识反过来影响存在",在马克思主义"实践"观的掩护下极力为艺术的"主观的能动性和创造性"争得最后的一席之地。这种"明修栈道,暗度陈仓"的实践美学自然遭到了李泽厚以及蔡仪、魏正等人的共同批评①。

李泽厚的"人类学实践美学"与朱光潜的"艺术实践美学"可谓中国实践美学的两种最早形态。比较来看,二者的相同之处在于:二者都从马克思主义经典著作中汲取"实践论"思想营养,也都竭力将其熔铸到各自的理论框架中,以一种不断调整的积极姿态抢占中国化马列主义美学的话语优势;都反对机械的静观的唯物主义美学(蔡仪),都主张在现实与实践的关系中、在具体的社会历史过程和历史条件中考察美的(实践的)对象;而二者的根本差异在于:是以"艺术"还是以"生活"为"美"定性。朱光潜认为"美是艺术的一种属性",因此他"最关心的是'找'艺术,其次才是'找'美","把艺术美放在首要地位,把自然美放在次要地位"②,可以说,艺术是其实践美学的出发点、研究对象和归宿;而李泽厚则批评朱光潜"把美圈定在艺术的范围内,圈定在艺术创作和艺术欣赏的过程中,否定在艺术和艺术活动之外还有美的存在",认为"美首先必须是生活的属性"③,因此在其实践美学观念中,生活(实践)是第一性的,艺术作为"现实生活的反映"必然是第二性的,也因此"自然美""生活美"被放在着重探讨的首要地位,而来源于或者说集中反映生活美、自然美的"艺术美"只能屈居次要地位。正是由此根本差异,才导致了二人对"实践""生产"

---

① 参见李泽厚《美学三题议》,蔡仪《朱光潜先生旧观点的新说明》,魏正《关于美学问题的哲学基础问题》,新建设编辑部编《美学问题讨论集》第六集,作家出版社 1964 年版,第 304—355、166—175、256—303 页。

② 朱光潜:《美学中唯物主义与唯心主义之争——交美学的底》,载新建设编辑部编《美学问题讨论集》第六集,作家出版社 1964 年版,第 240、228 页。

③ 李泽厚:《关于当前美学问题的争论——试再论美的客观性和社会性》,《学术月刊》1957 年第 10 期。

"人化"等核心概念的理解差异①。

　　之所以有如此差异，主要原因恐怕在于二人对现代西方美学在理解和接受上存在差异，朱光潜因受现代西方美学思想——尤其是克罗齐"艺术即直觉（表现）"的美学观——的影响②而倾向于将美学完全聚焦于艺术，从而形成了一种"艺术批评"的元理论；而在俄苏模式和中国模式共同影响下的李泽厚则对此不以为然，他反对欧美流行的并占主导地位的分析哲学的美学和艺术本体论的美学，按其后来所言："现代资产阶级美学中，对审美经验的分析和对艺术的研究，几乎成了美学的主体甚至唯一主题，在另一些人那里，对艺术的'元批评学'替代了美学。对美的哲学探讨的兴趣完全消失，一概斥之为形而上学，这是我所不敢苟同的。"③可见，"对美的哲学探讨"（哲学美学）才是李泽厚所坚持的作为"元批评"的美学。从某种意义上说，这种差异也是他们身份差异的显现：朱光潜是出身教育学专业、有着深厚的中外艺术修养和丰富文学创作经验的作家型学者，而李泽厚则是出身哲学专业并以哲学研究为业的专家型学者。

　　饶有意味的是，朱光潜将艺术与人生、与自我实现联系了起来，赋

---

　　①　比如对"人化"的理解：在李泽厚看来，"'人化'者，通过实践（改造自然）而非通过意识（欣赏自然）去'化'也。"（《美学三题议》）也就是说，马克思所谓的"人化"不是指人类的审美活动，而是指人类通过改造自然这一客观实践活动赋予自然以社会的（人的）性质、意义。因此，"自然的人化是指经过社会实践使自然从与人无干的、敌对的或自在的变为与人相关的、有益的、为人的对象"。即马克思所言的"自然的向人生成"，自然变成"人类学的自然"，成为"人类的非有机的躯体"。而朱光潜则认为："人'人化'了自然，自然也'对象化'了人。这个辩证法原则适用于人类一切实践活动（包括生产劳动和艺术）"（《美学中唯物主义与唯心主义之争》），即艺术被看作使自然"人化"的实践活动。二者的根本区别正如李泽厚所言："朱先生的'人化的自然'是意识作用于自然，是意识的生产成果；我所理解的'人化的自然'是实践作用于自然，是生产劳动的成果。"（《美学三题议》）
　　②　参见［意］克罗齐《美学原理》，朱光潜译，作家出版社1958年版。此外，还可能也受到美国马克思主义美学家路易·哈拉普艺术美学理论的影响。如朱光潜在翻译哈拉普著作《艺术的社会根源》（新文艺出版社1951年版）的"序"中所言，"这部书想介绍马克思主义的美学中的一些为人熟知的原则，并且提出一些问题，以备许多学者和思想家们以集体的努力，作进一步的研究。"参见哈拉普《艺术的社会根源》，朱光潜译，新文艺出版社1951年版，第296页。
　　③　李泽厚：《美学论集》，上海文艺出版社1980年版，第33页。

予"美"以实在的、个人性的内涵，当他说在共产主义社会里"每个人都是多面手的劳动者，同时也是艺术家"的时候，我们不难发觉这与其早期最具代表性的美学观点——"人生的艺术化"之间的密切关联。与其说这是一种乌托邦的美学理想，不如说这是他在理论和实践两方面都始终坚持的一种以艺术塑造人（生）的美育主张，李泽厚自 20 世纪 80 年代以来格外强调"教育"（尤其是作为美学内容的"美育"），强调"把艺术和审美与陶冶性情、塑造文化心理结构（亦即建立心理本体）联系起来"，无疑是一种迟到却殊途同归的呼应。

二　李泽厚早期实践美学的贡献与局限

从思想观念上来说，李泽厚早期实践美学思想最重大的贡献在于率先将马克思"自然的人化"思想引入美学大讨论，促使其他各派都纷纷运用马克思"自然的人化"思想来改进自己的美学研究，确保了马克思主义美学的建设方向和质量。比较来看，蔡仪恪守"客观典型说"而根本否认了"自然的人化"的美学意义，朱光潜、高尔泰用"自然的人化"来直接揭示审美活动，理解上都有偏差，而李泽厚则从"人化的自然"提出的具体文献语境出发，认为"马克思并不是谈艺术或审美活动问题时提出这个概念，而是在谈人类劳动、社会生产等经济学和哲学问题时用这个概念的。所以，马克思用它（'人化'）……是指人类的基本的客观实践活动，指通过改造自然赋予自然以社会的（人的）性质、意义"①，这使得以此作为理论基石的"客观社会论"在当时的论争中获得了较大的影响力和生命力，开辟出一条以实践论为哲学基础来探索"美的本质"的道路。

从哲学方法论来看，李泽厚坚决反对庸俗实用主义者（如姚文元、庞安福等）贬低和轻视理论思维和抽象分析的方法，而始终主张和坚持辩证的、理性的方法，使得整个美学大讨论保持住了思辨的哲学品

---

① 李泽厚：《美学论集》，上海文艺出版社 1980 年版，第 171—172 页。

格，避免了滑向庸俗实用主义的泥潭。在他看来，"美学问题能够提到哲学根本问题上来争论，尽管抽象，有时且带有学院派的烦琐缺点，但总的说来，却是值得注意而不只是值得厌烦的事情。这种争论远比去提倡争论'衣裳打扮'之类的所谓具体问题重要得多。"① 这种方法论态度以及他本人的理论文章促使理论思维的科学方法即"从抽象到具体、从简单到复杂"逐渐成为美学科学的独特方法，从而有效抵制了姚文元"照相馆里出美学"的经验主义的庸俗实用主义美学观对美学科学的渗透，确保了美学大讨论始终在学院派的学术话语中围绕"哲学的根本问题"来深入展开，而没有被政治化的革命话语所绑架——这是历来论者所未曾注意到的李泽厚的一个重要贡献。

从理论内涵上来说，李泽厚提出别具一格的"美感二重性"和"美的二重性"理论，批判吸收了朱、蔡二人的理论之长，突出强调了"客观社会性"的统摄作用，为美学大讨论贡献了独特的具有可持续发展的一派理论，尤其是个人心理的主观直觉性与社会生活的客观功利性相统一的"美感二重性"命题，极富见地，因为"与'美是生活''美是典型'等命题相比，这一命题，更深地进入审美世界，也更紧密地联系到文学艺术的内在规律"②。虽然由于特定的时代限制，李泽厚对其中的"主观直觉性"言之寥寥，"主观""直觉"等概念在其艺术美学、实践美学中也被迫隐退，但他对"情感"在审美心理活动中的地位和作用非常重视，明确提出艺术创作中的形象思维必须"包含情感"，甚至认为情感性比形象性对艺术来说更为重要，这种对情感逻辑的坚持在"谈情色变"的阶级斗争年代是难能可贵的，某种程度上为艺术创作摆脱公式化、概念化的束缚提供了一线生机，也为其后期"情感本体说""新感性说"等思想的诞生奠定了学理基础。

---

① 李泽厚：《美学三题议——与朱光潜同志继续论辩》，《哲学研究》1962 年第 2 期。
② 刘再复：《李泽厚美学概论》，生活·读书·新知三联书店 2009 年版，第 72 页。

事实上，李泽厚的这些理论观点在美学大讨论中就遭到其他各派的强烈质疑和批评，尤其是其"客观社会论"观点更是招致四面八方的反驳和批判。比如敏泽说："李泽厚同志认为：要么承认美是客观的，要么就承认它是主观的，这其间没有中间的路线。这样的提问方法事实上表现了一种形而上学的观点，企图把复杂的美学现象简单化。"他虽然肯定李泽厚对"美的社会性问题"的强调是"十分必要"的，但同时指出其缺点在于用"一种简单的阶级和社会分析方法"，"机械地去套一切自然的现象"①。

在朱光潜看来，李泽厚"客观社会论"的基本出发点——"自然物同时是一种'社会存在'"——是"非常模糊的、混乱的"，因为"自然与社会的区别是常识所公认的，也是马克思主义者所公认的。如果说，自有人类社会以后，自然就已变成社会存在，那么世间一切都是社会存在了，自然和社会就用不着区分了"。并通过辨析李泽厚所举的国旗和货币的例证来说明自然与社会性之间的关系，证明其"思想的混乱"；此外，李泽厚还"把艺术是一种社会意识形态或上层建筑这个马克思主义的基本原则一笔抹杀了"。造成这些混乱的根本原因在于李泽厚"想把车尔尼雪夫斯基的'美是生活'和黑格尔的'理念从感官所接触的事物中照耀出来'两个水火不相容的定义合并在一起"，"结果却是拿黑格尔压倒了车尔尼雪夫斯基"②。黄药眠认为李泽厚"忽视了艺术，似乎整个美就是社会存在，就是生活"，"也没有谈到人如何创造艺术，也没有谈到人在艺术创造中的主观作用"，并且"他把社会存在就看为客观，而不是看作是通过人的意识去表现出来的"，"没有看到美感的个人因素"，也"没有注意到审美现象的本身特点"，就"认为美感决定于美"，这是"不妥的"，根本错误在于李泽厚"把哲学

① 敏泽：《美学问题争论的分歧在哪里》，载文艺报编辑部编《美学问题讨论集》第二集，作家出版社1957年版，第61—62页。

② 朱光潜：《论美是客观与主观的统一》，载文艺报编辑部编《美学问题讨论集》第二集，作家出版社1957年版，第8、10、11、12页。

上的认识论拿来生搬硬套"①。在高尔泰看来，李泽厚"社会性和客观性的统一"这一提法是"片面和狭隘的"，因为"首先在语法上就是不合逻辑的。社会是相对于自然而言的；客观是相对于主观而言的。社会的东西有其主观方面，也有其客观方面；客观的东西有其自然方面，也有其社会方面。把任何事物描述为社会性和客观性的统一，或者自然性与客观性的统一，如果不是毫无意义的同语反复的话，就只能是语法不通了"②。

从这些批判和上述阐述中，我们不难发现李泽厚早期实践美学的局限所在。概括起来，主要表现在这样几个方面：

其一，始终没有摆脱认识论哲学的束缚，一定程度上存在着以哲学认识论硬套美学问题的弊病。这是李泽厚早期美学思想的最大局限。

在美学中，认识论是不能轻易放弃的。正如有学者所言，"在审美活动中，仍然时时刻刻都依赖知识，通过审美活动增长知识，同时有知识增长的快感"③，我们可以借用语言论来"融化"主客观，在新层次上回归知识论和认识论，但如果完全在认识论的框架中探讨美学问题，则势必陷入重存在轻意识、重理性轻感性、重客观轻主观的偏狭之中。在美学大讨论中，李泽厚最初像其他各家各派一样深受列宁反映论的认识论哲学影响，坚持存在—意识、客观—主观、唯物—唯心等非此即彼的二元对立立场，在美的本质问题上拒绝在"美是主观"与"美是客观"之间选择"折中调和"的中间路线，从而提出"不合逻辑"的"美是客观性与社会性的统一"；在美与美感的关系问题上则认为："美是第一性的，基元的，客观的；美感是第二性的，派生的，主观的。承认或否认美的不依存于人类主观意识条件的客观性是唯物主义与主观唯

---

① 黄药眠：《看佛篇——1957 年 5 月 27 日对研究生进修生的讲话》，《文艺研究》2007 年第 10 期。

② 高尔泰：《现代美学与自然科学》，载《谈美》，甘肃人民出版社 1982 年版，第 214 页。

③ 高建平：《美是主观的还是客观的？》，《文史知识》2015 年第 3 期。

心主义的分水岭。"① 而在引入"自然的人化"并经历"实践论"的转向之后，马克思主义的实践—认识论哲学成为其实践美学的哲学基础，一方面，"美"被重新界定为"现实以自由形式对实践的肯定"②，这表现出在"实践"基础上对反映—认识论的反思和僭越以及试图统一人与自然、理性与感性的对立的意愿，但根本上却还是认识论哲学束缚下"客观社会论"的翻版，是物质生产实践完全"统治"的美；另一方面，美感本身的特性问题被转换为"美感从根本上如何可能"的审美发生学问题，认为"美感的实质就是人们能在精神上把握和肯定着自己的实践（生活）"，强调主体的自然人化与客体的自然人化是"社会历史实践"的产物，"客观自然的形式美与实践主体的知觉结构或形式的互相适合、一致、协调，就必然地引起人们的审美愉悦"，但同时又认为这种审美愉悦之所以是"一种具有社会内容的美感形态"，是"因为它是对现实肯定实践的一种社会性的感受、反映"③，也就是说，美与美感的关系仍被理解为"反映"与"被反映"的关系。总之，李泽厚早期的哲学美学、艺术美学和实践美学是在认识论哲学的有限范围内建构和发展的，相对缺少哲学价值论视角的美学追问，这既是他个人的思想局限，更是那个时代的集体的思想局限。

其二，这种拘泥于哲学认识论的时代局限，使得李泽厚在理解"实践""主体""艺术"等核心美学范畴时也停留于认识论阶段，从而造成了其早期实践美学的学理局限。

尽管李泽厚在综合吸纳中苏马克思主义实践论思想基础上很快建立起自己的"人类学实践美学"，但其理论中的"实践"仅仅被当作认识论的概念，并被狭义化地理解为物质生产实践，正如有学者所言："李泽厚虽然强调的是美的客观性和社会性，但实际上他还是从客观

---

① 李泽厚：《论美感、美和艺术》，《哲学研究》1956 年第 2 期。
② 李泽厚：《美学三题议——与朱光潜同志继续论辩》，《哲学研究》1962 年第 2 期。
③ 同上。

认识论的立场上来强调实践而没有从真正的本体论立场上来规定实践，并没有把实践赋予本体地位。"① 事实上，直到李泽厚在《批判哲学的批判》（1979）中提出"人类学历史本体论"或"主体性实践哲学"时，"实践"才真正成为一个本体论概念。同样，虽然他此时也提出了"主体"概念，并将实践的"主体"与"人类"、"社会实践的历史总体"相关联，但很显然他对实践认识论的"客体"更加信赖，在他看来，"具有主观目的、意识的人类主体的实践，实际上正是一种客观的物质力量"②。因此这里实践的"主体"还只是一个完全由"客体"决定的、缺乏"主体性"内涵的一般概念，而这为他此后吸收康德主体性思想提供了可能。此外，他也从认识论出发，简单地把艺术等同于认识，视艺术为现实生活的反映，直到《形象思维再续谈》（1979）他才明确提出"艺术不只是认识"，"仅仅用认识论来说明文艺和文艺创作是很不完全的"，"艺术创作、形象思维主要属于美学和文艺心理学的研究范围，而不只是、也主要不是哲学认识论问题"③。

其三，这种学理局限还表现在他过分夸大了"社会性"的统摄力，试图用社会性解释人类所有的审美对象，把一切事物之所以"美"的根源都归结于"社会性"即"人类集体的理性"，一定程度上掩盖了自然美、艺术美本身的独特内涵与个体价值。

虽然李泽厚最先将马克思《手稿》中的"自然的人化"观点引入到美学中，但由于没有充分理解和消化，所以过分夸大了"人化"的美学功能，认为"一切的美都必须依赖于作为实践者的'人'亦即社会生活实践才能存在"④，忽视了自然事物、艺术作品等审美客体本身

---

① 张伟：《认识论·实践论·本体论——当代中国美学研究思维方式的嬗变与发展》，《社会科学辑刊》2009 年第 5 期。

② 李泽厚：《美学三题议——与朱光潜同志继续论辩》，《哲学研究》1962 年第 2 期。

③ 李泽厚：《美学论集》，上海文艺出版社 1980 年版，第 555、560、561 页。

④ 同上书，第 122 页。

的审美属性以及审美主体的审美意识和趣味。这从他对"国旗""货币"等例证的阐述以及对"艺术"的理解可以见出。比如李泽厚在以"国旗"为例说明"自然美的社会性"时认为，国旗的美"是一种客观的（不依存于人类主观意识、情趣的）、社会的（不能脱离社会生活的）存在，是新中国的国家、人民和社会生活的客观存在，而我们的美感（我们感到国旗美）就仍然是这一客观存在的美的主观的反映，是我们对我们今天的国家社会的美的认识"①，且不论李泽厚误将本为"社会物"的"国旗"当作"自然物"，单就这种观点来看，李泽厚至少忽略了"五星红旗"本身在应征的 2000 种图案中所体现出的与众不同的审美属性，否定了参加设计、投票的所有人的个人的主观意识和审美情趣在审美评价过程中的作用，可见其对"自然人化"思想理解上的局限。同样，在他看来，"艺术创作如果不去把握和表现自然对象的人的、生活的内容，也很难成为美的山水诗、风景画"②。艺术只是现实的摹写和反映，艺术美（艺术的本质）只是现实美的集中反映，"是现实肯定实践的一种自由形式"③，这种"自由"显然是"客观社会性"（群体性、理性）作用的结果，而非"主观能动性"（个体性、感性）作用的结果，可见其相对忽视了艺术自身的审美特性和价值以及艺术家艺术创造的主体性、审美情趣的个别性，只把艺术当作了社会现象④。

　　此外，由于对美学学科的科学化、客观化要求，李泽厚倾向于将"美"与"真""善"相提并论，并赋予它们以"统一性"和"客观

---

　　①　李泽厚：《美的客观性和社会性——评朱光潜、蔡仪的美学观》，《人民日报》1957 年 1 月 9 日。

　　②　李泽厚：《美学三题议——与朱光潜同志继续论辩》，《哲学研究》1962 年第 2 期。

　　③　同上。

　　④　"在对'美是生活'的命题的批评中，李泽厚只看到文学艺术是一种社会现象，没有强调或者不确认文学也是一种生命现象，因此，他批评把文学视为生命现象是'生物学化的倾向'，力图把'美是生活'命题推向更彻底的境地。这一批评也有值得商榷之处。"参见刘再复《李泽厚美学概论》，生活·读书·新知三联书店 2009 年版，第 71 页。

性"，这是"美学大讨论"中的其他各家各派直接或间接表露出的某种普遍的思维病症。在他看来，"真"是不依存于意识、意志的客观必然性，"善"是社会普遍性，而对象化的善（对应于"美的内容"）与主体化的真（对应于"美的形式"）便是"美"，"美是'真'与'善'的统一。真、善、美都是客观的"①。

可见，原本是感性活动的"美"与科学认知的"真"、伦理要求的"善"混为一体，在"实践"（人类的物质生产实践）基础上被视为一种合目的性和合规律性的"客观存在"，所谓"美的普遍必然性正是它的社会客观性"，而非人与对象之间的"审美价值关系"。诚如有学者所言："心体与美的能动性价值自始就是李泽厚实践观最薄弱的一环。……当李氏倾力强调将美与'心'还原于物质生产的实践时，这种作为人类学本体基础条件的物质生产实践同时已自觉不自觉地吞并了价值的本体。"② 李泽厚的这种客观性的"真善美相统一"的思想归根结底还是苏化马克思主义认识论哲学的中国化表现，这既为其后来的"以美启真""以美储善""以美立命"的实践美学命题奠定了基础，也表明了其"人类学实践美学"在"美学大讨论"中的先天性理论缺陷。

总之，在"美学大讨论"的激烈论辩中，年轻的李泽厚凭借其过人的智慧和学养，批判吸收各家观点，兼容并包中外理论，边破边立，初步构建起以马克思"自然的人化"为哲学基础的"客观社会论"人类学实践美学思想，虽然不可避免地存在着一些局限，但在论争中还是占据了有利地位，赢得了较高的学术声誉。也正是以此为起点，通过融合康德的批判哲学、马克思的实践哲学以及儒道互补的中国文化传统等思想资源并进行"转换性创造"，李泽厚在 20 世纪 80 年代实现了对"美学大讨论"时期实践美学思想的进一步充实、提升和完善，建构起

① 李泽厚：《美学三题议——与朱光潜同志继续论辩》，《哲学研究》1962 年第 2 期。
② 尤西林：《朱光潜实践观中的心体》，《学术月刊》1997 年第 7 期。

以"人类学历史本体论"（主体性实践哲学）为基础的"实践美学"体系，创生出"积淀""情本体""新感性""工艺—社会结构""文化心理结构"等一系列美学新概念、新命题，有力地推动了中国实践美学和当代美学学科的繁荣发展。

西方美学专题

重识"美的阶梯喻说"

王柯平[*]

摘　要：柏拉图在《会饮篇》里提出"美的阶梯喻说"，旨在探讨与生俱来的爱美欲求，关涉一种精神型爱欲现象学。从审美与目的论角度来重释这一喻说，从中可见出以哲学研习与德性修养为主导的教育进程。究其实质，这一进程意在引导人们通过爱美益智的途径，趋向柏拉图式人性完满实现的理想，上达善好生活及其真正福祉的终极目的。为此，考虑到相互关联的诸种缘由，特意凸显了知识价值与人格修养两者，同时参照智慧类别分层说的观点，提议采用一种实用态度来审视生活类别选择说的立场。

关键词：柏拉图；美的阶梯；爱若斯；爱美益智；善好生活

"美"是美学基本范畴之一。其所涉领域与时俱进，流变拓展。在古典美学传统中，"美"曾自下而上跃升，通过概念化理路，从物性之美转向形上之美。如今，"美"却反向嬗变，自上而下蔓延，博取众多眼球的不再是形上之美，而是物性之美；这在很大程度上是波普美学勃兴所致，相继滋生的审美化趋势几乎无所不包，在日常生活世界里表现

* 王柯平，博士，中国社会科学院哲学所研究员，研究生院哲学系教授，博士生导师，主要从事中西美学与古代哲学研究。

得尤为突出。随之流行的网络美学时尚，偏重肉欲快感与浅层娱乐，大有愈加自由泛滥之势。从相关例证来看，这一时尚之所以风靡全球，主要是网络裸照和美容产业等行当推波助澜的结果。对于那些臆想借此一饱眼福的上瘾网民来说，裸露肉身的诱惑与色相撩人的姿态，如同唾手可得的视觉盛宴，其吸引力似乎远大于其他各类寓意沉奥、具有谜语特质的艺术作品。

　　我们并不否认上述时尚的市场需求背景，但却难以苟同那种打着波普美学旗号竭力宣扬丰乳肥臀式肉身美的偏颇做法，更不用说赞同那种借用色情幻象来牺牲艺术世界的传销手段了。我们以为，诸如此类的新潮风景，与其说是审美对象，毋宁说是逆审美对象。因为，由此引发的反应，抑或是情欲作祟的幻觉，抑或是"走马观花"式浏览，都无一例外地同"美"的古典观念及其应有价值发生断裂。历史意识赋予的启示，使人联想到柏拉图所批判的"低俗剧场政体"（theatrokratia tis ponēra），同时也让人感念施密特（Arbogast Schmitt）所作出的建设性努力；前者断言这种低俗现象是城邦剧场一味迎合民众消遣嗜好和怂恿过度自由而导致的恶果①，后者试想重估柏拉图哲学思想在现代社会文化语境中的重要关联意义②。有鉴于此，我们认为当下追溯古希腊传统观念中的美具有现实必要性，因为该观念可作为现代人爱美的参照系，有助于拓宽其过于单一的审美视域，丰富其囿于身体形态的视觉趣味，改善其寡淡无趣的散文化生活境况。

　　本文所论，侧重柏拉图《会饮篇》（*Symposium*）中"美的阶梯喻说"的隐微意涵。历史上，此喻说被视作西方美学发端的重要标志，不仅涉及审美、灵魂、道德、政治、法制、知识、本质与绝对等哲学范畴，同时也关乎一种古代版的精神型爱欲现象学。如今重识这一喻说，

---

① Plato, *Laws* 700a—701b（trans. R. G. Bury, Cambridge and London：Harvard University Press, 1994），Also see Plato, *The Laws*（trans. T. J. Saunders, London：Penguin Books, 1975.）

② ［德］施米特：《现代与柏拉图》，郑辟瑞、朱清华译，上海书店出版社 2009 年版，第 14—19、67—71 页。

一是为了探索一种替代理论，借此平衡时下对"美"的恣意滥用；二是为了全面揭示该喻说的真实用意，因为诸多中国美学家的解释虽非全然误导，但却失之偏颇；也就是说，相关解释总是从审美判断的视角出发，明显忽视了目的论判断的潜在维度，惯于将其归结为一种自下而上的审美方法，意在认识以无利害性或绝对性为特征的美自体。① 这里，我们基于审美判断和目的论判断的双重立场，尝试揭示该喻说的真实用意，阐明其哲学研习的过程，探讨其爱美益智的理据。另外，本文还将假借一种实用主义态度，参照智慧类别分层论，提出生活类别选择说，归纳出现实型与中间型生活观，从而与新柏拉图主义者柏罗丁（Plotinus）的理想型生活观形成对比。

"美的阶梯喻说"

《会饮篇》的主题是探讨"爱欲问题"（*ta erōtika*），与此相关的"爱美欲求"，通过"美的阶梯喻说"得以彰显。所谓"喻说"（analogy），意指类比，属于一种修辞手法。所谓"美的阶梯喻说"，是指柏拉图借用由低到高的阶梯，来类比不同层次的美及其对象。

值得注意的是，"爱欲问题"在此篇对话中涉及性本神秘但又发人深思的"爱若斯"（Eros）难题，这对参与讨论的知名智术士、剧作家与哲学家构成巨大挑战，结果引出六篇风格各异的颂词，从不同视域解说"爱若斯"在不同情境里的功能与意义。最后出场言说的苏格拉底，抛开先前采用的"穷本溯源式叙事样态"（genre of aetiological narrative）②，有意将"爱若斯"转化为一种"爱美欲求"，视其为人类情志中与生俱来的机要部分，同时将相关思辨导向一种更富哲理的精神型爱

---

① 在国内高校使用的数部西方美学史教材里，唯有朱光潜指出，柏拉图提出的阶梯喻说，不仅关乎美，而且涉及真，与理念论密不可分。不过，此处语焉不详，并未展开论述。参阅朱光潜《西方美学史》，人民文学出版社 1964 年版，第 45、49—50 页。

② J. K. Dover，"Aristophanes' Speech in Plato's *Symposium*"，*Journal of Hellenic Studies*，1966，pp. 42 – 46.

欲现象学，借此在"至为高尚和严肃的思想平台"① 上阐述自己的爱欲理论。如此一来，他所关注的对象，转为旨在提升敏感性、理解力和认知水平的哲学研习过程，这一切均关乎如何去感悟和把握美的现象与爱的理据等。由此构成的哲学方法论，同解释学要素相融合，既强调意识的意向性，也呈现可见与不可见之美的价值比，其典型特征之一是将"爱若斯"视为爱的精灵，让其发挥爱美欲求的天赋，驱动爱美者攀登美的阶梯，由低向高逐步发展，从迷恋身体美转为追求精神美，进而借助沉思生活来透视至福的奥秘，通过洞察超越性实在来成就人性的完满实现，最终启发和激励真正的爱美者踏上智慧之路，发掘美之为美的终极原因，育养心灵中追求善好生活的美德。这无疑代表"一种趋向全面启蒙的进程，对于那些行走在无知阴影里的人们来说，此举定会让其打开眼界，认清处境"②。

那么，"美的阶梯喻说"到底所言何事？按原文所述：

> 凡是想依正道达到真爱境界的人，应从幼年起就倾心向往美的形体。如果他的向导将其引入正道，他就会知晓爱的奥秘：他从接触普通美的事物开始，为了观赏最高的美而不断向上。就像攀登阶梯（*epanabathmois*）一样，第一步是从爱一个美的形体或肉身开始，凭一个美的形体来孕育美的道理；第二步他就学会了解此一形体之美与彼一形体之的同源关系；第三步他就会发现两个形体之美与所有形体之美是相互贯通的。这就要在许多个别美的形体中见出形体美的理式或共相。……想通了这个道理，他就应该把他的爱推广到一切美的形体，不再把过烈的热情专注于某一个美的形体，这单个形体在他看来渺乎其小。再进一步，他应该学会把心灵的美看

① W. R. M. Lamb, "Introduction to the *Symposium*," in Plato, *Lysis*, *Symposium*, *Gorgias* (trans. W. R. M. Lamb, Cambridge and London: Harvard University Press, 1996), p. 75.

② Ibid., pp. 76 - 77.

得比形体的美更为珍贵。如果遇见一个美的心灵，纵然其人在形体上不甚美观，但也应该对他起爱慕之心，凭他来孕育最适宜于使青年人得益的道理。从此再进一步，他应该学会识别行为和制度的美，看出这种美也是到处贯通的，因此就把形体的美看得更为微末。从此再进一步，他应该接受向导的指引，进到各种学问知识之中，看出知识的美。于是，放眼一看这已经走过的广大的美的领域，他从此就不再像一个卑微的奴隶，只把爱情专注于某一个个别的美的对象上，譬如某一个孩子，某一个成人，或某一种行为上。这时，他凭临美的汪洋大海，凝神观照，心中起无限欣喜，于是孕育无量数的优美崇高的道理，得到丰富的哲学收获。如此精力弥漫之际，他终于豁然贯通唯一的涵盖一切的学问，以美为对象的学问。最后，他进而通过关于美自体的特别研究，获得了有关美的大知……在这种超越所有其他东西的生活境界里，由于他凝视到本质性的美自体，因此就发现了真正值得一过的人生。①

这显然是一种登梯观美活动，堪比一种以美为导向的朝圣之旅。整个过程循序渐进，发端于自然存在状况，起源于爱欲本能取向，途经思想启蒙或自我净化过程，最终抵达以理智洞见为特征的元认识之境。其中可以看到自幼开始接受正确指导的教育原则，还可推演出一种由浅入深、由直观形象到理智抽象的认知架构；此架构由七类美组成，包括单个形体美、两个形体美、多个形体美、心灵美、行为与制度美、知识美和美自体。不难看出，从可见之美到不可见之美，从形体之美到形上之美，从特殊之美到普遍之美，全然尽在其中，组成由多至一的统摄序列。这里采用的抽象机制，旨在将美从自然形成的混合物体中隔绝开

---

① Plato, *Symposium* (tr. W. M. Lamb, Loeb edition), 210 – 212a. 另参阅柏拉图《文艺对话集》，朱光潜译，人民文学出版社 1980 年版，第 271—272 页，中译文根据英译文和希腊文稍作调整。

来。鉴于关注单一例证及其表现形式并不能理解美本身，该机制便以动态性为前提，要求心智在特殊与普遍事物之间产生某种认识上的共鸣，同时从中抽象出具有共同性相的多样化对象①，也就是"美的阶梯喻说"中描述的多种类型美。

应当说，上述抽象机制是不可或缺的重要环节，不仅体现了哲学研习的特点，反映出人格修为的进程，同时也关乎人性完满实现的终极目的。从价值论角度看，上列七类美皆展现出不同程度的实在性；从符号论视域看，这些美皆表露出不同类别的实在性。弗拉斯托斯（Gregory Vlastos）对此做过精到的剖析，并从功用角度区别了柏拉图思想中隐含的两种理论，一是"实在性程度论"（degrees-of-reality theory），二是"实在性类别论"（kinds-of-reality theory）②。这两种理论互联互补，旨在证明柏拉图念兹在兹的实在性结构。在哲学领域的形上思辨中，此两者不仅有助于避免将共相误解为更加高级的殊相，也有助于避免将感性殊相误解为理式的劣等模仿结果。

特别值得注意的是，通常用来表示"美"的古希腊语词"kallos"，在语义层面上绝非是单向度的。一般说来，就事物形式或人体形象的外观而言，它意指美或漂亮；就襄助某种善意的目的或行为而言，它意指善或善好；就道德的修为或精神的追求而言，它意指高尚或高贵。不过，在柏拉图的笔下，"kallos"的所指除了包含上述三种语义之外，还得到进一步扩充与深化，也就是借助"美的阶梯喻说"，纳入了形式美的规律性，心灵美的道德性，法纪制度美的公正性，知识美的洞察性，理智美的神圣性，等等。这种看似泛化美的修辞手法，实则折射出柏拉图对"kallos"或"美"的全方位哲学思考，由此赋予该概念一种有机多义性，既丰富了相关喻说的蕴含，也增加了解读阐释的难度。

① David M. Halperin, "Platonic Erōs and What Men Call Love", In Nicholas D. Smith （ed.）, *Plato*: *Critical Assessments*, p. 95.

② Gregory Vlastos, "Degrees of Reality in Plato", in Nicholas D. Smith （ed.）, *Plato*: *Critical Assessments*, p. 230.

象征意味剖析

从具体语境上看,"美的阶梯喻说"象征意味颇丰,至少隐含六点:

(1)竞争动力(competitive impetus)。该动力旨在挑战神人同形、享受特权、纵情声色的某些神祇。这些神祇自身生活优越、无忧无虑,但却要求人类循规蹈矩、虔敬祭祀、俯首膜拜。他们以自我为中心,在行为准则上只要求人类,不要求自己,其肆意妄为的程度,近乎时下腐化堕落的花花公子。譬如,在奥林匹亚诸神中间,有的沉迷于坑蒙拐骗的色诱行为,彼此使用诡计幽会偷情;有的偷偷潜入人类世界,通过变形卖俏,极尽花言巧语,诱惑单纯少女,以满足自己积习难改的淫欲……诸如此类的"桃色事件",在希腊神话与史诗里屡见不鲜。故此,考虑到这些内容会对青少年产生负面影响,柏拉图执意要将其从故事教育课程设置里剔除;与此同时,他竭力倡导神正论原则,对荷马等诗人随意模仿各种疯癫迷狂之事大加谴责,试图借此将所有关于神祇的描述予以美化和道德化。于是,在《会饮篇》里,柏拉图着手建立一种更好的爱欲模式,一方面想让诸神经常玩耍的爱欲游戏相形见绌,另一方面期待人之为人务必养成一种良好的爱欲观念,在面对各种优美对象时能够择善而为。所以,柏拉图十分赞赏爱欲的情感和认识潜能,借此鼓励人类充分发挥这一竞争动力的积极作用,以便追求更高层次的美、善或高贵的对象。

(2)互补能量(complementary power)。这关乎爱美者的内在情感能量。根据柏拉图的相关描述,爱美者扮演两种典型角色:作为著名的捕猎者,他向来勇往直前、生性急躁、容易激动(*andreos ōn kai itēs kai suntonos*);作为伟大的探寻者,他一生孜孜不倦、深思熟虑、追求智慧[1]。在攀登美的阶梯时,在从感性魅力上达知性魅力的进程中,爱美者需要理智和情感来完成整个使命,因为他在本性上既是情感存在,也

---

[1] Plato, *Symposium*, 203d.

是理智存在。通常，当主体进入探寻多样美的历程之后，情感使其热情经久不衰，理智将其行为导入正途。虽然理智被奉为神明馈赠人类的礼物应备受珍重，但依然需要情感作为互补力量来激励人类采取行动，以便持之以恒地抵达最后的目的地。另外，在原则与效用上，情感会使人激情洋溢或轻率鲁莽，理智则使人头脑冷静且精打细算。在必要时，人若彼此兼顾，便可以理智适当调节情感，将其维系在合乎良好意愿的阈限之中。

（3）道德激励（moral drive）。一般说来，这种激励方式有助于提升爱美者的道德良知或内在修养，可促其感官能力摆脱肉欲快感的束缚，使其为了体认不可见之美而超越可见之美。在这里，不可见之美首先隐含在心灵之中，意味着节制的美德、欲望的净化和情理的升华，这对柏拉图所期待的人之成人的理想目标至为重要。简言之，"道德激励"在此际遇里的运作方式，类似于"自由意志"与"实践理性"之所为，确然代表柏拉图理想中人性完满实现的关键环节。

（4）政治敏感度（political sensibility）。这是指一种有赖于敏悟和明断政体优良与城邦善治之美的能力。通常此类美体现在卓越的公正之中，属于社会伦理中所有主要美德的综合结果。更具体地说，政体优良意指合乎理法清明的制度，这种判断尺度通常源自柏拉图的美好城邦理想。相应地，对城邦善治的评价则主要依据的是公正原则。从目的论角度看，美好城邦在柏拉图那里折映出古希腊的文化理想，该理想旨在建构一种政治、经济、道德和宗教共同体，以期为公民提供一种公正、有尊严和幸福的生活。

（5）哲学沉思（philosophical contemplation）。在评估和体验知识之美时，对哲学沉思的强调，显然具有认识论特性。作为一种哲学研习方法，沉思通常是以思辨和反思的方式对形而上学的介入、钻研或探寻。在追问美之为美的原因问题时，在思索决定事物个体化之原理时，在探究一与多的高级程式中智慧或真理的本质时，沉思这一特征表现得尤为显著。在此情况下，哲学沉思也代表一种与爱智求真并行不悖的凝神观照生活，这有助于沉思者获得柏拉图所推崇的一等快乐，而此快乐乃是真正幸福或善好生活的核心部分。

（6）超越性导向（transcendent orientation）。此导向贯穿于整个登梯观美的进程之中，旨在从人性完满实现或人性完善的角度，来唤起自我超越的主观能动性，来砥砺真正的爱美者不断前行，在其获得高峰体验的同时，达到思想启蒙的顶点。在此阶段，爱美者会在攀梯登顶的瞬间，成为像神一样的超凡之人。他会由此洞识真正的或绝对的美自体，从中觉解超越性实在的真谛。这一超越性实在，意指柏拉图所设定的至真至高的实在。在由形上洞识所激发的神性迷狂里，爱美者就此成为柏拉图理想中的真正爱美者（philokalou），既能透过美的外表认清美的本质，也能超然物表而了悟至高的实在。于是，他恢复了对诸多实在的回忆能力，能够通过心智灵视到绝对美的缔造者（神）。所有这一切都将使他进入到一种心醉神迷或神秘体验的状态。此时的感受，亦如柏拉图在《斐德若篇》（Phaedrus）中描写的"第四种迷狂"（tēs tetartēs manias）：这会使人觉得他的确处于癫狂状态。每看到地上的美，他就立刻想起真正的美，感到自己长出双翼，渴望展翅高飞，一飞冲天，但他却不能如愿；他就像一只飞鸟似的，向天上凝视，无视下方。他此时充满灵感，神思飞扬，品性至善，与那些出身至高至贵者不分彼此。只有这样的爱美之人，只有分享这种迷狂之人，才称得上是爱美者①。

"爱若斯"的能量

"阶梯喻说"的上述意味及其设定，均对爱美者的心智和毅力提出了极高的要求。面对"美的阶梯"，爱美者越是向上攀登，所见对象就越复杂，所遇难度就会增大。那么，他又是如何排难登顶的呢？根据柏

---

① Plato, *Phaedrus*, 249d‐e.

拉图的说法，这有赖于"我们人类本性所能期望找到的最好帮手（syn-ergou ameinō）"①。该"帮手"不是别的，正是"爱若斯"这一与生俱来的爱美欲求。它与人性关系密切，随时准备渗透人心，发挥自身的潜在能量。无论是在引导人类发现多种美的路径上，还是在鼓励人类设想美自体的架构上，它都起着积极主动的导引作用。虽然它生来就居于"智慧与无知"（sophou kai amathous）之间②，但其扮演的角色，则与柏拉图式"爱美者"的所作所为具有异曲同工之妙。

　　"爱若斯"为何居于"智慧与无知"之间呢？它又是如何发挥其积极能量的呢？这主要与"爱若斯"神人混杂的父母身份有关。要知道，"爱若斯"作为爱的精灵，生来既非神，也非人，而是半神半人。它部分地继承了父系智慧丰盈的优势，事先就同智慧结下亲和关系，能够找到自己获得智慧的路径，同时又部分地继承了母系幼稚无知的劣势，被赋予与生俱来的无知禀性。这样，当其处于充盈之际，就显得生气勃勃、活力四射；当其沦于匮乏之时，就变得死气沉沉、萎靡不振。然而，在其父系禀性的驱动下，它会再次振作，奋发向上，永不退缩。这就是说，从其是或明慧或无知的角度看，"爱若斯"在任何时候都介于贫困与富有的中间状态③。颇为有趣的是，"爱若斯"在神性与人性、明慧与无知所组成的四维空间里，发挥着积极进取的沟通作用。就像服务于神与人之间的协调者一样，它一边将人间之事解释和输送给诸神，一边又将神国之事解释并传播给人类；前者包括人向神发出的恳求与祭献的供品，后者包括神向人颁布的规条和恩赐的报偿。总之，它是神人野合所生，徘徊在智慧与无知之间，因得益于丰盈之父所赐，一直渴望改变现状，矢志追求所有美和善的东西（kata de au ton patera epiboulos esti tois kalois kain toils agathois）④。

---

① Plato, *Symposium*, 212b - c.

② Ibid., 204b - c.

③ Ibid., 203b - 204a.

④ Ibid., 203d.

此外，"爱若斯"作为爱的精灵，生来充满"动力和勇气"（*tēn dynamin kai andreian*）①。此"动力和勇气"，既代表一种盛行而迷人的爱欲魅力②，也暗示一种强大的内在潜能与动机，因为其爱欲禀性不仅源自神人交合的遗传基因，而且源自其侍奉爱神的特殊角色。故此，它已然成为专心致志的伟大爱美者、擅长冥想的著名捕猎者和终生不渝的智慧探索者③。尽管它生活在既匮乏又丰盈的矛盾纠结之中，但却具有实现自身抱负的不竭热情与能量。每次看到美的对象，它就渴慕不已、奋力追求。在此强大驱力的推动下，它会义无反顾地攀登美的阶梯，以期观赏到多种多样、不同层次的美，借此上达超凡入圣的至境。

从柏拉图的整个描述来看，"爱若斯"作为爱的精灵，用以象征希腊神话与宗教中神人同形论的历史遗教；其作为爱美欲求，用以追求多样对象中实在性程度不同的美。但是，此两者实属一枚奖章的两面，一面隐含着古希腊传统思维的模式——希冀神与人相向生成的模式，另一面反映出柏拉图关于人性完满实现的理念——趋向人之为人最终归宿的理念。可以肯定地说，爱美欲求在爱欲问题中发挥着积极的推动和引导作用。它作为人类情感与动机中与生俱来的组成部分，可被视作喜好研习哲学的柏拉图式爱欲；它之所以被先验假定为一种先天动能，是因为它可使任何一位享有自由意志的人成为真正的爱美者。在柏拉图的思想中，这便设定了一种何以实现人性完善这一高贵目的的必要前提。

那么，"爱若斯"的潜在能量与目的性追求的应和关系又是如何表现的呢？按柏拉图所示，它需要"在美的对象中酝酿和孕育"，也就是在美的对象中生育繁衍美的对象，而非单纯"渴求美的对象"④。因为，

---

① Plato, *Symposium*, 212c.

② Ibid., 207a－b.

③ Ibid., 203b－c.

④ Ibid., 206e－207a.

爱美欲求本身涉及"一种性爱与生育形象的混合状态"①。借此，它促使爱美者既要在美显现时孕育美，也要以美为模型来再生美。柏拉图借用迪奥提玛的表述，特意区别出两类爱美者——自然类与精神类：前者将与一位所爱的女性成婚，随之生儿育女；后者则与一位少年相爱，追求精神之美，最终在自己和爱人的灵魂中培养美德。虽然这两类爱美者都因为爱欲相助而衍生出更多的东西，但从相关语境来看，精神类爱美者显然更受青睐，因为他更好地体现了柏拉图理想中的"爱若斯"禀赋。在这里，源自"爱若斯"的爱美欲求，已然等同于精神美欲求，此乃审美、哲学与道德的隐秘共通性所致。

另外，根据柏拉图的假设，当"爱若斯"处于智慧状态时，它就会竭力探求各种美的知识，而不会满足于了解其中某些美的东西。当其处于无知状态时，它就会尽力学习或探询更多未知事物，而不会沉湎于得过且过的慵懒状态。这种爱欲的哲学属性，定会导向研习美与善的领域；由此认知这些领域，则有助于获得真正意义上的幸福感受。故此，在整个登梯过程中，"爱若斯"始终担当着将人"引上正途"的"向导"角色，即：除了使人爱上美的对象之外，它同时还使"人爱上单纯善的对象"（*allo estin ou erōsin anthrōpoi ē tou agathou*）②。

事实上，"美的阶梯喻说"伊始，为了强调"爱欲问题"的正确引导作用，柏拉图接连三次使用了"正确"（*orthōs*）一词③，其中两次用来特指希腊"恋童习俗"（*paiderastein*）的正确方式④。这表明柏拉图

---

① Richard D. Parry, *Plato's Craft of Justice* (New York: State University of New York Press, 1996), p. 214.

② Plato, *Symposium*, 205a – e.

③ Ibid., 210a.

④ Ibid., 211b. 柏拉图对话中所说的"恋童习俗"，非同寻常。在古雅典，坐以论道的饮宴聚会，是社会交际的传统形式，具有数种特殊功能，其一就是提供对话机会，让青年才俊结交有识之士，找到自己如意的师友，以便从对方习得必要的教诲，使自己获取生活世界里所需的实际经验。在一定程度上，这种聚会是引领青年实现社会化、成熟化乃至道德化的重要教育场所。通常，积极的"爱欲"有助于选择一位值得自己爱慕的对象，该对象不仅外表迷人，而且具备良好人品、丰富学识和其他优秀特质。

是在运用正确性原则来处理各种爱欲问题。要知道，被译作"正确"的古希腊词 *orthōs*，包括确保安全、做人正直和正当行事等传统含义，这也是正确性原则的应有之义。不过，柏拉图期待更高，不仅要求爱美行为遵循哲学意义上的智慧美德，而且希冀爱美行为充分考虑适度原则与节制美德。

此外，他还指望通过正确引导爱美者及其被爱者，好让彼此比翼双飞，一起接受哲学的教育，培养心灵的美德，洞察美自体的形上本质。要不然，涉及爱欲问题的整个计划，就会在放任自流中毁于一旦，从而无法实现登梯观美与超凡入圣等宏大愿景了。

爱美益智的内在理据

那么，在自下而上的登梯观美进程中，爱美者到底凭借何种理据得以前行呢？每一类美与其他各类美又会产生何种关联呢？就前者而言，我们将其归结为爱美益智的目的论设定，意指在从易到难的哲学研习中，爱美者凭借爱美欲求的驱动和启发，不断拓展认识的视域，持续增益智慧的美德。就后者而论，我们将从不同动因和序列连动两个向度予以说明，这一方面基于我们的解释性推测，另一方面则依据柏拉图的整全式教育宗旨。

我们知道，在"阶梯"的整体结构里，美的形体（*ta kala sōmata*）被分为三层，置于阶梯底部[①]。首先在第一阶，爱美者会钟爱某一特定形体的美。这种爱的滋生，从心理取向看，主要源自爱欲动因（erotic agency）和友爱动因（philiatic agency）。所谓动因，意指本原性能动作用。相比之下，爱欲动因关注更多的是悦目的身体及其带来的快感，友爱动因关注更多的是真诚的友谊及其相应的情分。通常，前者情感强烈，偏重欲望，热衷性爱；后者关系密切，注重交情，崇尚友爱。当这两种动因处于平衡时，就会产生适度而淳厚的"人类之

---

① Plato, *Symposium*, 210a – b.

爱"（*humanus amore*）①。如若两者失去平衡时，或者说，当爱欲动因压倒友爱动因时，就会导致一种只顾肉体享乐的"兽类之爱"（*ferinus amore*）②，就有可能面对至少三重危险：其一，走向极端的爱欲，会使人情志癫狂，沉迷于肉体快感，滥情纵欲，恣意妄为，有悖人性，犹如《斐德若篇》里描写的那匹劣马：每看到令其爱欲勃发的对象，就不知羞耻，不顾一切，不计后果，奋力狂奔，径直扑到对方身上，尽情享受爱欲的快感③。其二，一旦其爱欲得不到满足，就易产生焦虑或疯癫之类疾病，使人疯疯癫癫，夜不能寐，日不能安，在渴求难耐之时，四下盲目寻觅，急于找到所爱对象。其三，当有幸看到所爱对象的美时，爱慕者就会心花怒放，忘乎所以，全身投入，自以为此时享受到最为甜美的快感，信口称赞对方的美胜过所有其他人的美。如若处于这种心境，他会忘却自己的亲友，抛却已有的财产，蔑视此前感到荣耀的所有习俗和礼仪。如同听命于主人的奴仆一样，他会完全顺从于追慕的对象，无视他人的存在，只尊重自己所爱之人，认为对方拥有使他能够获得肉感快乐的美，从中可以找到能够治愈自己最大病痛的灵丹妙药④。

质而言之，基于爱欲和友爱两种动因平衡的"人类之爱"，会因其人道关切而促发积极勤奋的生活；而源自此两者失衡的"兽类之爱"，则因其兽性本能而导致骄奢淫逸的生活。无疑，前者是建设性的和理性的，后者则是破坏性的和非理性的。然而，倘若爱欲动因失去自身能力，男女相爱者，譬如家庭夫妇，就会无法养育后代；另外，若是彼此之间的友爱动因不足以维系两者的相爱关系，就会影响婚姻状态，动摇家庭生活基础，甚至导致分道扬镳的后果。相反，两者相爱如若主要基于友爱动因，那就可能催生爱的深度与诚度。从柏拉图所倡导的正确性

---

　　① ［意］斐奇诺：《论柏拉图式的爱——柏拉图会饮义疏》，梁中和、李旸译，华东师范大学出版社 2012 年版，第 168—169 页。

　　② 同上。

　　③ Plato, *Phaedrus*, 254a - b.

　　④ Ibid., 251e - 252b.

原则来看，这种爱理应是爱人之间互动互补的琴瑟相鸣之爱。只有通过这种爱，才会使彼此关系真挚持久。这种相爱的特点，类似于柏拉图与亚里士多德所称道的第三种友爱（*philia*）方式：其所以忠贞不渝，是因为超越功利，相互欣赏对方良好的德行与品格，这在精神向度上既超过基于共享快乐或嗜好的第一种友爱方式，也超过基于互相利用或实用利害的第二种友爱方式。可见，平衡上述两种动因，实属一种微妙而精到的艺术，不仅能够确保"人类之爱"的持续，而且还能促成爱欲—友爱智慧（erotic-philiatic wisdom）的滋生。

步入第二阶时，所爱对象是两个形体之美。通过比较，爱美者根据美的形式（*eidei kalon*），发现这两种形体美具有某种同源性。这涉及一种形式动因（eidetic agency），该动因与形式意志相关，会引发直觉感应，有助于辨识两个形体表象的相似性。换言之，形式动因会激活一种初步演练活动，通过比较两个形体之美，推导出内在的同源关系。随之，这会在爱欲—友爱情致与审美判断之间架起一座桥梁，将第二阶与第三阶有机地衔接起来。

登上第三阶时，爱美者见到所有形体之美（*tois sōmasi kallos*）。在这里，登临高处不啻拓宽了悦目之美的视域，并且在人性能力和审美经验的协助下，发现了所有形体美的形式共通性（formal commonality），掌握了一把开解所有形式美的钥匙。这在某种程度上应和于共相与殊相的潜在关联。现存范例中的多样统一律和黄金分割律，均关乎形式美的内在结构。另外，在此际遇所用的观察能力，主要经由理智直观与抽象机制培养而成，可借助适宜的实践和经验转化为审美敏感力。

如上所述，位于阶梯低端的上述三类美，分别涉及一个形体、两个形体与所有形体之美，由此会构成一种身体美学（somatic aesthetics），滋养一种精致的审美趣味，提升人体之美的鉴赏水平。一般说来，这种趣味成就于爱美愉悦的深化过程，起先指向一个特定形体之美，继而指向两个形体之美的同源性，最后指向所有形体美的形式共通性。通过不断练习，这将有助于培养审美智慧（aesthetic wisdom），引导爱美者从事审美判断，享用审美生活。在古希腊传统中，热爱人体美常与一种诗性的创构动因（poetic agency）产生关联。因为，古希腊人，尤其是那些享有贵族教养的古希腊人，热爱人体美已然成为其生活与存在的组成部分。他们热衷于各种规则有序的体育训练，为的就是塑造自己优雅健美的身体。当然，他们总想更进一步，追求“美善兼备”（*kalokagathia*）的境界，期望把美与善有机融合在优良的体魄与品格之中。

踏上第四阶时，爱美者欣赏到第四类美，即人的心灵之美（*tais psychais kallos*）。此时此地，爱美者赋予心灵美的价值，高于其赋予形体美的价值，因为心灵美不仅更具魅力，而且更能善化青年①。心灵美虽不可见，但却体现在接人待物与言谈举止之中。它以道德判断为特征，在精神感应动因（psychic agency）的促使下，侧重内在世界的修养或道德心灵的塑造。换言之，这种动因会激发人们培养自身良知的意识，会引导人们为了共同福祉而内化自我节制的美德。节制作为古希腊人倍为尊崇的一种美德，其生成至少得益于认知、教育和道德等三个向度：在认知向度上涉及希腊名言“认识你自己”（*Gnōthi sauton*）的必要性和深刻性，在教育向度上涉及会饮活动的自律功能，在道德向度上涉及个人良知的内在修为。所有这些皆有助于孕育道德智慧（moral wisdom），有助于引导爱美者慎思敏行，养成明智良善的品格，增强合作互助的意识，抵制放任自流的习气，规避片面极端的妄念，等等。

再进一步，爱美者登上第五阶，体察到第五类美，也就是遵纪守法和法律礼仪的美（*tois epitēdeumasi kai tois nomois kalon*）②。与此相比，形体美的地位与价值就显得更加微末。在此领域，美在实质上等同于正义、公正或善治。基于护法动因（*nomophylakic* agency），这种美一方面呼吁遵纪守法的精神基质，另一方面提倡公平正义的自觉意识。由此塑

---

① Plato, *Symposium*, 210b – c.
② Ibid. , 210c.

造的德行习惯，正是社会伦理孜孜以求的结果。上述精神基质与自觉意识一旦确立，就有益于促成公正、善治和宜居的城邦。再者，感悟这类美的能力，离不开政治智慧（political wisdom）。据此，人们可评判城邦的正义状况，培养公民的应有德行。如此一来，社会责任与公民资质将会相得益彰，良性发展，有利于构建遵纪守法和公正有序的城邦生活。

随之，爱美者登上第六阶，感悟到知识美（epistēmōn kallos），此乃"各门知识或科学"结出的巨大果实①。联系起来看，这些知识门类暗指柏拉图在《理想国》和《法礼篇》里设置的各类课程，包括诗乐、体操、数学、几何、天文、和声学与哲学。抵达这一层次，爱美者将会濒临"美的汪洋大海"，在凝神观照之际，会欣然而乐地欣赏到"各种各样的、美不胜收的言辞和理论"，由此收获到"哲学中许多丰富的思想②，继而打开自己的眼界，使自己从原先那种谨小慎微的、近乎奴性的藩篱中解放出来。换言之，他不再是心胸狭小、固执己见、自我束缚于某一形体美或行为美的人了。相反，他在认知动因（epistemic agency）的激励和推动下，自觉自愿地探寻真知，随时准备追溯美的本质，提高自己的理论智慧（theoretical wisdom）。

如今，爱美者在理论智慧的指导下，进入涵盖"各门知识或科学"的哲学领域，过上以理智为本位的沉思生活。至此，"爱若斯"与哲学合二为一，印证了柏拉图的如下观点：哲学不仅是知识系统，而且是由智慧滋养和指导的生活③。于是，这将滋生一种"神性之爱"（divinus amore），一种诚心研习哲学的非凡之爱。代表爱智、求真和养德三位一体的哲学，促使人上下求索，追求完善之境。按照斐奇诺（Ficinus）的说法，"神性之爱"会引领爱美者过上沉思生活，使其超越视觉感官（aspectus），获得思想能量（mentem）。相比之下，"人类之爱"会助推

① Plato, *Symposium*, 210c.
② Ibid., 210c–d.
③ John A. Stewart, *The Myths of Plato* (London: Macmillan, 1905), pp. 428–429.

爱美者过上积极勤奋的生活，使其囿于视觉能力，妨碍超越现状；"兽类之爱"则会驱动爱美者沉湎于骄奢淫逸的生活，使其从视觉能力退化到触觉能力，迷恋生理快感①。

　　最后，爱美者登上梯顶，面对惊奇的景象，即"美的本质"（*tēn physin kalon*）这一笃志追求的终极目标。可以说，在以洞察推理为特征的理智动因（noetic agency）的感召下，爱美者经过不懈努力，付出种种辛劳，终于能够从形上角度透视美自体的奥秘了。这种美的"存在形态独一无二，自立自足；所有其他各种各样的美的事物，只是巧妙分有美自体的结果而已；它们既能生成，也会毁灭；唯有美自体无增无减，不受任何东西的影响"②。此处，爱美者超然物外，似乎已将自己的沉思生活推向至高境界。此时，爱美者发现了美自体，领略到其永恒、完整、绝对、纯粹或未遭肉感俗见污染等特征，理解了美之为美的真正原因就在于分有了美自体的光彩。至此，爱美者发现了美的奥秘，掌握了"美的学问"，借此"能够实现最终目的"，抵达朝圣之旅的最后目的地，取得爱美者所能取得的最高成就。随之，他继续前行，上达认识顶点，获得"有关美的大知"（*tou kalou mathēma*）③。在经历了各类美之后，他终能洞悉"美的本质"了。在认识领域，"大知"（*mathēma*）高于所有其他各类学识，近似于普洛克鲁（Proclus）在总结柏拉图神学思想时所用的术语 *hyparxis*，意指生活、认识和精神领域所能达到的制高点。此外，这种"大知"的意蕴，要比常言的知识更为丰厚，不仅包括对美之为美的解悟，也包括对美自体的洞察。这显然关乎形而上的绝技，涉及美的本体论，实属柏拉图悬设的先验理念所致，带有幽微的神秘主义色彩。

　　因循相关思路，我们不难推知：上述理智动因在引导爱美者完成登

---

①　[意] 斐奇诺：《论柏拉图式的爱——柏拉图〈会饮〉义疏》，梁中和、李晹译，华东师范大学出版社 2012 年版，第 168—169 页。

②　Plato, *Symposium*, 211b.

③　Ibid., 211b - d.

梯观美的同时，还可孕育和发展一种神性智慧（divine wisdom），此乃
"神性之爱"的必然结果。这种智慧可使上达此境的爱美者直观"神性
的美自体"（to theion kalon），把握实在的真理，育养"真正的美德"
（aretēn alēthē），赢得"神性的友爱"（theophilei），并且"用此方式使
自己永恒不朽"。① 这一切有望创构出"那样一种生活境界"，居于其中
的"人在凝神观照美自体的同时，发现了真正值得一过的人生"②。

　　可以假定，举凡探寻"真正值得一过的人生"之人，都会尽其所
能、自下而上地攀登美的阶梯。他首先依据爱欲动因和友爱动因，以互
融方式来育养爱欲—友爱智慧，借此使自己对某一形体之美产生健康而
持久的爱。其次，他利用形式动因和创构动因，进而培养审美智慧，借
此发现所有形体之美的同源关系或形式共性。这涉及形式美的规律性或
内在法则，会引导初级的爱美者通过限于视觉感受的外观审美经验，转
入到基于理智直观的自由审美游戏领域。如此一来，他将过上审美生
活。鉴于这种生活与人性及其能力相互应和，因此普通人经过有效指导
和适宜训练，也有可能享用这种生活，而不至于沉陷在丰乳肥臀式身体
审美的局限和迷情里。接下来，他在精神感应动因的协助下，能够鉴别

----

① Plato, *Symposium*, 211e. 顺便提及，"神性"（*theion*）被用作智慧、友爱和美自体等概念
化名词的表语，代表柏拉图修辞学中描述造物者的一种特殊手法，其类比"非凡"或"超凡"的
含义，可参照理念、绝对或像神等术语得以解读。实际上，公元前5—6世纪的大多数希腊哲学
家，虽未全盘接受万物有灵论，但却认为万物在某些方面具有神性。他们在研究自然现象与人类
活动时，惯于将其与神灵联系起来，探究宗教思想与相关解释中存在的问题。另外，他们的所作
所为，试想将人类从不必要的恐惧中解放出来，因为这种恐惧往往是迷信盛行的根源。柏拉图本
人的做法，在目的性上与此近似，但却走得更远，借此来丰富和传播自己的哲学思想。可以肯定
的是，"柏拉图的确专注于诸神的作用，视其为理想城邦中最终的凝聚力量，在这方面他超越了当
时的思想实践。"但问题在于柏拉图为何要将诸神的作用与人类联系起来呢？我以为这至少涉及三
个原因：其一，从宗教观点看，诸神在维持社会秩序与稳定方面是不可或缺的，因为他们不啻是
城邦的保护神或护法神，而且是促进城邦公民社会凝聚力的精神源泉。其二，当人类个体通过有
效的训练和道德修为成为神性存在时，他就如同柏拉图式的哲人王一样，由此成就了人性的完满
实现。这样，他就能够在美好城邦里滋养一种类似的凝聚力，借此强化社会凝聚力，实施城邦善
治，确保共同福祉。其三，倘若人类个体借助神性智慧、神性之美与神性友爱，能够达到相应高
度的话，那么，他就会被认为具有一颗永恒的灵魂和完善的美德，这将反过来有助于他自己的人
性得以完满实现，从而过上"真正值得一过的人生"。

　　② Ibid., 211d–212a.

和欣赏心灵之美，这反过来会滋养道德智慧，引领他进入道德生活，使他能在关注内心世界的同时，在美德修为上追求卓越。这样一来，他会踏上真正爱美者之路，将目光从外在美移向内在美，从此不再满足于悦耳悦目的美，而是开始注重探寻悦心悦意的美。随之，他继续攀登，借助护法动因，观察公民的行为之美和城邦的法礼之美，形成因循遵纪守法的良好习惯，过上平和正义的生活，凝练自己的政治智慧，依此客观评判社会的公正性，确立相关的社会责任感。鉴于道德生活与正义生活在本性上是实践性的，在原则上是现实性的，这会让人过上一种得之不易的体面、自尊和幸福的生活。当然，这既符合古希腊人对城邦生活的殷切期待，同时也符合柏拉图建构美好城邦的政治理想。再下来，业已成熟的爱美者，将充分利用认知动因，依此感悟知识之美。结果，他会喜不自胜地莅临美的汪洋大海，欣赏其中汇聚的各类知识。同时，他会专注于沉思生活，不断提高自己的理论智慧。在此，他从知识美的哲理中和沉思生活的宁静中所获得的快乐，属于超过先前所有快乐的一级快乐。如若反观最初对身体美的迷恋，他会发现那一类对象过于微末，当时的体验过于偏狭，早先的趣味过于低俗。最后，他利用理智动因，获得至深的学问，了悟美的奥妙，洞识美的本体。这里，他的美德修为能使其通过神性智慧去直观"神性的美自体"，育养"真正的美德"，赢得"神性的友爱"。不消说，他此时凝照的对象是悦志悦神的美。在此豁然贯通的高峰体验里，他捕捉到美之为美的终极原因，窥知到具有崇高特征的神圣维度或非凡意味，从而成为柏拉图构想中心智完善的整全人格、类乎神明的哲学家或真正的爱美者。在理想条件下，这一切将使他上达思想启蒙与澄明的顶点，使人之为人的神性向度成为可能，使人性完满实现的理想成为可能，使"真正值得一过的人生"愿景成为可能。

善好生活的决定要素

反观以上所述，无论是登梯观美的至境，还是爱美益智的目的，或者是爱欲现象学的追求，最终都不约而同地锁定在"真正值得一过的人生"之上。在柏拉图那里，这种"人生"正是人之为人所希冀的善好生活，主要取决于不可或缺的智慧美德。在实际指导方面，智慧首屈一指，确属一种生活艺术，能够合理安排整个人生进程，能给所有生活领域带来善好或幸福。不过，一个人当且仅当养成所需的智慧，他才有可能过上这种善好生活。反之，一个人如果缺乏所需的智慧，他无论如何也不能过上这种生活。

在柏拉图心目中，智慧以其精妙而有效的方式，成为确保善好或幸福的决定要素。譬如，在谈及遇到波涛汹涌的海难所急需的解救好运时，柏拉图以毋庸置疑的语气表示：

> ［在此场合］……任何人的最佳好运就是同一位有智慧的而非无知之人在一起。因为，正是智慧才使人在任何情况下会有好运。我的意思是说，智慧肯定不会让人误入歧途，智慧总是能够妥当处事，能够带来好运——否则，那就不再是智慧了。①

可见，智慧既有益，又可靠，永远不会误人误事。因为，智慧的作用是提供理智的指导或明智的教诲，会决定妥当的路径，采取正确的行动，在任何地方都会带来好运、成就好事。尤为可贵的事，在艰难危急与迫切需要之际，智慧这一美德更能发挥自身不可替代的实践价值。另外，紧随上述语境，柏拉图还特意强调了"知识"的决定性作用，认为唯有"知识"才能正确使用诸如财富、健康与美丽这些好东西。他甚至断言，一个人只要具备这种"知识"或据此"知识"行事，那就会给自己带来好运和福利。相反，一个人若是拥有所有其他东西，但却"没有理智与智慧"，那他就不会从中得到任何益处。再者，一个人若

---

① Plato, *Euthydemus*, 280a（trans. W. R. M. Lamb, Cambridge and London：Harvard University Press, 1924）.

是没有正当使用其拥有物的意识，他照样不会从中得到任何益处；而且，他拥有得多且做得多，反倒不如他拥有得少和做得少①。需要指出的是，柏拉图此处所言的"知识"（epistēmē），乃是思索"真理"（alētheia）的产物，是脱俗且审慎的"实践智慧"（phronēsis），是促成"正确行动的唯一向导"②。由此观之，像财富、健康与美丽这类好东西，其自身既不能做善事，也不能做恶事，因为这取决于使用它们的方式。当它们在"知识"或"智慧"的指导下使用得当时，就会做善事；当它们在无知或愚蠢的鼓动下使用不当时，就会做恶事。换言之，智慧之所以使这类好东西行善成善，是因为智慧能使拥有者的行为符合理性与节制的要求，能使人正确使用这些东西并合理支配自己的行为。相比之下，无知之所以使这类好东西助恶为恶，是因为无知会使拥有者的行为陷入非理性与不明智的困境，会使其误用这些东西或采取盲目的行动。柏拉图就此专门指出：

> 看来是这样：针对我们起先称作好东西的全部事物的讨论，并非是要追究它们自身就其性质而言是善的，相反，我认为要点正在于此：假如它们在无知的引导下，它们就会沦为大恶，而非其反面，因为它们会被坏的向导所左右；反之，假如它们在理智与智慧的引导下，它们就会成为大善——虽然从其自身考虑，这些东西本身均无任何价值。③

显然，通常所说的好东西自身并无真正价值，其价值在性质上取决于如何使用它们；也就是说，唯有妥当使用它们才会使其成为有价值的或善的。一般而言，此价值存在于正确使用它们的指导方式。在此意义

---

① Plato, *Euthydemus*, 281a – b.

② Plato, *Meno*, 97b – c.

③ Ibid., 281d – e. Also see Daniel Russell, *Plato on Pleasure and the Good Life* (Oxford: Clarendon Press, 2005), p. 28.

上，智慧（*sophia*）与无知（*amathia*）的各自功能是截然相反的，其所引致的结果亦然。这里不妨以代表财富的金钱为例。人们之所以认为金钱是一种有条件的好东西（one of the conditioned goods），是因为可用其满足积极或消极的诸种欲求。然而，智慧是对所有不合理欲求的一种净化方式，能使金钱成为有益于拥有者的无条件的好东西（one of the un-conditioned goods）；其做法不是让金钱本身发生某种变化，而是指导拥有者合理使用金钱。在这里，智慧既是"一种生活技艺，可用理性方式将个人生活的各个组成部分整合起来"①，也是一种至要美德，与勇武、节制和正义等美德密切相关。

在柏拉图看来，智慧自身就是善的，因为它以无条件的善取代了有条件的善。智慧之所以被奉为打开幸福之门的钥匙，是因为智慧凭借妥当与正确的用物方式来决定所有他物的善。根据丹尼尔·罗素（Daniel Russell）的说法，智慧作为一种美德，关乎理智指导，即以理性方式将生活的所有向度组合成和谐互融的整体。故此，智慧等同于无条件的善本身，此乃智慧唯一能为之事——智慧具有能动作用，其主动性和指导性契合于正确的理性；这便是智慧为何能够起到一种妥切恰当的、富有成效的、无条件之善所需作用的原因，同时，这也正是其他一切只有依靠美德才能成就其善的原因②。事实上，柏拉图曾借此归纳说：智慧为人类提供了理智或理性指导，一方面能够确保妥当使用所有他物并使其成为善的，另一方面则与无条件之善的起因密不可分，而这种善正是善好生活之幸福得以产生的根由。从逻辑上看，柏拉图对智慧这一美德的强调，可被假定为一种智慧本位原则。有趣的是，塞涅卡（Lucius A. Seneca）后来在《论幸福生活》（*De Vita Beata*）一书中，将这一原则称之为理性原则，奉其为人类追求幸福和高雅的首要指导原则。在具体实施中，他特别强调内心和谐、头脑清晰、冷静推理、合理果断、不

---

① Daniel Russell, *Plato on Pleasure and the Good Life*, p. 29.

② Ibid., p. 26.

屈精神、情境适应、独立判断等因素①。当然，塞涅卡建立理性原则的目的，是要通过相关运思模式来重点探索他的道德心理学说。

这里还需指出，桑塔斯（Gerasimos Santas）根据《美诺篇》（Meno）等对话文本，判定柏拉图推举的智慧，就是"有关何为幸福（等同于美德）的知识，也就是关乎利用有条件的好东西来促进这种幸福的知识"②。为此，柏拉图一再竭力证明唯有美德（智慧）才会带来幸福，尽管他本人也意识到这一学说存在问题。譬如，在知识与实践之间，经常会出现知行不一的矛盾。一些生活在现实世界里的人，虽然内心明白正义的道理，但却会出于个人利益诉求而弃正义于不顾，《理想国》里的魔戒喻说就对此做过精妙而深刻的揭示。该喻说给人留下的印象是：在生活世界的某些情境里，知识（知）是一回事，实践（行）是另一回事。从理想出发，我们期待知识与实践在个人身上理应合二为一，但在具体践履中，知行不一或口惠而实不至的现象屡见不鲜。那么，如何才能使人知行合一呢？这的确是问题的关键所在。

在这方面，孔子提出的一种替代方式，其关注焦点在于人格修养。因为，孔子坚信，每个具有良好品格的人，一定会认真对待知识，真诚践行知识。这怎么可能呢？孔子如此假定："知之者不如好之者，好之者不如乐之者。"（《论语》）这里所"知"的对象，是指融合"人道"与"天理"的"大道"或者儒家传统中常说的"至理"。所谓"知之者"，就是"知"此"大道"之人，是儒家认为具有至高智慧之人。但是，与"好"此"大道"的"好之者"相比，"知之者"则被置于低位。同样，与"乐"此"大道"的"乐之者"相比，"好之者"则又被降格安排。因为，"知"此"大道"的"知之者"，并不一定就是"好"此"大道"的"好之者"；而"好"此"大道"的"好之者"，

---

① ［古罗马］赛涅卡：《论幸福生活》，覃学岚译，学林出版社 2015 年版，第 101—103 页。

② Gerasimos Santas, *Goodness and Justice*: *Plato*, *Aristotle and the Moderns* (Oxford: Blackwell Publishers, 2001), pp. 47 – 48.

并不一定就是"乐"此"大道"的"乐之者"。唯有"乐之者",才会在日常生活中自觉和不懈地践行其所"知"的"大道",并且能够从中获得无穷无尽的乐趣。因此,在人生教育的过程中,自我修养对个人成长与发展而言是至关重要的环节。据我观察,孔子的上述学说与苏格拉底的道德至善说有相似之处,这两位先哲实乃知行合一的历史典范。

反观登梯观美这一过程,爱美者也总是伴随着一种快乐感受,其缘由在于他的认识不断增加,逐步掌握了研习哲学的窍门。由此习得的知识或智慧,能卓有成效地创化无条件的善和实质性的幸福。当然,这种快乐感受会因人而异,会取决于每个人登梯的高度,也就是说,取决于每个人感悟各类美的能力。一个人在洞察美自体之本质的瞬间,他的快乐感受会转化为一种狂喜入迷的高峰体验。在这里,美自体成为打开各类美(多)之奥秘的一把钥匙(一),成为理解美何以为美的根本原因。就"美的阶梯喻说"内含的认识论架构特征来看,各类美分别呈现出不同层次的真理性内容及其相关价值。一个人登梯越高,认识越深,就会收获越多,就会体验到更多的快乐或福分。最后,他就能登堂入室,实现终极目的,进入不朽王国。在柏拉图的心目里,不朽不只是意指诸神的特有属性,而且代表人向神生成的可能途径①。

总之,从柏拉图的"阶梯喻说"所指来看,凡登梯观美而踏上顶端者,实已上达思想启蒙的至境,获得最高形式的智慧,踏入善好生活的福地。按照柏拉图的思路,神性智慧是爱美益智的最终成果,其非凡之处既在于它对其他各类智慧的先验综合,也在于它对其他各类智慧的先验超越。作为智慧中的智慧,它所提供的理智导向,不仅具有独立价值,而且具有自足性,无须依赖他者便可造就无条件之善,由此成为实现善好生活的根本保障。

---

① 王柯平:《人之为人的神性向度——柏拉图的道德哲学观》,《杭州师范大学学报》2015年第3期。

余论

综上所述，柏拉图笔下的登梯观美过程，始于现实生活，终于形上理念，爱欲在其间扮演中介，如同搜奇揽胜的向导，将人引向观美益智和养善求真的高处。罗森（Stanley Rosen）就此指出：随着《会饮篇》讨论主旨的展开，美的能量伴随爱欲，在流变中得到保持，成为人类存在的永恒缘由，似乎体现出其在神、人、宇宙之间的中介作用。美自体借此闪亮登场，刹那间照亮他人，其意义在此语境里几乎等同于神①。可见，登梯亦如朝圣，观美实为爱智，修德意在超越，为人理应像神。所谓"像神"，就是成为柏拉图所说的真正哲学家或爱智者。

那么，对于这种爱智者来说，善好生活是否还隐含其他意义呢？根据柏罗丁的看法，善好生活在生存领域不仅要拥有良善，而且要拥有"至善"（the Supreme Good），因为"至善"恰指最丰富的生活。在这种生活里，良善代表某种具有内在本质的东西，而非某种来自外部的东西，人们无须为了确立良善而从外来领域引进外来物质②。如此一来，善好生活就会被提升到完善生活的高度。这种完善生活有赖于至高的"理智"（nous），发源于神性的"全善"（All-Good），超越了其他各种不完善的生活，可称为幸福生活。究其实，它以灵魂为中心，而非以身体为中心，在性质上有别于任何善恶混杂的生活。无疑，混杂生活不能称作幸福生活，因为它无论在智慧的尊严还是在良善的健全领域，都缺乏伟大的要素③。由此可见，柏罗丁所言的善好生活，实属一种理想型生活，折映出强烈的宗教使命感。这一绝对意义上的范型，具有道德说教的显著特征，虽然令人印象深刻，但却可望而不可即，明显超出人类能力的限度。

---

① ［美］罗森：《柏拉图的〈会饮〉》，杨俊杰译，华东师范大学出版社 2011 年版，第 239 页。

② Plotinus, *The Enneads* (trans. Stephen MacKenna, London: Penguin Books, 1991), pp. 33 - 34.

③ Ibid., pp. 34, 42, 44.

有鉴于此,这里有意推举一种实用态度,依此来重新审视"阶梯喻说"中隐含的多维生活期待或多种可能性,而不囿于单一的理想型生活假设。为此,我们有必要参照多种智慧分层论(kinds-of-wisdom stratification),引入多种生活选择说(kinds-of-life option)。事实上,在自下而上的登梯过程中,热爱不同层次的美,相当于追求不同类别的智慧,包括爱欲—友爱智慧、审美智慧、道德智慧、政治智慧、理论智慧和神性智慧。就各自的功能而论,爱欲—友爱智慧会使人确认爱欲—友爱生活,这需要钟爱一个特定形体之美来维系。审美智慧会使人确认审美生活,这需要欣赏所有形体美的共同形式来维护。这两种生活可归于现实型,从实践上看是较易实现的。道德智慧有助于人们确认道德生活,这需要诚爱心灵之美予以支撑。政治智慧有助于人们确认正义生活,这需要喜爱遵纪守法和社会公正之美来持守。这两种生活可归于中间型,从道理上讲是可能通达的,虽然绝非一件易事。最后,理论智慧会使人确认沉思或哲学生活,其关注焦点在于深爱各类真正的知识之美。神性智慧会使人确认超越生活,从而竭力向神生成,其昭示方式就是挚爱绝对美这一美之为美的原因。这两种生活可归于理想型,无疑是最难实现的。

自不待言,柏拉图期望登梯者尽其所能、上达顶点,不愿看到有人半途而废,特意鼓励真正的爱美者完成朝圣之旅,在最后的目的地直观美自体,洞识美之为美的终极原因。这样,真正的爱美者将会拥有所有资质,成长为真正的爱智者或柏拉图心目中的真正哲学家。不过,在实践与理论、现实与理想之间,存在着不易跨越的鸿沟,个人差异与其他变数也会导致不同的结果。因此,一个人只要尽其所能、用其所长,就已足矣。换言之,一个人只要凭借自己现有的智慧,妥当使用自己现有的资源,审慎选择适合自己的生活,也就足以明智了。事实上,任何选择都是自为选择,有的会喜好现实型生活,有的会偏爱中间型生活,有的则憧憬理想型生活。另外,个人选择、个体差异与其他变数也会导致不同的结果，这在相当程度上均与自由意志、天赋大小、生活境界追求和社会文化形态等因素不无关系。

在讨论结束之前，这里需再强调一点：柏拉图视域中的善好生活，是由不同层次结构衍化的综合性生活，也是由哲学与政治平衡形成的会通式生活。后者对《会饮篇》中率先登场的格劳孔（Glaucon）最具吸引力。作为一位特殊人物，格劳孔在此扮演了一个尤为积极的角色，其强烈的好奇心迫使阿波罗多鲁（Apollodorus）通过回忆复述了酒会上交谈的内容。要知道，格劳孔是一位崇尚静修之士，笃信哲学沉思所给人的快乐，不仅至真至诚，而且高于其他快乐。为此，他执意回避参政，鄙视政务，认为人性弱点会导致政治乱象，而政治乱象反过来则会干扰静修、败坏人性，等等。为此，苏格拉底通过推心置腹的对话，对其进行了大量说服工作，最终使其做出适当让步，同意在兼顾哲学生活的前提下接受正当的政治生活①。

出于比较的需要，这里特邀读者复观《理想国》里展示的另一幅图景，一幅充满嘲讽意味的可悲图景。此景所描绘的内容，正是格劳孔与苏格拉底交谈的一小部分，所论对象则是那些自身缺乏智慧、但又想在政治败坏的城邦里尽情享乐之人。若将这幅色彩凄凉的图景悬挂起来，必然与上述善好生活的蓝图形成鲜明对照。当然，此处有意借此来激活人们的反思，尤其是那些想要活得认真且有意义的人。这幅令人沮丧而忧心的图景如下所述：

> 那些没有智慧和美德经验的人，只知聚在一起寻欢作乐，终身往返于我们所比喻的中下级之间，从未再向上攀登，看见和到达真正的最高一级境界，或为任何实在所满足，或体验到任何可靠的纯粹的快乐。他们头向下眼睛看着宴席，就像牲畜俯首牧场只知吃草、雌雄交配一样。须知，他们想用这些不实在的东西，尽力去满

---

① Plato, *Republic*, 520a – e（trans. Paul Shorey）.

足其心灵的那个不实在的与无法满足的部分，这种做法是完全徒劳的。由于不能满足，他们还像牲畜用犄角和蹄爪互相顶撞踢打一样，在贪婪无度中互相残杀。①

---

① Plato, *Republic*, 586a – b（trans. Paul Shorey）；*The Republic*, 586a – b（trans. Desmond Lee, London：Penguin Books，rep. 1976）。另参阅柏拉图《理想国》，张竹明译，译林出版社 2015 年版。

神话与现代性

——汉斯·布鲁门伯格思想要义初探

胡继华[*]

摘　要：布鲁门伯格的思想有三个重心，即隐喻范式、现代与灵知的关系、神话研究的思想史方法。以隐喻为研究起点，建构了一套隐喻学范式，构成了其学术遗产的最凝重的主题词之一。正视"灵知"和"现代性"之间的复杂关联，他在 20 世纪 60 年代的争论中解释了灵知与现代的关系，提出现代性乃是对灵知的二度克服。以隐喻和神话为视角，他反思"哥白尼革命"的思想史意义，断言"地心说"与"人类中心主义"之间、科学上"去中心化"和生存论上"去中心"之间并无必然的逻辑关联。在"现代性"论域之中将功能论模式贯彻到底，他探究神话与理性的关系以及它们在人类生活之中的地位，尤其是探究神话在人类自我持存、自我伸张和自我建构之中的不可替代的作用。

关键词：隐喻范式；灵知主义；现代性；神话研究

引言：布鲁门伯格其人

布鲁门伯格（Hans Blumenberg），1920 年 7 月 13 日出生于吕贝克，1996 年 3 月 28 日逝世于阿尔滕贝尔格，享年 74 岁。1937 年至 1947 年，

---

[*] 胡继华：北京第二外国语学院跨文化研究院教授，主要从事西方美学研究。

他修习哲学、日耳曼学和古典学，第二次世界大战爆发，他被迫中断学业。身为天主教徒，又因"半犹太"血统，布鲁门伯格被所有德国正规教育机构拒之门外。1939 年至 1941 年，他在帕德伯恩和法兰克福的神学大学里学习哲学，未完成学业而再次被迫离开，在德尔格公司谋生。1944 年，他一度被羁于集中营，在海因里希·德尔格出面后获释。20 世纪 30 年代到 40 年代他浸润德国思辨哲学的氛围之中，深受生命哲学、现象学和哲学人类学的熏染，狄尔泰、盖兰、海德格尔、罗特哈克、弗洛伊德、恽格尔、卡西尔、罗森伯格，都为他奉献了思想资源，给予他思想启发，但真正起思想催化作用的是海德格尔和弗洛伊德。海德格尔的"存在本体论"之中"此在""共在"概念，被转化为布鲁门伯格神话诗学体系之中的"象征化生活世界"概念。弗洛伊德的心理分析学说直接为布鲁门伯格探索神话的个体发生和种系发生提供了概念工具。1947 年他以"中世纪本体论"为题撰写博士论文，在基尔大学获得博士学位，以"本体论距离——论胡塞尔现象学危机"获得博士后资格。50 年代参与赖因哈德·科勒泽克主持的概念史研究工作，60 年代为尧斯、伊塞尔主政的《诗学与解释学》（*Poetik und Hermeneutik*）撰稿。近 40 年的学术生涯之中，布鲁门伯格作为哲学教授，先后任教于吉塞尔大学、波鸿大学和明斯特大学。1985 年，在基尔大学退休，此后还是笔耕不辍，留下了一笔丰厚的学术遗产，其领域覆盖思想史、科学史、人类学、古典学、修辞学、艺术学、政治哲学以及神话诗学。

一　一种"隐喻范式"

在为"概念史文库"（ Archiv für Begriffsgeschichte）撰写"隐喻学"条目的过程中，布鲁门伯格日渐显示出自己独特的学术风格，确立了回归原始而抗拒系统化的研究取向。"隐喻"条目写成，却未被柯泽勒克、罗特哈克等人接受，由此表明布鲁门伯格同"概念史"学派存在着根本的歧见，分道扬镳在所难免。所撰写的词条，他自己独立出版，以《一种隐喻学范式》（*Paradigmen zur einer Metaphorologie*）刊行。
这部著作堪称布鲁门伯格的出道之作，其中蕴含着他后来全部思想的萌芽及其学术方法的端倪。避开主导西方思想史的"理性逻辑"，布鲁门伯格在"幻想逻辑"上大做文章，提出"隐喻"乃是一切思想体系无法融化的"残余要素"。"隐喻学"，是布鲁门伯格生造的新词，其研究对象绝不只限于修辞学上狭义的隐喻，而包括了更为宽泛的比喻、象征、寓言、故事、逸事。通过对它们的分析，布鲁门伯格意在揭示这些非概念的范畴对于概念史的源始贡献①。"隐喻"对于逻辑和体系的持久抵抗，拒绝还原为"概念"与"命题"，便证明了"神话到逻各斯"的进步乃是一个"伪命题"。表述在这本书里的基本主张是：同概念相比，隐喻具有更为根本的历史性，为通往一个蕴含丰富而且隐秘无形的世界指明了道路，从而让那些"以人类的生存为基础"所提出的问题得到了解决。这种思想与方法，同海德格尔晚期哲学转向若合符契：从基础生存论退向诗学沉思，向"生活世界"索取思想的真源。但布鲁门伯格深知，通过研讨隐喻而呈现出来的，只不过是思想史的"半成品"（Halbzeug），而用以论说"存在"的圆融完美的理论，在隐喻研究领域之中仍然是可望而不可即的②。像海德格尔一样，他也将隐喻学确定为"基础存在论"的竞争性构想，却不是以附属修辞学和文献学的训练有素的方式重述海德格尔的学说。一样关注"存在之退缩""存在之自我遮蔽"，但海德格尔和布鲁门伯格的处理方法却迥然异趣：海德格尔相信哲学可以臻于圆融完美，而布鲁门伯格却认为一切哲学努力所得到的"本真性行话"都是"半成品"而已。他似乎在警告思想史家，体系的七宝楼台，历史的宏大叙事，总是建立在断简残篇之上，显赫威仪却万分脆弱。但是他坚持认为，隐喻之所以重要，就在于它是诗

①　参见 Rüdiger Campe，"From the Theory of Technology to the Technique of Metaphor：Blumenberg's Opening Move"，*Qui Parle*，Vol. 12，No. 1，pp. 105 – 126。

②　Hans Blumenberg，*Paradigmen zur einer Metaphorologie*，Frankfurt：Suhrkamp，1998，p. 29.

性的智慧，历史的源头，思想的基础，概念的原型，不仅关涉着神话、哲学、教义的本质及其内在联系，而且蕴含着神圣、宇宙和人类的关系，尤其是象征着人类在宇宙之中的地位。

布鲁门伯格以隐喻为研究起点，隐喻贯穿在他的整个思想生涯之中，构成了其学术遗产的最凝重的主题词之一。从解读《马太受难曲》到研读柏拉图、奥古斯丁、海德格尔、维特根斯坦的经典文本，从探索现代思想之正当性到研究神话诗学之功能性，从发掘近代科学世界之起源到反思政治哲学的奥义，他的思想都围绕着隐喻这个轴心运转。航海、海难、书籍、洞穴、处女地、风暴、森林，这些隐喻都是引导他进入思想史辉煌门槛的线索。其皇皇大著所呈现者，乃是"关于万物的理念"，而非"万物自体"。浓烈的修辞学意味，坚定的古典学导向，执着的境界追求，强大的反思力度，以及博大的历史意识，决定了布鲁门伯格在当代思想史研究之中的里程碑地位。《现代的正当性》（*Die Legitimität der Neuzeit*，1966）、《哥白尼世界的起源》（*Die Genesis der kopernikanischen Welt*，1975）和《神话研究》（*Arbeit am Muthos*，1979），这三大巨著已经成为学术经典，具有高度原创性，成为当代思想史研究的标志性成果。这些著作所涉范围广大，所论内容驳杂，但杂而不越，驭术有方，一切逻辑指向了"现代"的起源及其正当性。往返在不同视角之间，切换在不同视野之内，持久地回击来自各方的责难，布鲁门伯格坚守一个中心，秉持一个断制，怀藏一份激情，去检测论域之中不同的边缘，揭示其研究领域的潜在蕴含。自古至今，从启蒙到现代和后现代，人与神、科学与神话、哲学与诗歌到底是一种什么样的关系？是抗争还是包容？是冲突还是和解？是势不两立还是并存不害？在布鲁门伯格的著作中，所有这一切都交织在一起，但形成了一个聚焦：巧用古典学、修辞学、思想史和语文学的资源，去揭示"现代之谜"。故此，其多维度的研究方法只不过是表现了其论题的多维性而已。

二　现代性神话

布鲁门伯格的出道之作，构成了审察思想史的三部曲，一套现代三联剧。它们聚焦于"现代之谜"，展开了现代性与神话的关系①。《现代的正当性》《哥白尼世界的起源》《神话研究》分别从思想史、科学史和思想意象的角度，去求解现代之谜，去探索好奇与幸福的关系，去展示实在绝对论、神学绝对论、政治绝对论与形象绝对论之间的盈虚消息与沧桑波澜。三部曲之第一部《现代的正当性》，顾名思义，且开宗明义，简洁明了地道出了布鲁门伯格之初衷：为现代之正当性辩护，为现代性奠定可靠的根基。为完成这一使命，布鲁门伯格在同时代的论证语境中，辨析"世俗化理论"和"灵知主义"，展开了对现代之正当性的论辩。右侧出击，他反驳洛维特和施米特的"世俗化"，论说现代性乃是人类的自我伸张；左侧出击，他反驳沃格林的"灵知主义"，论说现代性乃是"对灵知主义的二度克服"。

在其名著《历史中的意义》一书中，洛维特指出，西方历史思想具有两脉独一无二的传统，一是基于循环时间观念的古代传统，二是基于线性和以未来为导向的人类发展模式之中世纪—现代传统。而源于 18 世纪的历史哲学，则是基督教堕落与救赎的末世学主题的"世俗化"②。以世俗化为视角看待现代，"现代"之起源就是一则神话，"现代"被呈现为同中世纪的一场彻底决裂，最后将理性的绝对专制神圣化了。在布鲁门伯格看来，从世俗化角度看现代，现代性就被剥夺了自我正当化的基础。"现代"缺乏正当性，就是说"现代"没有合法性基础，成为无源之水、无本之木。也就等于说"现代"就是"异端"，或者说"现代"人类不由正道，历史误

---

① 现代性与神话的关联，可参见 Bernard Yack，"Myth and Modernity," in *Political Theory*，May 1987，15（2）：244－261；and Elias Jose Palti，"In Memoriam: Hans Blumenberg（1920—1996），An Unended Quest," in *Journal of the History of Ideas*，January 1997，58（3）：503－524。

② Karl Löwith，*Meaning in History: The Theological Implications of the Philosophy of History*，Chicago: University of Chicago University，1967，p. 19.

人歧途。布鲁门伯格断言："从世俗化角度看，中世纪和现代的虚假冲突，完全可以还原为人类与宇宙关系破裂过程之中一段插曲。"①

在其《政治神学》中，施米特也断言，现代国家概念以政治概念为前提，而一切重要的现代政治概念，乃是对基督教神学概念的模仿。换言之，现代政治概念以基督教神学为原型，正如柏拉图的次好城邦以理想城邦为原型②。这种政治概念本质上是世俗化概念的另一种表述方式。布鲁门伯格则认为，实际情况绝非如此。世俗化作为一个描述性概念，无法本真地呈现现代之为现代的本质。因为，只要人们愿意，他都几乎能够援引当今存在的一切哲学，援引当今存在的每一个观念，认为它们都是基督教末世论的世俗版本。然而，这种表层的类似性一点也没有触及现代意识形式和生命形式的独特性。即便是洛维特所偏爱的"进步"观念，也同基督教末世论有根本的区别：历史的进步，不是超自然的神圣之干预的结果，而是人类独自担当的志业。这一志业无穷无尽，永无止境，表明人类在本质上具有无限完善的可能性。相对于基督教末世论，"进步"观念也是一个被世俗化的修辞建构起来的神话，但它是对于基督教教义的脱胎换骨。这场转型，对于理解"现代"及其本质最为重要。拒绝神学绝对论，现代性之纲维乃是人类的"自我伸张"（Selbstbehauptung）③。人类的"自我伸张"，意味着人类必须告诫

---

① Hans Blumenberg, *Die Legitimität der Neuzeit*, Frankfurt am Main：Suhrkamp, 1977, pp. 36 - 37.

② ［德］施米特：《政治的概念》，刘宗坤译，上海人民出版社 2003 年版，第 32 页："现代国家理论中的所有重要概念都是世俗化了的神学概念……现代的法治国家观与自然神论一起获得胜利，自然神论乃是一种从世界上取消了奇迹的神学和形而上学。"

③ 自我伸张，又译自我断言，乃是布鲁门伯格用以描述现代精神品格的核心词汇。依据他的文脉，这个概念直接对立于中世纪神学绝对论和上帝的无限威权，主要意思是将人的自我提升到神性的地位，将超验与内在融为一体。从这层含义上来理解，这个词的本源意义——自我断定或者断言——就必须纯化，以至于自我断言乃是不及物的。不及物的断言，乃是一种修辞手法，指示现代人的自我提升。所以，笔者将这个词语翻译为"自我伸张"，它意指一种无待"理性"的自我定位、自我确信。秉持这个断制论衡现代的兴起，布鲁门伯格认为人类认知的进化是一个不可理喻的行程；在这个过程中，理性既非自然成就的极限，也不是自然逻辑的延伸，而是一种定位人与宇宙关系的权宜之计。参见 Hans Blumenberg, *Die Genesis der kopernikanischen Welt*, Frankfurt am Main：Suhrkamp, 1975, p. 726。

自己如何去干预现实，同时意识到自己乃是唯一必须对自己的世界负责的存在物。"自我伸张"，让人类散发着一种"意志绝对论"的霸气，他要将自己所安身立命的宇宙还原为其自我实现的舞台。如同神学绝对论一样，这种"意志绝对论"也是一则神化现代性的神话。"万物皆备于我"，力量挣脱了形式，审美的诉求逾越了认知和伦理的诉求。

尽管对洛维特、施米特的世俗化理论展开了批判，布鲁门伯格在思考现代之本质上与他们却有不可抹杀的共同立场。第一，他们都认为，现代正当或者不正当，都可以在观念史层次上决断，而无须考虑其他的政治经济社会要素。第二，他们都相信，"现代性"这种东西实然存在，其中可以辨识出一些本质结构和精神风貌，让我们可以理据充足地将马克思、笛卡尔、启蒙思想家、浪漫主义者的话语统称为"现代话语"。然而，他们之间的根本差异在于，洛维特强调现代和中世纪在本质上断裂，世俗化是这种断裂性的标志，而布鲁门伯格强调中世纪和现代在功能上连续，"自我伸张"乃是这种连续性的凸显——自我伸张与神学绝对性具有功能上的类似性。本质上同中世纪断裂，而功能上与中世纪连续，这种对于现代性的描画与解释，表明了布鲁门伯格的理论在处理复杂问题上的策略性。

为了阐发现代这个复杂过程，布鲁门伯格提出了一个理论模式：位置系统（Stellungsystem）及其再度占有（Umsetzung）。依据这一模式，后代从前代所继承来的，是一个新生时代必须用自己的内容去填补或者再度占有的"空位系统"。依据这种原理，布鲁门伯格断言，现代并非以线性方式传承基督教中世纪。从思想史角度，还可以更具体地说，现代之起源不在经院哲学思想体系，而在于晚期中世纪唯名论对于经院思想体系的摧毁。现代性一旦确立，它就无法不回答它所继承的历史总体性问题。"问答逻辑"不仅主宰着解释学及其实践，而且主宰着历史哲学，成为一个动态的思想原则。"现代"用人的"自我伸张"再度占有了中世纪秩序衰微所留下的空位系统，但必须回答中世纪思想系统内不可能回答的问题。"在历史上，我们必须为伟大的批判的自由的回答付出代价，这代价就是要面对不可通融的问题。"① 因此，一个独立不依的新生进步观念就马上脱离其本源的经验基础，并孳乳漫延，放肆延伸，径直填补了神学模式崩溃之后留下的空位。"进步"观念是对神学绝对论的再度占有。唯当"进步"范式被迫完成本来由神学模式所规定的使命之时，"进步"才真正成为一种信仰。所以，不妨说，"进步"也是一个隐喻，是人类自我伸张的戏剧之中的一段插曲。黑格尔的历史哲学堪称这种过度延伸的典范，最终他将启蒙的历史模式同基督教的堕落—拯救模式再度融为一体。

　　显然，布鲁门伯格用以阐释现代性的，是一种功能模式。这就让他能够反思一个区分不同历史时代的典范个案，而不至于将历史还原为一种理想境界的线性连续体。全然异质的理想境界也可能在实现类似功能的过程中被同质化。这种"位置系统"作为一个空虚架构，可以填补不同的内容。借着这种理论，布鲁门伯格形成了一种观照现代起源的原创性视野。按照他对历史进程中"空位系统"及其再度占有的描述，"现代"同"中世纪"具有一种传承又对话的关系，在实体上断裂而在功能上连续。"现代"必须回答"中世纪"悬而未决的"问题"，而这个"问题"同样也是中世纪的先驱——"晚古"——悬而未决的。也就是说，如果不消化晚古时代的异端，如果不努力"第二次克服灵知主义"，就无法理解"现代性"。

　　这就涉及布鲁门伯格与沃格林（Eric Voegelin）的论辩了。在《新政治科学》中，政治思想家和思想史家沃格林提出了一个基本论题："现代性的本质是灵知主义。"② 在他看来，灵知主义是动荡的晚古时代最重要的精神结构和象征体系之一，但现代政治思想家和各种社会运动

_____

① 　Hans Blumenberg, *Die Legitimität der Neuzeit*, Frankfurt am Main: Suhrkamp, 1977, p. 80.
② 　［美］沃格林：《没有约束的现代性》，张新樟、刘景联译，华东师范大学出版社 2007 年版，第 5 页。

都可以被归于这个名目之下。灵知思辨的一个最有力的动机，乃是谋杀上帝。而这个最有力的动机在尼采的疯子杀死上帝和寻找上帝的情结之中臻于高潮："我们——你们和我——已经杀死了他！""我们如何找到安慰？"所以，沃格林建议，"最好将现代命名为灵知主义时代"。布鲁门伯格承认，沃格林提醒得对：我们必须时刻警惕灵知主义这个隐藏在基督教根脉深处的古老对手。无须控告现代已经皈依了异教精神，无须谴责现代已经蜕变为灵知主义，而是必须正视"灵知"和"现代性"之间的复杂关联。布鲁门伯格逆转了沃格林的思路，反向解释灵知与现代的关系——现代不是灵知的放肆伸张，而是对灵知的二度克服①。

　　从约纳斯（Hans Jonas）的开创性研究中，布鲁门伯格获得了以灵知主义鉴照现代、以现代来审判灵知主义的灵感②。从历史上看，灵知主义之兴起，源自回答一个关键问题的需要：世间邪恶从何而来？这个问题在晚古时代突兀而且尖锐，危及早期基督教信仰。早期教父思想家为克服灵知主义做出了第一次努力，可是他们失败了。异教圣经学家马克安（Marcion）尝试通过一种激进的二元论来解决世间邪恶的难题，他的做法是将上帝一分为二：代表邪恶的创世之神和代表良善的救赎之神。然而，这种二元论马上陷入悖论：一方面让上帝免于对世间恶的责任重负，另一方面却挑战了上帝的整体与万能。少年时代深受摩尼教异端困扰的奥古斯丁解决这个难题的方法是，一方面维持马克安的善恶二元论，另一方面又十分武断地要求堕落的人类对世间恶负责。可是，在布鲁门伯格看来，奥古斯丁对灵知主义的克服失败了。因为，要完美地确证上帝的万能，就势必以牺牲人类为代价，放弃一切为人类利益、通过行动去改变乖戾现实的努力。"灵知主义的遗产，乃是自我伸张的无

---

　　①　Hans Blumenberg, *Die Legitimität der Neuzeit*, Frankfurt am Main: Suhrkamp, 1977, p. 138.
　　②　［美］约纳斯：《诺斯替宗教》，张新樟译，上海三联书店 2006 年版，第 295 页："从海德格尔学派那里学到的见解和眼光，使我能看到诺斯替（灵知）思想中以前未被注意到的那些方面……与古代虚无主义的专注交谈……证明是洞察和评价现代虚无主义之意义的一个帮助。"

意义。"①

弹指数百年过去，中世纪经院哲学再次走上了奥古斯丁克服灵知主义的道路，捍卫基督教信仰。他们的做法，是复兴古代宇宙论观念，认为宇宙完美有序，从而克服奥古斯丁的二元论。世间恶的起源问题不仅没有解决，基督教信仰的危机更加深重。在中世纪基督教宇宙论语境下，真正的难题在于，复兴古代形而上学（亚里士多德哲学为典范），就势必废黜无限空间、多元可能世界的观念，同时危及神圣万能、上帝创造神迹的信仰。这种挑战就意味着，宇宙的合法性崩溃了。无限性观念同上帝万能概念唇齿相依。无限性概念的再度出现，必然对中世纪经院思想体系产生毁灭性结果。1277 年，托马斯·阿奎那的论题遭受谴责，标志着神学绝对论臻于高潮。神学绝对论，是指重新肯定上帝对其造物世界享有绝对的权力。对经院哲学的危机之阐述，布鲁门伯格表现出高度原创性。他指出，在悖论的意义上，恰恰是神学绝对论使得人类自由再度成为可能，而这一概念又是现代性随之兴起的渊源所在。在他看来，中世纪晚期的唯名论导致了"秩序的消逝"，"让人们怀疑，可能同人类相关的现实性结构是否真的存在"，而这就是"人类活动一般概念得以出现的前提"②。

在布鲁门伯格看来，盛期经院哲学所信仰的那个完美合理的上帝其源有自，那就是希腊哲学为反对在同人类交往之中脾气暴戾的诸神而采取的"保护措施"。在目的论甚至在形态学上说，唯名论摧毁经院思想秩序乃是人类中心主义宇宙论的终结。唯名论者以枯燥的话语和烦琐的逻辑证明：在全部无限可能的世界中间，万能的神圣绝不会为了人类的理性而自设限制。不言而喻，唯名论把人交付到上帝巨大威权的掌控之中。但是，同样在悖论的意义上，神学绝对论反过来却因为人在宇宙之中占有一席之地而引出了天翻地覆的后果。经院主义的人类中心主义宇

---

① Hans Blumenberg, *Die Legitimität der Neuzeit*, Frankfurt am Main：Suhrkamp, 1977, p. 149.
② Ibid. , pp. 150 – 151.

宙观在一个业已完成的世界上给人指派了一个绝对被动的地位,这个世界按照其固有的内在规律周行不息。唯名论的反击逻辑也相当诡异。布鲁门伯格写道:"上帝隐迹无形,以形而上学方式担保世界,于是备受剥夺的人类却自为地建构了一个反面世界,不仅基本上合乎理性,而且可以操控。"① 于是,人类自我伸张的现代纲领,就表现为在一切可能的宇宙之中寻找得心应手的工具,而数学就可能为这么一种形式上合理的建构提出范型。

故而,现代不是基督教末世论的世俗化,不是对神学绝对论的模仿,不是灵知主义的伸张,而是人类以自我伸张来再度占有秩序消失之后的空位系统。按照布鲁门伯格,现代性必须溯源到中世纪晚期唯名论对于人类中心主义的毁灭性打击。唯名论解构了经院思想体系的人类中心主义,构成了现代人类确立改造世界的技术立场的主要条件。作为一种生存纲领,人类的自我伸张意味着人的理性乃是世界对于人之意义的先验前提②。在这个意义上,现代就是一则神话:人类从自我建构的世界中得以解放,并能够操控这个世界。现代性的谋划也就成为一种神话的创造,现代性的纲领在于通过自我神化而反抗神性。

三　作为隐喻的"哥白尼革命"

现代合法性难题同人类自我伸张观念尖锐对立、不可和解,功能优先模式与人类自我伸张的现代纲领之间的矛盾又不可调和。为了解决这一双重困境,布鲁门伯格徘徊在历史主义与结构主义之间。他明确地意识到,必须暂时悬置现代起源问题,借助于标志性的历史事件,详尽分

---

① Hans Blumenberg, *Die Legitimität der Neuzeit*, Frankfurt am Main: Suhrkamp, 1977, p. 173.

② 运用思想史的方法解读作为修辞的现代性,布鲁门伯格毕竟只是为透视历史哲学提供了一个有限的视角,而其"自我伸张"命题遭到了现代理论家的质疑,比如吉莱斯皮(Michael Allen Gillespie)反驳说:"现代性的起源并不在于人的自我伸张(自我肯定)或理性,而在于那场重大的形而上学和神学的斗争,这场斗争标志着中世纪世界的结束,在中世纪与现代世界之间的 300 年里改变了欧洲。"(《现代性的神学起源》,张卜天译,湖南科学技术出版社 2012 年版,第 20 页)

析现代性生成过程。于是，哥白尼天文学革命便进入了他的视野。《哥白尼世界的起源》就是将"位置系统"及其"再度占有"模式运用于科学史，旨在呈现"地心说"到"日心说"转移的思想前提，呈现人类中心主义在现代败落的历史命运，甚至暗示了"地心说"在后现代再度回归的伦理愿景。在这个意义上，"哥白尼革命"乃是一个隐喻范式之中的基本隐喻之一，只能以神话研究的方式来解读。

哥白尼革命在天文学领域展开，松动了中古经院思想体系的神学绝对论之禁锢，解构了亚里士多德和托勒密的"地心说"，一场去中心化的剧变同现代的兴起合力推进了人类认知的行程。布鲁门伯格绝不可能将"移去中心"视为一个纯粹的隐喻而弃之不顾。隐喻不是某种可以由字面单义范畴而取代的东西，反而蕴含着可以生成意义的潜能，帮助回答那些原则上不可回答的问题。在《一种隐喻学范式》中，他断言隐喻自然而然地相关重大的真理。"对我们而言，自圆其说的哥白尼主义显然就体现了这么一种根本的洞见：人类的视点及其光学仪器，相对于宇宙而言，都是随意地离心的，在冷漠无情的情况下，也是极端不合时宜的。"[1] 也就是说，我们决然不能指望，宇宙在目的论意义上合乎人类的认知需要或者其他需要。"移出中心"这个隐喻乃是这么一种冷漠与尴尬的最好写照。

宇宙对人冷漠，而人类在宇宙之中的位置十分尴尬。以思辨神秘主义的方式，库萨的尼古拉（Nicholas of Cusa）在其否定神学之中预示了哥白尼的天文学革命。"我们不能达到极大，同时也不能达到极小"，而"宇宙的中心与圆周一致"。[2] 作为一个无限的球体，宇宙既是极大又是极小，既非有限也非无限，根本就不可能存在一个恒定的中心。人类观看世界，从来都是以自己的视角在无限可能的世界之中拣选出一个

---

[1] Hans Blumenberg, *Paradigmen zur einer Metaphorologie*, Frankfurt: Suhrkamp, 1998, p. 122.
[2] 参见［德］库萨的尼古拉《论有学识的无知》，尹大贻、朱新民译，商务印书馆 1988 年版，第 43 页。

世界。因而，认识世界，从来都是向世界极限发起冲击的充满想象力的尝试。将无限球体这个隐喻推及神学，尼古拉断言："上帝是一个无限球体，其中心无处不在，圆周处处不在。"① 球体隐喻暗示上帝对于万物都同样无限接近，同样无限遥远。布鲁门伯格将"球体隐喻"称之为"外爆隐喻"，它可能摧毁宇宙秩序之中的一切等级，摧毁宇宙目的论。不仅如此，这一隐喻还埋藏着人类自我神化的潜能。既然上帝无限接近造物，作为造物之一的人类也可以无限接近上帝②。而这就为哥白尼天文学革命敞开了道路：地球不是宇宙的中心，而必须绕着太阳周而复始地旋转。

哥白尼景仰思想自由，深信人类有权力且有能力把握真理。"哲学家试图凭借上帝所允许的理性寻求真理"，但没有上帝的良善，我们又一事无成③。真理不仅是上帝的所有物，而且以上帝为隐喻，人类认知的行程乃是无限地接近真理，正如信徒无限地接近上帝。于是，人类就必须驱逐"肆心"，避免"骄妄"，不要企图一劳永逸地占有真理，而是尽其所能地描述真正的世界形式。在此，现代的自我伸张与人类的自我理解紧密相连。正如布鲁门伯格所说："将来成为现在行动的结果，而这些结果将成为对于现实性的当下理解之实现。"④ 哥白尼将这种现代性的自我伸张以及人类的自我理解凝练为一条天文学的公理："天体运动是均匀而永恒的圆周运动，或是由圆周运动复合而成。"⑤ 这条公理不仅是天文学家必须遵从的自然洞见，而且也是哥白尼思想自由观念的隐喻表达。一如尼古拉的无限球体，哥白尼的天体圆周运动也是一个

---

① 参见 Clemens Baeumker, "Das Pseudo-hermetische 'Buch der 24 Meister', Liber XXIV Philos-ophorum: Ein Beitrag zur Geschichte des Neupythagoreismus und Neuplatonismus im Mittelalter," *Beitrae zur Geschichte der Philosophie und Theologie des Mittelalters*, 25 (1928), 208。

② 参见［美］卡斯滕·哈里斯《无限与视角》，张卜天译，湖南科学技术出版社2014年版，第62—63页。

③ ［波兰］哥白尼：《天体运行论》，叶式辉译，北京大学出版社2006年版，"献给教皇保罗三世的献词"。

④ Hans Blumenberg, *Die Legitimität der Neuzeit*, Frankfurt am Main: Suhrkamp, 1977, 59.

⑤ ［波兰］哥白尼：《天体运行论》，叶式辉译，北京大学出版社2006年版，第6页。

外爆的隐喻，它将摧毁托勒密的天体等级体系，降低神圣在这个等级体系中的地位，而提升人类认识能力的高度。因而，哥白尼是奠基现代之先驱，自我伸张之英雄，自我理解之智者①。他将自由的诉求和解放的力量隐微地表述在"上帝无限权能"的思想之中，以天体作均匀圆周运动的公理隐喻地呈现悠久的人文主义。他的公理和隐喻都在宣谕，在基督教信仰笼罩下，在中世纪经院思想体系的禁锢中，精神总是自由的。两个世代之后，宗教改革时代的天主教正统就会在"新科学"及其人类的自我伸张之中发现比路德和加尔文更危险的敌人。

这种异端的思想自由，这种以自我伸张为内涵的新人文主义，是对"位置系统"的"再度占有"，同中世纪经院思想构成了叛逆和粘连的复杂关系。中世纪晚期唯名论松动了以亚里士多德形而上学为架构的经院思想系统，释放出无限世界的多重可能性，为现代的兴起敞开了空间。中世纪唯名论同经院思想体系的人类中心主义传统却有一种藕断丝连的关系。经院思想构建的宇宙，本质上是人类中心主义的，因为它不仅把人置放在宇宙的中心，而且宇宙全体乃是建立在一种人神交流的观念之上。这种观念肯定，上帝创造宇宙之最终目的，乃是渴望通过创世向人类传播神圣奥义。所以，上帝把地球放在了中心位置。在经院思想而言，"地心说"是"人类中心主义"的结果和证据。进一步说，这种思想倾向并不是为了控制自然而思考自然，而是视自然为人类领悟神圣之灵的中介。自然之书充满奥秘，但世界确实可以读解。经院思想家坚信不疑：上帝筹划创世计划之时，却不得不心怀慈悲，带着无限的良善，充分体谅人类理解力的有限性。故而，虽然上帝仅仅可能创造一个完美有序的世界，而人类也完全可以理解这个世界的原则及其内在结构。

然而，在唯名论者看来，世界完美有序和不可摧毁这一经院思想，

① 布鲁门伯格断言，"人在哥白尼的方案中再次出场了。"参见 Hans Blumenberg, *Die Genesis der kopernikanischen Welt*, Frankfurt am Main: Suhrkamp, 1975, 233。

完全排除了创造神迹的可能，且同创世存在着不可调和的矛盾。因为说到底，创世就是神迹，清楚而又明白。在晚期中世纪唯名论拯救世界无限多元的思想运动中，地心说与人类中心主义之间的关系被颠覆了。依据唯名论，地心说成了一种神圣中心主义（theocentrism）。这就意味着，上帝在创造世界之时，上帝的唯一目的在于自娱自乐和沉思默想。布鲁门伯格认为，这恰恰证明地心说并不必然导致人类中心主义：人类可能被放在宇宙之中心，但他在宇宙之中可能是最悲苦的存在物。人类天生匮乏，甚至不值得出生，即便出生也要尽快归于尘土。反过来说也一样，一如哥白尼所见，人类中心主义也并不必然导致地心说：一个活在最为隐秘的角落的人也仍然可能处在整个造物世界的中心。然而，这正好说明在哥白尼的变革思想之中存在着一种无解的悖论：为了颠覆中世纪基督教宇宙观，他必须求助于人类中心主义。为此，他首先就必须将唯名论建构的中心理想化。

《天体运行论》的题词献给了教皇保罗三世，献词中明确地陈述了哥白尼自己同唯名论的关系。科学史家对此讳莫如深，因为献词之中表达了一种政见上的妥协。在献词之中，他措辞考究，以唯名论可能世界之无限性原理来辩护自己宇宙观的似真性。更加意味深长的是，他在自己的天文学概念和人类中心主义之间建立了一种关系，同时又断言这个合乎理性与合乎规律的宇宙乃是唯一配称于他的假设的宇宙。这个假设是，宇宙之所以被上帝创造出来，完全是以人为目的。然而，这就自相矛盾：超越于唯名论理想化过程，所以这种向经院思想体系的倒退确实匪夷所思。但是，这种思想纲领将人神关系从空间决定性之中解救出来，却标志着历史的重大进步。在前哥白尼时代，可能世界多元性原理不仅在观念上而且在实质上都被移易到了宇宙的迷暗角落，而被交付给了上帝的巨大威权。可是，这种位移却得到了"上帝无处不在"观念的补救。同理，在哥白尼的日心说框架中，人类不是作为类型存在物而是作为目的论存在物出场。在《论人类的尊严》之中，皮科（Pico de la Mirandola）断言，直到人类被创造出来静观造物并在其中认识到造物主的权力，整个造物世界才有意义①。所以，人文主义只是简单地用人的理性来取代上帝而已。作为一种理性存在物，人类可能分享唯名论的上帝之共性。这种情形的典范是开普勒，他第一个努力描述从月球观望天体的景观。于是，视角与无限世界的关系得以敞开。

即便是晚期启蒙时代之现代宇宙学，在其根脉之中，也驻留着早期现代的观念。这种观念的要义在于，从不同的视角去理解无限可能的世界，去透视宇宙的隐秘结构。宇宙是否合乎规律，造物之书是否可以读解？完全取决于不同的视角。显然，如果宇宙不可规律，造物一派紊乱，那完全是因为人类采取了一种离心的视角。如果不考虑晚期中世纪唯名论对于表象的批判，那么，启蒙思想以及现代人文主义都是不可思议的。同样，这样的判断对哥白尼革命也有效。唯名论拯救现象的努力，让哥白尼想象天体运动乃是地球运动所引起的一种纯粹的幻觉！"耶路撒冷像我的身体一样靠近我"，"上帝是一个无限的球体，无处不在"。身体和球体，现代思想的两个基本隐喻表明，上帝直接相关于他的造物世界。但是，这种思想直接渊源于唯名论。其变革力量在于，它直接解构了一个自内而外和自下而上地被组织起来的宇宙，直接解构了铭刻在世界之内的"唯一神"观念。所以，唯名论拯救亚里士多德物理学的努力，就可能摧毁亚里士多德物理学的基础，就可能抹杀月上世界和月下世界的区分。月上世界和月下世界之分，紧密关联于宇宙井然有序、上帝自外而内、自上而下驱动世界的观念。唯名论的批判就这样为现代自然科学预备了基本前提。

对上帝无限性的沉思和宇宙无限可能的探索，势必导致古典自然哲学转向现代自然科学。哥白尼及其后学之历史性变革，又为现代自然科学的发展开启了另外一些契机。其中影响深巨者，乃是一种新的时间观念。在古典希腊哲学之中，尤其是亚里士多德的物理学之中，时间相对

①　［意］皮科：《论人的尊严》，顾超一、樊虹谷译，北京大学出版社2010年版，第21页。

于运动；唯有相关于天体运动，区分"先""后"才有意义。柏拉图就说过："在天体存在之先，无昼夜之分，无岁月之别。"① 然而，哥白尼将天体运动视为纯粹的幻觉，规则时间概念就必须同运动时间区分开来了。规则时间是一种绝对的时间。这种时间概念的出现与哥白尼的空间变革紧密相关，构成了现代自然科学的系列前提之一，且形成了效果历史。牛顿的时间概念，乃是摧毁中世纪基督教宇宙观的逻辑后果。唯有从哥白尼天文学革命出发，才能理解牛顿的时间。布鲁门伯格从哥白尼与晚期中世纪唯名论的复杂关系脉络之中，抽绎出人类认知进化的轨迹。近代人类认知的进化过程乃是一系列节律清楚的思想范式转型，但其最终的结果既没有被包含在其最初的起点，又不可能从其最初的起点推演出来。质言之，近代人类认知进化随时需要引导，因为宇宙无限多元，而偶然性的压力又无比诡异。

如果哥白尼革命并非一场累积的过程，而是在每一个阶段上都存在着无止境的批判的回溯，那么就必须回答一个问题：到底是什么力量，驱动了这么一场运动，连续不断地打破在特定时代被奉为自明真理的信仰？布鲁门伯格从人类学哲学的视角回答这个问题，将哥白尼革命理解为一个基本隐喻。"如果说，哲学是拆解理所当然之事的过程，那么，哲学人类学就必须回答：人类的物质存在本身是否只是一个源自其伟业丰功的结果，他自己又将这份伟业丰功当作一己之所有而归功于自己？"② 简言之，哲学人类学必须正面回答人与宇宙、人与神圣、人与自身的关系。在布鲁门伯格的现代正当性论域之中，"哥白尼革命"也许没有那么强大的颠覆性，也许只是以隐喻的方式调校了人与宇宙、人与神圣、人与自身的关系而已。由哥白尼革命这个隐喻所象征的人类认知范型的转移，正好表明永恒自我批判乃是人类最内在的品质——甚至

① 〔古希腊〕柏拉图：《蒂迈欧篇》，转引自 Hans Blumenberg, *Die Genesis der kopernikanischen Welt*, Frankfurt am Main: Suhrkamp, 1975, p. 524。

② Hans Blumenberg, "Anthropologische Ännaherung an die Akualität der Rhetorik," in *Ästhetische und metaphorologische Schriften*, Frankfurt am Main: Suhrkamp, 2001, p. 438.

连启蒙主义和浪漫主义都无法拒绝的"人类无限可完善性"。然而，悖论恰恰在于：人的本质就在于没有一种恒定的本质。

可是，这里有一种伤感，一种虚无主义笼罩下的哀悼氛围。虽然现代正当性站在哥白尼及其后学那一边，但现代起源于一道深渊。开启这道深渊的，是早期现代对于上帝无限性的理解，以及宇宙无限可能的预设。上帝处处在，宇宙无中心，而世间一切明晰之物都与上帝不相容，上帝便成为"无名的无羁者"，面临着彻底消失的危险。同时，神圣就成为一个虚位的符号，一种空洞的超越性，一种被抽空了实体而只留下功能的绝对威权，而无法为人类提供论衡的量度。对上帝的体验同对自由思想异端的认同已经界限模糊，因此这种自由思想拒绝一切量度，而沦为一种骄纵和放肆。毋庸置疑，骄纵和放肆，乃是虚无主义的起源，而虚无主义与现代极权政治的幽灵暗通款曲，沆瀣一气。现代正当性的论证，经历了对上帝无限性的沉思，对宇宙无限可能的探求，在人类这个侧面却是一步一步地放逐了上帝、放逐了地球、剥夺了神圣威权和造物世界的意义，最后将宇宙变成一个苍白幽灵的故事。好奇求知，理论沉思，都无法保证人类在宇宙之中安身立命，也就是说，知识不能担保幸福。

哥白尼的英雄时代已经渐行渐远，随后牛顿一统天上（天文学）地下（物理学）将现代科学推向了古典化顶峰。再往后就进入到了对哥白尼革命进行隐喻解释的时代：康德的第二次哥白尼革命，从客观知识转向主体认知；现代盛期的第三次哥白尼革命，拯救正在消逝的地球，拯救据说已经"终结"的人。后哥白尼时代，理论家被丑诋为"背叛者"，地球被想象为一颗在茫茫宇宙之中飘零的星球，丰塔内伊将地球和诸天的关系构想为互惠且民主的宇宙共同体。然而，诗人歌德却满腹忧思。在他看来，放弃宇宙中心的巨大优越性，以及将人移出宇宙的中心，就意味着"一个清纯虔敬而浪漫温馨的伊甸园、感性的坚实稳靠、诗意的宗教信仰"烟消云散，无迹可求。但歌德毕竟勉为其难地承认：现代人追求观念解放，认可思想威力，在历史上乃是闻所未闻，人们连做梦都想不到。尼采的观点众所周知：自哥白尼以后，人从宇宙的中心滑向了未知之域，滚向了虚无之域。"人的自我贬低，人的自我贬低的意志，难道不正是自哥白尼以来不断地加剧的吗？啊，对人的尊严的信仰，对人的特性的信仰，对人在生物系列中的不可替代性的信仰消失了……"① 作为一个基本隐喻，哥白尼革命表示现代人所遭受到的宇宙论创伤②。人类从来不愿意承认，自己的命运取决于自然预先派定于存在秩序之中的位置，而不取决于自身主体的能动作用。然而，人类却无奈地认可，人被移出中心的图景是如此令人折服，以至于人们理所当然地将"地心说"等同于"人类中心主义"。这么一种偏见已经成为启蒙意识形态，即一种"偏见之偏见"。在后哥白尼时代的三个世纪，"人在宇宙中移心"作为现代科学一项辉煌的成就从来就没有遭到过挑战。然而，布鲁门伯格提醒人们注意，哥白尼革命虽然与现代兴起同步，但其起源可溯至中世纪，而且作为一个隐喻，它并不能被混淆于真正的认知进程及其思维方式的剧变。

布鲁门伯格博学丰赡，其天文学史研究又极其专业。经过综观全局和细察入微的历史考辨，他论证了一个核心观点："地心说"与"人类中心主义"之间并无逻辑关联，科学上"去中心化"和生存论上"去中心"之间并无逻辑关联③。为克服后哥白尼时代的偏见，以及对天文学革命隐喻的误读，布鲁门伯格希望以"宇宙心智学"（astronoetik）超越"宇宙航行学"（astronautik）。"宇宙心智学"乃是他将"宇宙"（astro）和"心智"（noetik）拼在一起生造出来的词语，意思是表示：当航空航天技术高度发达，宇航员和飞行员远离地球而把芸芸众生留在尘土上，人类当用心智来思考航空航天和周游世界的意义。布鲁门伯格

---

① ［德］尼采：《论道德的谱系》，周红译，生活·读书·新知三联书店1992年版，第18页。

② Hans Blumenberg, *Die Genesis der kopernikanischen Welt*, Frankfurt am Main: Suhrkamp, 1975, p. 702.

③ Ibid. , p. 493.

的"宇宙心智学",一如传统的"宇宙航行学",都是只能以神话研究的方式来解读的基本隐喻。他用隐喻的方式劝勉世人:离心的好奇必须由向心的关爱来予以平衡。当宇宙航行学,以至现代技术科学将好奇心延伸到了看不见的宇宙,而剥夺了我们人类在宇宙的中心位置,但它们并没有剥夺我们的家,反而把我们留在家里①。宇宙心智学的要义在于,仰望繁星璀璨的苍穹和守护心中的道德律法一样重要,静观天象跌入水沟的哲人和安详游戏乐在其中的少女一样具有尊严,渴望崇高和渴望优美一样激动人心,高飞远走于宇宙却不应该迷失在太空,渴求宇宙奥秘却必须怀藏宇宙乡愁。用心守护家园,让地球温暖如春,这是另一个神话。在《哥白尼世界的起源》结尾处,布鲁门伯格焕发出罕见的激情,描述归向地心、守护家园的神话:"哥白尼灵见之反身性一再重演在俯瞰地球、继之以漫步地球的运动之中。回归地球的体验,如果没有离开地球的体验先行,就可能是一种轻浮虚妄之说。人类栖身其上的宇宙绿洲,乃是一个例外的神迹,我们的蓝色行星漫游于正在消逝的天体沙漠之中,它便不再'也是一颗星球',而是一个唯一配得上这个名字的星球。"②

　　然而,问题在于,不断远游又不断回归的人,本质上缺乏适应本能。在盖伦的人类学和卡西尔符号学的启示下,布鲁门伯格完成了人类学哲学转向。在这种转向中,布鲁门伯格再度肯定了神话和隐喻在人类自我建构过程之中的地位。按照他的说法,人类天然匮乏,必须借助于神话和隐喻来完成自我建构,这种建构在本质上乃是运用符号建构一个属于人、宜于人的象征宇宙。所以,人类自我建构既是神话的,又是诗学的,人类自我建构就是神话诗学。

---

　　① Hans Blumenberg, *Die Vollzähligkeit der Sterne*, Frankfurt am Main: Suhrkamp, 1997, pp. 320, 547 – 549.

　　② Hans Blumenberg, *Die Genesis der kopernikanischen Welt*, Frankfurt am Main: Suhrkamp, 1975, pp. 793 – 794.

四　神话与实在专制的超克

布鲁门伯格没有用"神话诗学"这个名字，而是在"现代性"论域之中将功能论模式贯彻到底，探究神话与理性的关系以及它们在人类生活之中的地位，尤其是探究神话在人类自我持存、自我伸张和自我建构之中的不可替代的作用。在其现代理论三部曲之三《神话研究》之中，我们没有读到他对神话之起源和本质的抽象推究，也没有对当今五花八门的神话理论进行系统论说，更没有提出一套自圆其说的神话理论。与艰深的理论推论相反，他的问题明确而又平实：理性的主宰，启蒙的扫荡，神话却没有烟消云散，反而一再重现在文学与艺术之中，获得了当代形式？如果神话并非蒙昧时代的残像余韵，那么它在人类生活之中究竟充当什么角色？

布鲁门伯格坚信，这个问题的答案一定隐含于现代性之根脉中，而神话与现代性之间的关联就是神话研究的题中之意。文艺复兴和启蒙运动之后的现代论述，遭到了浪漫主义和历史主义的双重打击，有两种主要的批判一再调校和持久不断地支持这种打击。两种批判都集中于启蒙思想家所提出的基本论点：必须且能够为人类观念（Ideen）和制序（institutio）奠基者，是理性而非那些想入非非和毫无反思的表达形式，譬如神话、信仰、激情与习俗。第一种批判倾向的支持者断定，仔细研究启蒙思想家所偏爱的逻辑，就能够揭示它们隐秘地依赖于早期那些几乎明显被废黜的观念与传统。第二种批判倾向的支持者则相信，认真考察人类行为的真正基础，就可以证明对于启蒙思想家急于扫除的偏见和神话的需要不仅持久不绝，而且引人注目。

《神话研究》就是对这两种批判倾向所做出的回应，其论述颇具原创性而其逻辑妙趣横生。我们已经知道，在《现代的正当性》中，布鲁门伯格已经辨析了那种让基础主义宏大情节不仅可能而且必要的思想史语境。在他看来，为了辩护自己的逻辑，基础主义的宏大情节总是必不可少的。在《神话研究》中，他又极力证明神话在现代的正当性。在他看来，支持神话和非理性的浪漫派与启蒙理性主义者分享一个共同的错误信念：神话与理性在本质上互相敌对。按照他的逻辑，只要免除这么一个错误前提，我们对于神话的持久信托的需要就不一定驱迫我们废黜启蒙思想家所发展出来的那些最重要的观念和制序了。简言之，布鲁门伯格认为，神话与理性共生而不相害，自古如此，在现代亦然，它们共同担负起支撑人类自我建构的大业。

世俗化也好，自我伸张也罢，作为现代性的主要面相，根本上也就是以理性解除神话（demythologization）。布尔特曼的"解神话"、马克斯·韦伯的"祛魅"，当然也是现代逻辑向社会和宗教的延伸，其后果是"世界不再令人着迷"。怪不得保罗·利科（Paul Ricoeur）说，神话之所以必须辩护，是因为它备受雪压霜欺。神话之存在到底是否具有正当性，乃是现代理论必须回答的问题之一。韦尔南解释说：

> 我们从希腊人那里传承的神话概念，依据其根源和历史，都归属于西方文明所特有的传统。在这个传统中，神话是依据非神话来定义的，被对立于现实，说神话即虚构，以及对立于理性，说神话即荒诞。如果要理解现代神话研究的历史，就必须在这种思想传统之下来理解。①

现实与虚构对立，神话与理性对立，而第二项对立更为根本。在词源学考辨中，"神话"（mythos）就是"言辞"，但在时代的流变中，希腊人的"秘索斯"（mythos）就是从"逻辑"（logos）之中分离出来，而被认为低于"逻各斯"：前者指幻想，后者指论证。据说这个转型过程复杂无比，但结果却十分关键：

---

① Jean-Pierre Vernant, *Myth and Society in Ancient Greece*, london：Methuen, 1982, p. 186.

公元前 8 世纪到 4 世纪，一系列整体上相互关联的条件引发了希腊人精神世界的多重分化、决裂和内在冲突。它们对区分神话和其他领域负有责任。古典的古代所特有的神话概念就显然只有通过设定秘索斯与逻各斯的对立而得以规定，因此二者被视为不仅分离而且对立的术语。①

然而，令人困惑的是，上古启蒙后的希腊，以及晚古的罗马，并没有经历今天所说的"解神话"。柏拉图的灵魂教育，并非用逻辑的方式展开，而是借着神话和寓言来实施。即便是在教义超越神话而发展出来的高级宗教之中，那些创世神话、生殖神话、英雄神话和救赎神话也依然发挥着教谕和劝诫的功能。恰恰就是从启蒙到盛期现代，人们崇拜理性甚于崇拜神祇，一种主导历史的倾向就是系统地废黜神话。在 20 世纪工具理性和技术科学中，这种解神话可谓登峰造极。德国神学家布尔特曼（Rudolf Bultmann）的解经学堪称这一思潮的范本。他希望将作为最高宗教经典的基督教圣经从迷误和前科学幻象之中解救出来。确立理性霸权，放逐神话幻象，经过坚持不懈的"解神话"之后，现代思想就将生活世界建构为"没有神话的神话"（the myth of mythlessness）②，或者说虚无成为唯一的神话。虚无的神话，虚无作为神话，乃是启蒙时代兴起而延续至今的一种未加批判的信仰。人类自我伸张，一厢情愿地相信，他自己已经功德圆满地超越了对于神话思想形式的需要。在这种关于现代性的论述之中，布鲁门伯格的神话研究就是挑战这么一个肆心的僭妄。

布鲁门伯格认为，"秘索斯"与"逻各斯"的对立，以及"神话"到"理性"发展的公式蕴含着一个巨大的错误："它妨碍了我们在神话

---

① Jean-Pierre Vernant, *Myth and Society in Ancient Greece*, london：Methuen, 1982, p. 187.

② Laurence Coupe, *Myth*, London and New York：Routledge, 1997, pp. 9 – 13.

中认识到逻各斯完美实现的一种方式。"① 神话叙说大地依赖于海洋，在海洋里浮现。逻各斯则将这么一种由形象呈现的故事转换为一个苍白虚灵却自称普遍的命题——"万物源于水，万物成于水"。他追问道："飞跃真的发生在神话与逻各斯之间吗？"他断言，神话与逻各斯，旨趣相同，而问题为一，所不同者在于追寻真理的手段有别而已②。神话与逻各斯之间的界限本来就是虚构的，而神话本身就是一种高含量的"逻各斯作品"③。

　　解构神话与逻各斯的界限，质疑神话到逻各斯发展的公式，布鲁门伯格将神话和理性等价齐观，视之为人类控制现实和自我建构的手段。在《神话研究》的第一页上，布鲁门伯格就将神话的功能与人类自我伸张的现代意识联系在一起，建议人们从当下的恐惧之中抽身而退，返回到茫然无稽的太古，重构"实在专制主义"笼罩下的自然状态。"人类控制不了生存处境，而且尤其自以为他们完全无法控制生存处境。"④面对这种绝对超自然的威权，在周围世界偶然性的压力之下，人类必须站在"意志专制主义"侧面，奋力以"形象专制主义"来对抗"实在专制主义"。于是，神话如同梦境，置身于其中的人类幡然醒悟：原来我们都处在对实在的完全屈服之"极限情境"之中。在这种极限情境中，"首先只有神话才能产生有益于人类的幻觉，而人类同样又能在其生命的具体情境中造就比现实技术所能允许的更大业绩"⑤。然而，人类的伟业丰功，经过神话的洗礼，都成为一种襄助人类自我伸张的修辞：化陌生为亲近，化晦蔽为澄明，化惊险为惊艳，化劫难为传奇，总之驱散笼罩在人类头上的他者之超自然威权。同神话如出一辙，逻各斯（现代科学思维）亦是对人类最基本必然性的回应，意在回避人类本质

---

① ［德］布鲁门伯格：《神话研究》（上），胡继华译，上海人民出版社 2012 年版，第 29 页。
② 同上书，第 30 页。
③ 同上书，第 13 页。
④ 同上书，第 4 页。
⑤ 同上书，第 13 页。

有限性意识所产生的悲苦情感。神话与科学并不像常言说得那么绝然对立，倒是实现了类似的功能。

科学理论一如其他一切文化表达形式，旨在穿透一个内在结构拒绝对人类透明的世界。这一观念的基本象征，乃是被缚的普罗米修斯神话。不透风的岩石、荒凉的高加索山，千年万载，纹丝不动，禁锢着具有先知英雄的灵见，此乃"实在专制主义"的隐喻。布鲁门伯格用《神话研究》之大半篇幅来研究普罗米修斯神话的流传及其效果历史，从而呈现了西方思想史的沧桑波澜，人类苦难与文化业绩的悲剧关联，以及诸神权力分封和改朝换代的世界政治剧情。人类历史就是遭遇这个异在幽灵而不断自我伸张的神话。正是因为人类意识到控制不了自己的生存处境，神话这种幻象的制序才成为一种不可摇夺的需求。

　　人们之所以讲故事，是为了消磨某些东西。在最没有害处但同样重要的情况下，就是消磨时间。在另一种更严肃的情况下，就是消除恐惧。后一种情况不仅包括蒙昧，而且更根本地包括陌生。就无知而论，重要的并不是人们尚未获得那些据说是更好的知识，而是后一代人回首过去却自认为他们拥有了这种知识。对于神秘莫测之物的一切知识——诸如对放射性、原子、病毒、基因等的知识，从来就没有让恐惧消逝过。古老的恐惧，与其说是害怕尚未认识的东西，不如说纯粹是害怕尚不熟悉的东西。因为尚不熟悉的东西总是无名之物；而无名之物是不能被呼唤、不能被亲近，而且也不能以巫术来击败的东西。作为最高层次的可怕之物，惊恐（Ent-setzen）在其他语言当中没有对应物，因而成为无名者。于是，最早时代最不可靠的认知世界的方式，不是别的，正是为无名者找到名称。唯有在如此强度上，方可讲述一个关于无名者的故事。①

――――――――――

① ［德］布鲁门伯格：《神话研究》（上），胡继华译，上海人民出版社 2012 年版，第 36—37 页。

用罗森茨威格在《救赎之星》中的警句来说，所谓神话就是"命名闯入无名的混沌"，在述说怪力乱神之时驱逐怪力乱神引起的恐惧。同时，人类为了克服无知与恐惧所引起的焦虑，而创造一个象征的宇宙，以便理解他自己与这个世界的日常交流。也就是说，为了反对偶然的压力，人类尝试缔造一种特殊的制序，布鲁门伯格称之为"形象的专制主义"。于是，神话讲述那些不堪讲述的故事，讲述天不变道也不变，万物各正性命。所以，即便在系统处境高速变化的时代，人类也同样渴望新神话，渴望再度神话化。

从传承的角度看，神话的活动方式是执行权力的分封。赫西俄德诗篇中的奥林波斯诸神之戏剧，集中地展现了人类建构制序的能力，再度把人定位在神权领域之中。像普罗米修斯这样的神话英雄，就尽其所能地施展诡计，欺骗诸神。古典神话英雄激怒和挑战诸神，借着一个神祇的支持，且让诸神互相较量，从而击败诸神，让神界再度陷入紊乱，然后再重整纲常，再建制序。希腊神话呈现的这种制序策略，对于犹太—基督教传统的唯一万能上帝，乃是完全不可能的。神话之中唯有英雄，而教义之中只见殉道者。这种神话乃是一种慰藉的先例，涵养了这么一种希望，尽管是一种盲目的希望：同一者永恒轮回，同样的行迹在未来总会重演。

就其内在结构言之，神话没有历史。神祇之行迹，神界之戏剧，不会在下一代的神圣活动之中留下残迹，这就同犹太—基督教的上帝判然有别。上帝永远带着他与其天国子民立约的记忆。这又是神话与教义的差异。然而，神话却有一种可以追溯的独特故事，作为现代意义上的历史之原型。在布鲁门伯格看来，神话之独特，在于神话在流传之中不断被选择和优化的过程。他把这个过程称为"词语的达尔文主义"。这个概念将物竞天择、适者生存的思想应用于修辞的进化，借以解释为什么一些神话被废黜，而另一些神话经过精致化而担负起人类自我建构的使命①。所以，神话研究（Arbeit am mythos）不等于神话创作（Arbeit der

---

① ［德］布鲁门伯格：《神话研究》（上），胡继华译，上海人民出版社 2012 年版，第 179 页。

Mythos)。神话创作在历史之中无迹可寻，渊源无法查考，而今只知道人创作神话乃是为了以形象和幻象来控制现实，与残酷的"实在专制主义"拉开批判的距离。神话研究则是我们使用和反复使用既定的神话素材、命名和故事，对它们进行最为极端的变形，最后人们几乎无法认出本源的神话意象。如果说，神话创作是一种自我伸张的精神抗争，那么神话研究就是一种对自我伸张进行彻底反思的思维方式，一种在人类无限可完善的极限情境下对生存可能性的探索方式，一种在无限可能的偶然世界确立人与宇宙关系的动态诉求。神话创作是产生形象，实施命名，建立关联，确定制序，以便创造和发展出神话体系。神话创作对于我们人类乃是不可接近的遥远、杳渺、茫然无稽，因而基本上无助于确认人类固有的神话情致。但经过神话研究，借助于默观冥证和文献记载，我们就可以理解人类创造神话的潜能。神话研究发生在神话的流布和观众的接受过程中。因而从效果历史和接受体验来看，神话研究可能将神话带向终结。也就是说，人们在接受中进行大胆的变形，虚构出一个终极神话，虚构出一个被最大限度地利用和最大限度地穷尽了形式的神话①。

德国观念论哲学就表现出这么一种将神话带向终结的激进诉求：通过强化"主体专制主义"来驱除"实在专制主义"。一旦人类成为创造现实的创世之神，人类就被写成了神话主角，他就可能占据上帝留下的空位，至少也可能成为上帝的副手。将造物世界臻于完满，人类便自我伸张到了极限，确认了其神圣与自由。观念论哲学的缔造者之一，浪漫派的精神领袖 F. 施莱格尔在其高头讲章之中写道："唯有将世界视为生成过程，视为通过上行发展而走向完满的过程，自由才有可能。"②然而，德国观念论方案注定失败：偶然性的压力从来就没有停止，完美

---

① ［德］布鲁门伯格：《神话研究》（上），胡继华译，上海人民出版社 2012 年版，第 301 页。

② Friedrich Schlegel，"Philosophical Lectures of the years 1804—1805," in *Aus dem Nachlass*，ed. C. G. H. Windischmann（Bonn，1837），II，201.

自律的境界总是可望而不可即。于是，浪漫的总汇诗总在进化过程中，因为人类在其自然构成之中铭刻着先天的匮乏，人类在生物学意义上总是不适应物质环境。神话，作为同一者永远轮回的神话，将相伴在宇宙之中位居弱势的存在物，直到永远，直到地老天荒。理性，以及基于理性而取得霸权的科学，没有超克神话，废黜神话，反而补充神话，联手神话，共同超克"实在专制主义"。与其说神话被理性取代而被废黜，不如反过来说：神话之慧黠恰恰在于，它能利用理性伸张自己，且让人类自我伸张。

神话与现代性在这个论域之中分享着同样的正当性，而无关乎任何特殊的"位置"，反而再现了人类最基本的伟业：持存生命，孕育生命的意义，释放生命的潜能。在这种思想脉络中，持存生命意味着，人对存在的终极意义的追寻是永无止境的。这种追求的脚步总是被延宕，因为在任何一种特殊的情境中，人类都没有被赋予绝对的完美。这就是启蒙思想家的基本信念所在，也是人类处境的基本特征：无限可完善，但永远不会臻于至境。如果像卡西尔那样，将人定义为"符号动物"，引领人类去创造一个象征的宇宙，那么，神话乃是弥补自然匮乏的有效手段。布鲁门伯格曾经强调指出，"全部修辞学的公理乃是理由不充足律"[1]。然而，这条公理还是可以从两个角度去阐释：或者说人类不能确认他对物质环境的控制，或者说修辞乃是创造的工具，以及引领人类养育丰盈生命能力的原则。

布鲁门伯格对于"人性无限可完善性"原理的重构，建立在 20 世纪 30 年代和 40 年代的德国哲学人类学基础上。阿诺德·盖伦便是这一思潮的代表，其基本思想是：人类有别于动物者，在于人类适应本能的

---

① Hans Blumenberg, "Anthropologische Ännaherung an die Akualität der Rhetorik," in *Ästhetische und metaphorologische Schriften*, Frankfurt am Main: Suhrkamp, 2001, p. 447. 在此布鲁门伯格提及了盖伦的人类学原理，参见 Arnold Gehlen, *Der Mensch*, *Seine Natur and Seine Stellung in der Welt* (1941)。

匮乏①。盖伦同时提出，匮乏乃是人类历史生命之创造力的基础，它无止境地驱使人类同一个不可救药的难以适应的世界拉开批判的距离，而高瞻远瞩地追寻更高远的目标。布鲁门伯格将这个过程称之为"减轻负担"（Entlastung）。这个概念意味着培育人类的优越能力，为人类行为确定引力中心，从而为生活世界建立制序。所谓"制序"，乃是传承而来的行为系统和思想结构，它们是刺激与行动之间的中介。制序的形成乃是同周围世界拉开批判距离的结果②。神话和理性一样，在人类自我持存和自我伸张中都起着建构制序的作用。

　　"制序"既是制度，又是秩序，包含着比政治体制和社会秩序远为丰富的含义。"一切述谓皆为'制序'，一件具体事物皆可通过分析涵盖在它所归属于这些制序的关系当中。"③ 在布鲁门伯格看来，神话就必须在盖伦所给出的意义上当作欧洲文明的基本制序之一。所以，在《神话研究》中，人的自我伸张采取了"减轻负担"的形式，而在更高层次上将《现代的正当性》之中的"位置系统"与"再度占有"命题和《哥白尼世界的起源》之中的"认知过程"命题融为一体。"减轻负担"，是最为普遍的范畴，可资命名各种制序的轮回及其源始意义的变化。"制序"在这个意义上与文化具有同等的意义，而文化的意义则寓于修辞当中。神话的流布及其效果，历史完成了对同一系统空位的再度占有，"再度占有的业绩，及其建制都是修辞行为（或情节）"④。于是，再度占有通过思想意象的置换和心灵幻象的变更而完成了文化史的宏大叙事。普罗米修斯神话即为欧洲文化宏大叙事的缩影。从赫西俄德、悲

---

　　① 除了阿诺德·盖伦之外，还有普莱斯纳（Helmuth Plessner）和罗特哈克（Eric Rothaker）也为布鲁门伯格提供了哲学人类学思想资源，从前者那里，他借取了"自我伸张乃是现代世界基本原则"的观念；从后者那里，他学得了"人类行为与决断必然相关于'现实性压力'"的观念。

　　② 在《原始人类与晚古文化》（*Urmensch und Spätekultur*, 1921）之中，盖伦提出了这个概念，采纳了其词源学的意义，认为"制序"就是"风俗"（institutio），即习以为常、毋庸置疑的行为与观念模型。

　　③ Hans Blumenberg, "Anthropologische Ännaherung an die Akualität der Rhetorik," in *Ästhetische und metaphorologische Schriften*, Frankfurt am Main: Suhrkamp, 2001, p. 439.

　　④ Ibid., p. 451.

剧诗人到歌德、纪德和卡夫卡，普罗米修斯神话作为"文化与苦难的悲剧关联"的隐喻，将诸神和上帝的"命运"也划归于人类的掌控中。"通过述说人类进步历史之中空间的开拓、形式的变化以及开端的黑暗紊乱同当前的尚未确定之间的盈虚消息，神话有其独特的程式来展示一种被引导的进程。"反之亦然，神话通过呈现权力的分封，"在应付权力和神祇的过程中，已经被熬过的时代也可能反射在神话谱系之中成为镜像"①。

于是，神话研究便成为神话诗学的范本。在最为广泛的意义上，"诗学"乃是关于制作和创造的学问。第一，神话研究揭示神话与理性共生，担负着超克"实在专制主义"的使命。第二，神话研究表明，神话的流布及其效果历史就是持续地再度占有位置系统的空位，所以再度占有落入"意义"范畴之下。第三，"意义"概念说明，在某一特殊的语境中，一件特有的文化产品如何从一种模糊的可能性背景之中浮现，而被赋予了意义与价值。第四，神话研究模式将历史主义（起源研究）和结构主义（制序研究）融合起来，揭示文化系统流布、选择和转型的最普遍机制。

总之，神话研究即通过反复讲述怪力乱神的故事，驱逐怪力乱神，让世界充满道德温情，让世界充满慈悲风调，让世界越来越友善、越来越祥和。所以，人化即神话，神话就是人文化成②。

---

① ［德］布鲁门伯格：《神话研究》（上），胡继华译，上海人民出版社2012年版，第127页。
② 同上书，第135页。

论安德烈《谈美》的美学观念[*]

张 颖[**]

摘 要：法国启蒙时期，博学多识的耶稣会士安德烈神父在 1741 年出版了《谈美》。狄德罗称赞此书在"美"这个问题上比克鲁萨、哈奇生、巴托等前人的研究都更加深入，并在他主编的《百科全书》"美"的词条中多处整段摘引。然而，翻译的滞后制约了安德烈美学在英语世界和中文世界的传播和接受。鉴于此，本文致力于勾勒这部著作的主要思想，评估安德烈对美学史的贡献。安德烈美学的主要内容为美的分类法和"美在统一"之原则。他将美的两分法和三分法嵌合无间，由此试图展现美的现象与最高秩序之间的关联性结构，或者说递嬗性结构。他还从圣奥古斯丁那里借来"美在统一"作为美的世界的总原则。他置身于 18 世纪上半叶围绕趣味之标准展开的愈演愈烈的讨论当中，试图论证美的本质与美的规范之永恒性。面对趣味学说给审美判断的普遍性带来的强力冲击，他勉力维护古典主义美学标

* 本文为教育部人文社会科学重点研究基地重大项目"西方美学史 1—2 卷"（14JJD720022）、文化部文化艺术科学研究项目"法国存在主义艺术理论研究"（14DA02）阶段性成果。

** 张颖，中国艺术研究院《文艺研究》副编审，北京大学美学与美育研究中心兼职研究员。从事现代法国美学研究。

准。他的美学在当时历史趋势下略显守旧，是 18 世纪理性主义美学的一个典型标本。

关键词：安德烈；圣奥古斯丁；美在统一；《谈美》

一　《谈美》及其命运

伊夫·马利·安德烈（Yves Marie André），人称安德烈神父（le Père André）。他于 1675 年 5 月 22 日出生于下布列塔尼的沙托兰（Chateaulin），早年受到良好的精英教育，曾进入路易大帝中学的前身克莱尔蒙学校，以及笛卡尔曾经就读的拉弗莱什学校。1693 年加入耶稣会。他与马勒伯朗士交往密切，保持长期的通信，之后著有《马勒伯朗士传》。由于持坚定的高卢主义、笛卡尔主义、詹森主义立场，反对教皇的绝对权力，他当时在耶稣会屡受排挤，无法担任职务，著作的出版也受到限制，遂转向从事科学研究。他担任卡昂（Caen）的王家数学教授长达 39 年之久，故通常以数学家闻名于世。1764 年 2 月 25 日，安德烈卒于卡昂。其死后出版的作品有 18 部，涉足形而上学、水文地理、光学、物理学、民用建筑和军用建筑、文学、教理问答，等等[1]。

这位学识广博的学者以一部《谈美》（*Essai sur le beau*）跻身美学史。该书在当时一经面世即令作者获享声名，是安德烈在世时所出版的为数不多的作品中较有影响力的一部。按埃米尔·克朗茨的说法，安德烈的《谈美》实际上由十篇系列谈话组成，这些谈话在 1731 年前后陆续出现在卡昂学院的系列会议上，并在十年后合成一部文集出版[2]。也

---

① 详情参见《天主教百科全书》（*Catholic Encyclopedia*）安德烈词条（http：//www. newadvent. org/cathen/01469c. htm）。

② Voir Emile Krantz, *Essai sur l'esthétique de Descartes*, Paris：Librairie germer bailliere et Cie, 1974, p. 317. 不过，就阅读体验而言，在 1741 年版《谈美》中，除第四章显然由两篇文章组成外，我们无法看出其他三章的内部何以能够切割为数篇独立文章；若说是该书由五篇独立的论文组成，倒更可信。

就是说，《谈美》一书首次正式出版的时间是 1741 年①（本文的写作所参考的正是 1741 年版本②）。这是一部排版疏朗的小书，由于版心窄小、边白阔大，故而虽达三百页之多，体量却不算厚重。该书在 1763 年出版增订本，添加了论时尚、装饰、优雅、美之爱、无利害的爱等主题的共计六篇随笔。1770 年，这部增订本获得重印③。

　　关于该书的二次传播情况，可分为翻译和引用两方面来谈。先说翻译。该书在 1759 年即被翻译成德语，但完整的英译本迟迟没有出现，这势必直接影响其在英语世界的传播。根据保尔·居伊所言，第一部《谈美》英译本出现在 2010 年④。2017 年，由 Alain Cain 新译的英译本以电子书的形式面世⑤。

　　再说引用。最著名的引用出现于 1752 年出版的《百科全书》第二卷的词条"美"。该词条由狄德罗撰写，第三段和第四段整个是对安德烈《谈美》的引用，另有多处整段转引。狄德罗对《谈美》的评价很高，不仅将之放入"为美写过卓越论著的作者的见解"之列，而且认为，安德烈神父是到那时为止对"美"这个问题研究得最深入的人（相较于克鲁萨、哈奇生、巴托而言）："他对这个问题的范围和困难认

---

　　①　关于安德烈《谈美》的出版时间，说法不尽一致。塔塔尔凯维奇在《美学史》里标明该书出版年为 1715 年（Tatarkiewicz, *History of Aesthetics*, Vol. III, *Modern Aesthetics*, trans. Chester A. Kisiel and John F. Besemeres, ed. D. Petsch, The Hague: Mouton and Warsaw: PWN-polish Scientific Publishers, 1974, p. 429），并将对安德烈美学的论述放在克鲁萨（1714/1715）和杜博（1719）之前，视其为 18 世纪第一位法国美学家。不过，除意大利文维基百科同样标注为 1715 年外，在笔者搜集的范围内，再无其他一致意见。早在 1882 年埃米尔·克朗茨的《论笛卡尔美学》一书就已认定出版时期为 1741，而且该日期为比尔兹利、科尔曼、安妮·贝克等欧美学者采用。这样看来，应是塔塔尔凯维奇弄错《谈美》出版年的可能性比较大。这位优秀的美学史家何以犯下如此重大的失误？笔者推测，他可能误用了克鲁萨的那部从书名到主题都颇为接近的著作《论美》（*Traité du beau*）的出版年。

　　②　Yves Marie André, *Essai sur le Beau*, chez Hippolyte-Louis Guerin, & Jacques Guerin, Libraires, rue S. Jacques, a S. Thomas Aquin, 1741.

　　③　Pere André, *Essai sur le Beau*, *nouvelle Edition*, *augmentee de six discours sur le modus*, *sur le decorum*, *sur les graces*, *sur l'amour de beau*, *et sur l'amour desinteresse*, Paris: Ganeau, 1770.

　　④　See Paul Guyer, *A History of Modern Aesthetics*, Vol. I, Cambridge University Press, 2014, pp. 248 – 249.

　　⑤　可检索如下网址获取该电子书：https: //archive. org/details/EssayOnBeauty.

识得最清楚，提出的原则最真实、最稳妥，因此，他的著作也就最值得一读"。①

　　另一位引用者名气相对小些，但引用比例较高。在1882年初次面世的《论笛卡尔美学》里，埃米尔·克朗茨几乎将《谈美》全书内容择其大要重述了一遍。之所以这么做，一方面是由于在克朗茨写书的那个时代，即19世纪晚期，该书已经湮没无闻，不大为人所知了②；另一方面，克朗茨认定安德烈的《谈美》意义重大。他认为安德烈的《谈美》是第一部用法语写作的美学论文（当然其实并不是。第一位用法语写作的美学论文应是1714年出版的克鲁萨的《论美》），更重要的是，他认定安德烈与布瓦洛、拉布吕艾尔等作家一样，是笛卡尔主义意义上的古典主义者③，故而安德烈此书对美学的贡献是独特而不可取代的。

　　从上述的出版情况和二次传播情况可推知，安德烈的《谈美》的影响范围主要在欧洲，或者说在法国语言文化辐射圈，尤其是18世纪以法国古典主义文化为蓝本的、正在崛起中的启蒙主义德国。比如，曾在德国汉堡拿到博士学位（1910）的波兰美学史家塔塔尔凯维奇，在他的《美学史》里设专节讨论安德烈。如果翻阅梳理西方美学史的英语著作，会发现安德烈时常缺席。相比之下，法语世界对他的重视程度远远高于英语世界。在法国，尽管似乎没有出现过专门研究安德烈美学的著作，但从狄德罗那个论"美"的词条开始，法国人的美学史写作传统上皆给安德烈安放一席之地，视其为具有独特贡献的美学先驱，与克鲁萨、杜博、巴托、孟德斯鸠等人并列。

　　在我国，很可能受到英译滞后的影响，对安德烈的忽略较之英语世

---

　　① ［法］狄德罗：《关于美的根源及其本质的哲学探讨》，张冠尧、桂裕芳译，载《狄德罗美学论文选》，人民文学出版社2008年版，第1—3页。

　　② Emile Krantz, *Essai sur l'esthétique de Descartes*, Paris：Librairie germer bailliere et Cie，1974，p. 311.

　　③ Ibid.

界更甚。安德烈的美学似乎未曾抵达过汉语世界。迄今为止，该书没有过完整的中译本，也不曾出现节译。在我国现有的西方美学史专著里，似乎并未有引用或讨论安德烈美学的记录，哪怕是一带而过。他的名字零星地在译文中出现，比如狄德罗谈美的中译文。与之相类似的是克鲁萨（Jean-Pierre de Crousaz，1663—1750）《论美》（*Traité du beau*）在中国的命运。基于这种几乎一片空白的情形，讨论安德烈的美学思想，不得不以介绍《谈美》的基本内容为主。

二　《谈美》的写作动机

作为撰写此书的动机和背景，据安德烈的叙述，乃是起因于文人共和国（republique de Lettres）里围绕美（Beau）进行的一场争论。安德烈视自己的论敌为当时的皮罗主义者，也就是自古有之的怀疑论者。这些人认为美是无规范的①。安德烈对他们痛恨有加，把他们指斥为"蛮横无理""疯狂与荒谬"②。他认为，皮罗主义者的辩术仅限于从人一无所知推出人一无所知，这些人谈论美，却不知自己在说些什么。这对当时的哲学家们研究美的态度产生了消极影响③。

古希腊哲学家皮罗认为，一件事物是真还是假，这样的判断既不可依赖于我们的感觉，也不可依赖于我们的意见。我们的感觉是无所谓正误的，所有意见也可以相互冲突。所以，我们不该做出肯定或否定的判断，而应该在看到任何一面时，都同时考虑到其对立面并等而视之，保持一种悬而不决的非判断状态，并且通过这种方式远离纷扰，获得灵魂的平和宁静。由于皮罗将他之前业已存在的怀疑主义发挥到了极致，人

---

①　比如，安德烈说："有关可见之美的意见与趣味是无限多样的，基于此，皮罗主义者们的结论是：对于判断可见之美，不存在什么规范。但我们究其根源，用良知（bon sens）的首要原则来检验那些东西，得出的结论却恰恰相反：并不是不存在判断可见之美的规范，而是大部分人乐于做出无规范的判断。"（Yves Marie André，*Essai sur le Beau*，p. 61）

②　Yves Marie André，*Essai sur le Beau*，chez Hippolyte-Louis Guerin，& Jacques Guerin，Librai-res，rue S. Jacques，a S. Thomas Aquin，1741，p. 13.

③　Ibid.，p. 6.

们将这种更彻底的怀疑主义称作皮罗主义。

至于 18 世纪上半叶发生在文人共和国的那场围绕美的争论，安德烈并没有进一步详谈其细节。一般说来，以追求灵魂的平和为目标的人，理当超然世外，不会参与关乎立场的纷争。所以，当时争论的参与者可能是一些持有怀疑论倾向的文人，而未必是真正意义上的皮罗后裔。那么，安德烈的论敌实际上是谁呢？

克朗茨主张，《谈美》这个小册子旨在反对当时的文学，特别是卢梭的文学类型，即新生的浪漫主义；而安德烈所大力推举的那种文学，正是古典主义法则的一个见证①。这个解释单只在时间上就讲不大通。毕竟，卢梭是从 1750 年那篇论科学与艺术的文章才开始因文成名的。即使克朗茨仅将卢梭作为浪漫主义的代称而并非实指卢梭的作品，其解释仍不大靠得住，原因有二：其一，在当时的法国，浪漫主义尚未集聚起压倒性的气势，"浪漫主义"至 18 世纪和 19 世纪之交才成为一个拥有固定内涵的术语②；其二，在浪漫主义者与怀疑主义者之间并非没有联系，但实难直接画等号。

所以，克朗茨的解释不尽妥当。他所开辟的这条路太过狭窄，而且有点像以今度古的后见之明。虽然浪漫主义确实是古典主义的反题，但我们不准备完全采信克朗茨的意见。毕竟，对于历史事件或现象的成因，只能到更早的历史中去寻找。故此，笔者试图换一条路径，在客观主义与主观主义之争的脉络上来理解安德烈所说的那个事件。具体说来，笔者希望从 17、18 世纪之交古典主义美学的危机出发，来做一些侧面的推测。

17 世纪前期，相对主义美学在崇尚意志自由的笛卡尔那里略有崭露，但在法国当时的局面下并未形成强有力的影响。17 世纪下半叶绝

---

①　Emile Krantz, *Essai sur l'esthétique de Descartes*, Paris：Librairie germer bailliere et Cie，1974，p. 311.

②　［波兰］塔塔尔凯维奇：《西方六大美学观念史》，刘文潭译，上海译文出版社 2006 年版，第 193 页。

对主义政治权力的巩固，直接催生出一套强势的审美话语和僵化的美学标准，强有力地支撑起一种客观主义美学。而到了该世纪末的古今之争（la querelle des anciens et des modernes）中，学院的固有审美标准开始松动。厚今派主将夏尔·佩罗的兄长、建筑学家克劳德·佩罗（Claude Perrault）指出，一些比例被视作客观的、绝对的美不过是习惯、成规使然，是偶然现象或社会征候①；在王家绘画学院里，德·皮勒等开始关注趣味问题……随着古典主义文人阵营的分裂，尤其是文化教育普及性的提高，18 世纪初的法国文人，如伏尔泰等，尝试着书写关于趣味问题的专论。

　　类似的趋向在英吉利海峡两岸几乎同步发生，而在英国更甚。从哈奇生到休谟，几乎演变为一场针对美的客观主义观念的战争。据乔治·迪基，在该世纪初，围绕着趣味理论，出现了由美的客观概念向趣味的主观概念的转向，并在 1725 年的时候，哈奇生第一次向英语世界提供了相对精熟的、系统的、哲学的趣味学说②。哈奇生的趣味学说很快被传播到法国，推动了围绕趣味之标准问题的争论。综合各种资料会发现，在 18 世纪二三十年代的法国沙龙里，"趣味"已经是一个被竞相谈论的热词，这当中很难排除哈奇生以及其他英国人的趣味学说的影响。

　　很有可能，在陆续写作《谈美》各篇章的时期，即 18 世纪 30 年代，安德烈置身于关于趣味之标准的讨论里，目睹了趣味学说给审美判断的普遍标准所带来的冲击，尽管他在《谈美》中并没有像休谟他们那样将"趣味"当作一个中心概念去集中讨论。所以，笔者推断，《谈美》中所说的"皮罗主义者"，应当就是赞同"趣味无争辩"这条英国谚语的人，我们不妨称其为"趣味主义者"。

　　按"趣味无争辩"的含义，结合以皮罗主义的哲学立场，可以推

---

　　① ［法］克劳德·佩罗：《根据古代方法的五种柱式布局》，载［波兰］塔塔尔凯维奇《西方六大美学观念史》，刘文潭译，上海译文出版社 2006 年版，第 140—141、216—219 页。

　　② George Dickie, "Introduction", *The Century of Taste: The Philosophical Odyssey of Taste in the Eighteenth Century*, New York, Oxford: Oxford University Press, 1996, p. 3.

知，（安德烈口中的）皮罗主义者在美的问题——即对于某物是否为美的判断——上会持不决断的态度，否认事物中可能存在任何因其自性而令人愉悦的品质。这符合安德烈的描述：争论中的这一类文人认为，人在做出审美判断时，依赖于各个不同的意见和趣味，而这些意见和趣味受到时代、地域、年龄、禀性、境遇、兴趣等因素的影响，因此其对错优劣是无须判别的①。比如，同一件艺术作品，在西班牙或意大利令人愉悦，但到了法国却可能普遍地令人不快；一位在外省受欢迎的诗人，到了巴黎却会遭到失败；在巴黎成功的诗人，到了宫廷却可能事业不顺……所有这些现象，都令人怀疑在审美中有任何固定的、绝对的标准②。一言以蔽之，美是人的主观意见，不可能存在绝对的标准。

　　按上述逻辑，美是不可谈的，或者说只能谈出些有关美的个体意见，无权期许普遍性的赞同。较之克鲁萨的书名"论美"，"谈美"③一题相对柔和，却同样以首字母大写的"美"（Beau）为论证对象："为了仅仅提出不可置疑的东西，我想说的是，在所有心灵里存在着一种美的观念；该观念亦被称作卓越、愉悦、完美；它向我们把美再现为一种卓越的品质，相对于其他品质，我们更加看重它，发乎内心地喜爱它。问题在于……它对所有专注的心灵而言都是显而易见的；这正是我提出的计划。"④

　　安德烈意图发现美的普遍规范，发现卓越、愉悦、完美的恒常性。就此动机而言，他站在客观主义和理性主义的美学立场，旨在反对审美上的相对主义或怀疑主义。在他看来，皮罗主义者看不到美的绝对性，是由于被无规范的流变之美遮蔽了眼睛。他努力在《谈美》中证明美

①　Yves Marie André, *Essai sur le Beau*, chez Hippolyte-Louis Guerin, & Jacques Guerin, Librai-res, rue S. Jacques, a S. Thomas Aquin, 1741, p. 40.

②　Ibid., pp. 137 – 139.

③　"essai sur le beau" 也可译为"美的随笔""美的漫谈""试论美"，等等。略带反讽的是，书题中的"随笔"（essai）一词，作为一种文体，始自大怀疑论者蒙田。

④　Yves Marie André, *Essai sur le Beau*, chez Hippolyte-Louis Guerin, & Jacques Guerin, Librai-res, rue S. Jacques, a S. Thomas Aquin, 1741, pp. 6 – 7.

的本质恒定地存在于审美的各个领域，而缺乏本质的流变之美只是比例极小的一部分现象。他要将这极小的一部分从主流中剔除，所以，分类法在安德烈这里不仅必要，而且重要。

三　美的分类法

分类法是 17 世纪至 18 世纪欧洲文人谈论美这个话题时被广泛使用的方法。安德烈的分类法的别致之处在于采用了两种分类方式的嵌合。他用以结构全书的观念是美的两分法。按照审美经验发生的处所，美被划分成两种类型。在身体里被察觉到的美，被称作"可感的美"（le beau sensible）；在心灵里被察觉到的美，被称作"可理解的美"（le beau intelligible）。不过，并非所有感觉都拥有认识美的特权。比如味觉、嗅觉、触觉，它们就像兽类那样仅仅寻求对自身而言善（有利）的东西，而不会费心去关注美。唯有视觉和听觉才拥有辨别美的能力，唯有可见的美和可听的美才被依照一种最高秩序建立起来①。

那么，是什么能够既在身体里，又在心灵里察觉到美呢？安德烈的回答是理性。理性通过专注于诸感官所传递的观念而察觉到可感的美，通过专注于纯粹心灵的观念而察觉到可理解的美。依塔塔尔凯维奇的看法，将辨别美的能力归于理性，是古典主义美学所特有的②。按此，安德烈探讨关于美的学问，必然不拘于对感性世界的探讨，而延伸至精神世界和超验领域，是一门理性主义—古典主义学说。

按此两分法，《谈美》一书有了这样的结构布局：除起首的一篇《告读者》（Avertissement）外，全书共分四章；第一章讨论可见的美，第四章讨论可听的美，主要是音乐美，它们组成可感的美；余下的第二章和第三章分别讨论道德美和心灵作品的美，也就是可理解的美。这也

① Yves Marie André, *Essai sur le Beau*, chez Hippolyte-Louis Guerin, & Jacques Guerin, Librai-res, rue S. Jacques, a S. Thomas Aquin, 1741, pp. 9 – 11.
② ［波兰］塔塔尔凯维奇：《西方六大美学观念史》，刘文潭译，上海译文出版社 2006 年版，第 144 页。

正是《谈美》一书的副标题向读者预告的内容："检验物理、道德、心灵作品及音乐里的美确切说来在于何处"。

安德烈尽管用美的两分法来结构全书，但作为《谈美》的原理性结构，则使用美的三分法。美被分作如下三种基本类型：本质美（Beau essentiel）、自然美（Beau naturel）、任意美（Beau arbitraire）。按安德烈的规定（此规定在《谈美》中被多次重申），美的三种类型的基本定义如下：本质美是一种必然的美，它不依赖于任何制度，包括神的制度；自然美依赖于造物主的意志，但不依赖于我们的意见和我们的趣味；任意美则依赖于我们的意见和趣味。这个定义着眼于美与制度（institution）的关系。这里的"制度"应在"秩序"（ordre）的意义上被理解。在安德烈看来，"美的基础往往是秩序"①，这在审美现象发生的每个处所概莫能外。比如在道德领域里，本质美的基础是本质秩序，自然美的基础是自然秩序，任意美的基础是世俗的和政治的秩序。

与此平行，各种类型的美（beaute）可分别追溯到不同的原初的美（Beau）之观念，这些观念总体上可分作如下三种：其一是纯粹心灵的一般观念，它们给我们提供美（Beau）的永恒规范；其二是灵魂的自然判断，在那里，心灵同纯粹精神性的观念混合在一处；其三是教育的或惯例的种种成见，它们有时候看起来是互相颠覆、互相拆台的②。这样就形成了美的三分法的两种划分依据：制度（秩序）和观念。它们在书中并行不悖，本应合一，也就是说，观念就是对制度的观念。

安德烈认定，这三种类型的美既存在于可感的美之中，也存在于可理解的美之中，所以，审美经验发生的每个处所里都具备这种三层式的美。两分法和三分法的关系可以这样理解：美的两分法是一个外部结构，美的三分法是一个内部结构；二者被紧密镶嵌，形成了安德烈的美

---

① Yves Marie André, *Essai sur le Beau*, chez Hippolyte-Louis Guerin, & Jacques Guerin, Libraires, rue S. Jacques, a S. Thomas Aquin, 1741, p. 69.

② Ibid., pp. v – vii.

学框架。比较而言，美的三分法是安德烈论证的主要目标。原因在于，这种分类方式着眼于美的源头（关于美的各种观念）以及与此相关的美的性质。如前所论，可见、可听之美以最高秩序为建立依据，安德烈试图表明，非止于此，对于无论何种类型的美而言，唯有以最高秩序为依据，才可能保持自身的恒定性。所以，从根本上讲，他要通过美的分类来展现一个与最高秩序之间的关联性结构，或者说递嬗性结构。

从本质美到任意美，自律性逐级降低，依赖性逐级增加。本质美的等级最高，其规范性最强，不受任何制度的决定。这种超制度的极端自律性，意味着它其实就是最高制度或者说最高秩序本身。既然本质美不依赖于上帝的意旨，那么它就与上帝平级，或者干脆就是上帝的代名词①。它表示美的绝对性，是各种类型的美的总依据。对可见之物来说，本质美也称几何美（Beau geometrique）。依据本质美的观念形成"造物主的艺术"（l'art du Createur），这种艺术是至高无上的，"为自然妙物提供所有模范"②。在心灵作品里，本质美表现为真、秩序、诚实、得体。这些品质特征不会遭到好趣味的否认，是本质的、永恒的，是心灵作品之美的基础。在音乐中，本质美是一种比我们所听到的声音之悦耳更加纯粹的快适，这是一种并非感官对象的美，它感染心灵，唯有心灵能够觉察它和判断它③。

需要注意的是，"本质美"指的并非存在于本质里的美，"自然美"同样不可能指存在于自然世界的事物之美。安德烈采用的皆是形容词性的"本质""自然"来修饰中心词"美"。既然如前所述，美的两分法（及其扩展性的四分法）的分类依据是审美现象发生的处所，那么，美的三分法不可能以处所为依据。准确来说，"自然美"指的是一种居间状态的秩序，它介乎上帝的意志和人的意志之间，从上帝视角看起来是

---

① 这是克朗茨的看法（Voir Emile Krantz, *Essai sur l'esthétique de Descartes*, p. 320）。

② Yves Marie André, *Essai sur le Beau*, chez Hippolyte-Louis Guerin, & Jacques Guerin, Librai-res, rue S. Jacques, a S. Thomas Aquin, 1741, pp. 22 – 23.

③ Ibid., p. 247.

受造物，从人类视角看起来则仿佛是自然而然的，不以主观的意见和趣味为转移。所以，说自然美由造物主的意志决定，与说它以本质美为基础，意思上并没有差别。按塔塔尔凯维奇的理解，从本质美到自然美，等于是从美的抽象原则到该原则的具体形式①。本质美与自然美之间绝对不容混淆，用安德烈自己的话来说，二者之间"有天壤之别"② ——从神学角度看，这里并未使用比喻。

唯有明确了自然美中的"自然"并非表示处所，才能够理解这种美何以能够存在于精神世界，比如道德品质和心灵作品。安德烈说，在道德世界里，存在着一种自然感觉秩序，规范着我们与其他血脉相连的人的情感，这种自然秩序构成全部人类自然的一般法则，对它的遵从则形成自然的道德美③。心灵作品的自然美在于肖似自然，它也有三个子类：图像里的美、感觉里的美、运动里的美。需要指出的是，图像里的美并非一幅可见的图像的美（那样的话就属于可见之美了），而是心灵作品的形象化能力，也就是达到一种如在目前的阅读体验（安德烈在此意义上引用"一切作者皆画家"这句话④）。

本质美与自然美尽管泾渭有别，却丝丝相扣、毫无背离，二者之间是彻底的决定与被决定关系。换言之，美的本质在这两个等级之间的传递不会出现实质性的耗损。然而，当美的本质传递到任意美这一层，情况就发生了变化，出现了"人"这一干扰项。任意美存在于人身上，是从人的自然属性推演而来的，安德烈也称其为"人工美"（Beau artifitiel）。后一种命名方式与"自然美"对称，令人联想到杜博（DuBos）的概念"人工激情"，它们都着眼于人工与自然的关系。人的造

---

① Tatarkiewicz, *History of Aesthetics*, Vol. III, *Modern Aesthetics*, trans. Chester A. Kisiel and John F. Besemeres, ed. D. Petsch, The Hague: Mouton and Warsaw: PWN-polish Scientific Publishers, 1974, p. 430.

② Yves Marie André, *Essai sur le Beau*, chez Hippolyte-Louis Guerin, & Jacques Guerin, Libraires, rue S. Jacques, a S. Thomas Aquin, 1741, pp. 22 – 23.

③ Ibid. , pp. 106 – 109.

④ Ibid. , p. 154.

物在等级上低于神的造物，故而人工低于自然。自然美与任意美的关系可以参考光和绘画的关系，它们在可见之美上被安德烈用作例证。按他的意思，光是颜色的主宰，绘画是人类利用颜色生产的作品；光决定颜色的生死[1]，对颜色的运用取决于人的主观意识和能力。总之，人工美是以人类尺度为基础的美，是主观的、相对的、处于变动中的，所以规范性最弱。

安德烈不是第一个提出"任意美"的概念的人。在 17 世纪末，克劳德·佩罗已提出过"任意美"与"令人信服的美"（beaute convaincante）两种类型[2]，这有可能被安德烈参考过。不过，佩罗的分类更强调不同类型的美的区别性特征，安德烈的分类则既有区分又有联系，即侧重于突出不同类型的美的相互交融和孕育关系。我们在后文会再回到这一点。

关键在于，任意美是否完全无法作为美的学问的研究对象呢？并非如此。安德烈指出，任意美的任意性既是与本质美和自然美相对照来说的，也是就一定程度而言的。按其任意程度之不同，在任意美之下，安德烈又划分出三个子类：天才之美（Beau de genie）、趣味之美（Beau de gout）、纯粹一时兴致之美（Beau de pur caprice）。"天才之美建基于对本质美的一种认识，它非常广阔，可以形成一个应用一般规范的特殊体系；我们在艺术上承认趣味之美，它建基于对自然美的清晰感觉，我们可以在谦虚适度的种种限制下容许时尚潮流中的趣味之美；最后是纯粹一时兴致之美，它并不建基于任何纯粹的东西，在任何地方都不该被容许……"[3]

---

① 安德烈指出，光的"在场催生颜色。它的接近激活颜色"，"它的缺席令颜色死亡"；"光美化一切。它与黑暗正相反，后者丑化一切，把一切包裹起来"。（Yves Marie André, *Essai sur le Beau*, p. 28）

② ［波兰］塔塔尔凯维奇：《西方六大美学观念史》，刘文潭译，上海译文出版社 2006 年版，第 145 页。

③ Yves Marie André, *Essai sur le Beau*, chez Hippolyte-Louis Guerin, & Jacques Guerin, Libraires, rue S. Jacques, a S. Thomas Aquin, 1741, pp. 61 - 62.

安德烈以建筑为例来说明天才之美和趣味之美何以拥有规范性。建筑拥有两类规范，一类基于几何学原理（即本质美的别称"几何美"），它绝对不容违背，不是建筑师个体眼光选择的结果；另一类基于特定的观察发现（"对自然美的清晰感觉"）。前一类规范是一成不变的，比如，支撑建筑物的柱子要垂直，各楼层要平行，相互呼应的部分之间要对称等，尤其要一望即知其统一性。后一类规范则有所不同，比如建筑师基于自己对自然的观察心得以及对大师作品的揣摩，受当时的惯例、成规、风尚的影响，就会采用不同的柱式，让柱高与底面直径之间呈现不同的比例。这两类规范分别属于天才之美和趣味之美。对后一种的论述与前述克劳德·佩罗的看法接近，但安德烈通过趣味美—自然美—本质美这样一种层层传递，保证了趣味美的基础与规范，避免了佩罗式的主观主义倾向。

因此，唯有纯粹一时兴致之美是彻底"任意"的，它脱离了美的本质，彻底缺乏基本的规范性，它被安德烈干脆地逐出了美的"理想国"。安德烈所谓的皮罗主义者被纯粹一时兴致之美的流变特征遮蔽了眼睛，误以为那是美的世界的全貌。本质美、自然美，以及任意美中的天才之美和趣味之美都拥有恒定的本质，故此，一门关于美的学问是可能的。

在18世纪，安德烈不是第一个使用美的三分法的人。在他之前，至少有两位英国人曾把美分成三个等级来讨论。1711年时，夏夫兹博里认为，最低等级的美是"死的形式"，高于它的是"赋形的形式"，最高等级的美既为纯粹形式赋形，也为赋形的形式赋形，因此被称作"美的原理、根源和基础"[1]。1738年，哈奇生也提出一套三等级说：最高的美是原初美或绝对美，第二等级是公理的美，第三等级是相对的美或比较的美。相对美"通常被视作对某个原初美的模仿"[2]。这两种三

---

[1]   ［美］彼得·基维主编：《美学指南》，彭锋等译，南京大学出版社2008年版，第13页。
[2]   同上书，第20页。

分法同样展现出一种自上而下完美性逐级递减、依赖性逐渐增强的美的层级。安德烈的三分法与它们具有显而易见的相似,很可能受其启发。他自觉吸取了夏夫兹博里和哈奇生分类法的一个共性,即不止于展现各等级之间泾渭分明的区别与对立,而更加突出它们的传递、孕育关系。

若说安德烈版本相对于前人有所改进,那么其优势应该体现在如下三点上:首先,三种美的命名更加简洁、直接、对称;其次,它拥有一个(在当时的宗教氛围看来)相对可靠的神学依据和起点(本质美);最后,最重要的是,它与美的两分法嵌合在一起,便于展现审美现象的处所与性质之间更加复杂而立体的关系结构。

四 美在统一

按塔塔尔凯维奇的界定,美学上的客观主义与主观主义之区别在于:当我们称一物为"美的"之时,是将其原有的性质归于它,还是将其原来没有的性质归于它。前者为客观主义,后者为主观主义①。就此看来,对安德烈而言,确立美的固有性质,是其论证中最为关键的一步。从他的美的三分法的思路来看,美的固有性质也就是本质美的内容;他所要做的是先确立什么是本质美或者说美的本质,然后证明在次级的美当中存在这样的内容,换言之,他必须证明在看似不规范的诸艺术实践中存在着美的形而上学(metaphysique du beau)的规范性,并以此规范性为实质内核。

但这样还不够。安德烈指出,要想从规范性的美的形而上学下降到不规范的诸艺术实践,就不仅仅要证明美的规范之存在,还要发现美的规范之原因。为了发现这个终极原因,这位神父自觉地站到柏拉图—圣奥古斯丁传统中,视他们为这条道路上的先驱。不过,安德烈对柏拉图的论美篇章并不满意。他认为,《大希庇阿斯篇》实际上最终证明了美

---

① [波兰]塔塔尔凯维奇:《西方六大美学观念史》,刘文潭译,上海译文出版社 2006 年版,第 203 页。

并不存在，而《斐德若篇》也并没有真正以美为主题；更重要的是，这两篇对话的视角是修辞学家而非哲学家。基于这些原因，他放弃了对柏拉图的参考。不过，就像研究者们所指出的那样，从安德烈的美的三分法的设置思路来看，其柏拉图主义流溢说的色彩还是很明显的。

作为詹森主义的实际拥护者，安德烈对圣奥古斯丁的看重并不令人意外。不过需要注意的是，在讨论美的问题时，安德烈所看重的并非作为神学家的圣奥古斯丁，而是作为哲学家的圣奥古斯丁。圣奥古斯丁早年曾经撰写过一本关于美之本性的多卷本著作《论美与适当》，后来在其《忏悔录》中自述该书已经佚失。安德烈认为，圣奥古斯丁在《论真正的宗教》（De vera Relig）一书中阐发了亡佚之作的相近主张。该书带领读者从诸艺术的可见美上升到作为规范的本质美，其分析"给现代哲学带来荣耀"[1]。这表明，安德烈自己在谈美时所选择的也是一条哲学进路，而非神学进路，或者说主要不以解决神学问题为诉求。另外，安德烈的两种分类法应该同样（或主要）受到过圣奥古斯丁的可见美—本质美这一两分法的启发。

那么，圣奥古斯丁那里的"本质美"指的是什么呢？在《论真正的宗教》里，奥古斯丁使用了一个建筑学的例子，被安德烈转述在《谈美》第一章里[2]。他用一连串苏格拉底式的提问，使得"美在统一"的论断逐渐浮出水面——假如询问一位建筑师，在建筑一翼搭盖拱廊后，为何要在另一翼盖一同样的拱廊？建筑师会回答说，是为了让建筑各部分对称为一个整体。那为何对称对建筑而言是必要的呢？回答是它令人愉悦。您是从何得知对称令人愉悦的？回答：这一点我确信，因为照那样安置的事物会体面、恰当、优美，一句话，因为那样是美的。但请告诉我，它是因愉悦才美，还是因美才愉悦呢？回答是因美才愉悦。

---

① 　Yves Marie André, *Essai sur le Beau*, chez Hippolyte-Louis Guerin, & Jacques Guerin, Librai-res, rue S. Jacques, a S. Thomas Aquin, 1741, p. 18.

② 　Ibid. , pp. 18 - 20.

但还是要发问：为何那样会是美的？提问者耐心地说道，在您的艺术里，大师们事实上不曾触及这样的问题，所以我的问题可能令您不舒服，那么，您至少会同意这一点：您的建筑物的各部分的相似、平等、相配，这将一切化约到一种统一性（unite），它令理性满意。这才是我想要表达的意思。

从这个例子出发，圣奥古斯丁进一步指出：统一性是不容违背的法则，建筑物要想是美的，就必须模仿这种统一性；尽管我们从某些可见的形体上窥见统一性，但真正的统一性并不存在于可无限分解下去的形体之中；任何尘世的东西皆无法完美地模仿，因为它们无法成为完美的"一"；所以必须认识到，在我们的心灵之上存在着某种原初的、至高的、永恒的、完美的统一性，它就是艺术实践所寻觅的美的本质性规范①。按这种解释，"美在统一"其实是模仿说的一个版本；统一性也就是仅存于上帝身上的完美性；发现事物身上的统一性，也就是在不完美的事物身上发现上帝之完美的影子。

这就是上文所说的美的三分法的神学依据和起点。不过仍需指出的是，这个"美在统一"原则对安德烈而言并不是对上帝之存在的一个证明。如前所述，他所看重的是圣奥古斯丁的哲学进路而非神学进路，或者说，上帝仅只作为神学依据或总源头存在②。这个策略是笛卡尔式的，即把上帝作为可靠的第一动力，而在余下的论证中不再仰赖于它。所以，与其说"美在统一"旨在回答"美为何在于统一"，倒不如说它所针对的是这个问题：从本质美到自然美、任意美，这种传递如何可能？换言之，这条统一性原则的提出，着眼于为美的三分法的内在连贯

---

① Yves Marie André, *Essai sur le Beau*, chez Hippolyte-Louis Guerin, & Jacques Guerin, Librai-res, rue S. Jacques, a S. Thomas Aquin, 1741, pp. 20 – 21.

② 狄德罗对安德烈的《谈美》推崇备至，认为其唯一不足之处在于没有给出我们内心对比例、秩序、对称这些概念的根源，并从论述中难以看出这些概念是先天具有还是后天获得的（［法］狄德罗：《关于美的根源及其本质的哲学探讨》，张冠尧、桂裕芳译，载《狄德罗美学论文选》，人民文学出版社 2008 年版，第 20 页）。然而，从上帝作为各式美的总源头来看，安德烈实际上明确给出了这些概念的根源，即上帝。

性奠立基础。

明确了这一点，也就可以进而推知，"统一"作为一条美的原则，必然包容其他本质性的原则，至少应与它们并行不悖。可见之物的几何之美，如对称、均衡、比例适当等，心灵作品之真、秩序、诚实、得体等，这些被古典主义者视作永恒不变的法则，都可以被涵盖到"统一"这条总原则之下。于是，"美在统一"在《谈美》中是作为一条最基础的原则被提出的。在每一章里，安德烈都要一再强调这里涉及的审美领域服从于这一原则，并且不断以各种方式重申圣奥古斯丁的这句话——"统一性是所有类型的美（Beau）的真正形式"（Omnis porro pulchritudinis forma unitas est）①。

在可见之美中，拥有统一性的可见之物更均匀、更齐整，也就更美。安德烈表示，说一幅图像更美，意思是在它上面更可感到统一性②。不过，统一性并不意味着同质性。安德烈在绘画大师的作品里发现，那里存在着友好的颜色（couleurs amies）和敌对的颜色（couleurs ennemies）。前者看起来是互相美化的；后者彼此妒忌对方的美，显得互相躲避，似乎担心被这场竞争消抹或掩盖。不过他同时又发现，以下这种友好的颜色是不存在的：它们在共同基底上被组配起来，不需要其他中间色将彼此分开，从而使它们的统一显得太生硬；也不存在如下这种敌对的颜色：我们无法用其他中介，就像共同的朋友那样，将它们调和在一起③。这是天才之美参透本质美的真意，并将真正的统一性动态地运用在画面上的例子。在音乐之美中，统一性的必要性更加明显，因

---

① Yves Marie André, *Essai sur le Beau*, chez Hippolyte-Louis Guerin, & Jacques Guerin, Libraires, rue S. Jacques, a S. Thomas Aquin, 1741, pp. 22, 111, 123, 188, 282.

② Ibid., p. 32.

③ Ibid., p. 36. 他还在书中引用菲力比安在《画家的对话》中的话，以此阐明人们对绘画的评判必然以统一性为标准："它们希望在布置得当的光与影中间，人们在一幅画上看到真正的自然的染色：经过细心观察会发现，那里的色块之间的这种友好，这种一致性：人们灵巧地搭配椅子与帷幔，帷幔与帷幔，帷幔间的人们，风景，远方，这眼中的一切如此艺术性地关联起来，画面看起来是用同一套调色板画就的。"（Yves Marie André, *Essai sur le Beau*, chez Hippolyte-Louis Guerin, & Jacques Guerin, Libraires, rue S. Jacques, a S. Thomas Aquin, 1741, pp. 37 – 38.）

为"音乐的本义，乃是和谐的声音及其一致性的科学"①。在音乐当中，即便是任意美，也总是依赖于永恒的和谐法则。

人的道德的真正的美在于适宜，即让一切成为一体；不适宜的冲突则给人带来不快感②。比如，当高个子低身俯就矮个子时，我们觉得他的礼貌很迷人，因为这种礼貌见证了自然的统一性。相反地，当一些出身平民的新贵族举止倨傲，自以为跻身半神之列时，就会遭人鄙视，因为它们否认了人种的一致性。人们向军人的牺牲致敬，因为军人以自身的死亡保全共同体的存续。相反地，人们谴责暴政的君主，因为他们荼毒他人而保全自己的生命③。

在心灵作品之美中，统一性是一个文体学问题。它指的是心灵作品应当是一个关联的、连续的、有活力的、站得住脚的作品，其中并无任何打断其统一性的题外话④。他援引贺拉斯的箴言道："各组成部分的关联之统一性，样式（style）与所涉题材之间的比例的统一性，谈话者、所谈内容与语调之间在礼法上的统一性"，并表示贺拉斯的这句箴言也是自然的箴言⑤。样式之美在于令文章显得出于同一人手笔，和谐一致，浑然一体。

总而言之，"美在统一"是一条理性主义美学原则。美的事物之所以能够令人愉悦，在根本上是由于其统一性令理性满意：理性因事物身上的统一性而得以施展自身的把握能力，事物也因统一性而成为合理性的。这个立场的直接结果是对感性和想象的贬抑。一方面，人的感官与事物的可感性质，在这条原则下被放在相对次要的位置上。就像保尔·居伊说的那样，对安德烈而言，颜色仅仅是可见之美的一个附加性的愉

---

① Yves Marie André, *Essai sur le Beau*, chez Hippolyte-Louis Guerin, & Jacques Guerin, Librai-res, rue S. Jacques, a S. Thomas Aquin, 1741, p. 210.

② Ibid., p. 116.

③ Ibid., pp. 120 – 123.

④ Ibid., p. 202.

⑤ Ibid., p. 289.

悦之源①。另一方面，安德烈尽管承认想象同理性一样是一种能力，但需用适宜、适度等理性原则去约束它。

五 结论与评价

以上是安德烈美学的基本内容和核心主张。《谈美》架构整齐、匀称，行文简洁、朴素，自有一种数学之美。其美的分类法借鉴了诸多先前的资源并用新的思路加以改进，突出了美的本质在各等级之间的可传递性，尽管常被后人批评为如数学公式一般生硬、机械，但在当时仍不失创意和优势。克朗茨正是在这一点上肯定了安德烈的贡献。在他看来，《谈美》问世之前，美往往被解释为上帝的一个属性，如同善、真一样，但问题在于，在上帝的属性与一件艺术作品的审美价值之由来之间，也就是精神与物质之间，其关联尚不明显。可感之美是我们唯一能够把握的东西，我们何以能够设想一种不可感的美？故而，"把美定义为上帝的一个属性，就等于把美学的难题弃之不顾了"。《谈美》恰恰直面了这个难题，并作出了可贵的尝试，这种尝试具体说来就在于持续不断地努力在精神性的和绝对的美、艺术所创造的各种不同程度的美以及技艺所实现的低层次美之间建立起一种传递关系。② 总体而言，作为启蒙时期理性主义美学的一个典型标本，《谈美》的美学观念有如下三个特征：

其一是客观性。安德烈认为美是事物的客观属性，不应当因人的主观因素而更改其恒常性。这里的客观性并非仅就客体本身的性质而言，也指论述者的旁观视角。就像安妮·贝克指出的那样，安德烈的《谈美》同克鲁萨的《论美》一样，都是采取旁观视角，几乎不怎么分析在艺术家那里所发生的情况。③ 不仅如此，《谈美》也极少言及欣赏者的心理活

---

① Paul Guyer, *A History of Modern Aesthetics*, Vol. I, Cambridge University Press, 2014, p. 250.

② Emile Krantz, *Essai sur l'esthétique de Descartes*, Paris: Librairie germer bailliere et Cie, 1974, pp. 315 – 316.

③ Annie Becq, *Genèse de l'esthétique française moderne* 1680—1814, Paris: Editions Albin Michel, 1994, p. 416.

动。这显著区别于之前的克鲁萨、杜博，之后的巴托、孟德斯鸠等人，在 18 世纪中期欧洲注重审美现象的心理经验分析的整体趋势里显得非常特别。就此而言，它难以面对读者对于审美心理过程的进一步追问。

其二是封闭性。安德烈坚定地将美认作一个形而上的赋予，视统一性为不证自明、人皆赞同的审美标准。这样一种不由分说的立论方式，被狄德罗批评为"演说味道远较论理味道浓厚"①。美的分类法与"美在统一"原则是一体两面，构成一个密不透风的论美系统。低等级的美必须以高等级的美为依据，统一性作为终极依据或美的本质，是审美愉悦的源头，也是上帝的代称，展现出一种静态的确定性，并在此确定性的保障之下绕开了那些流变的审美风尚或趣味问题，而我们知道，流变之美所带来的难题才是 18 世纪欧洲美学层层进展的推助力。安德烈回避了困难，也止步于自己的确定答案。

其三是等级性。安德烈认为，在每一个美的领域，都恰好存在相同的三个等级的美。这种公式般齐整的结构，令人怀疑它并未触及审美现象真正的复杂性和深度。另外，从审美社会学上看，美的等级性观念关联于社会的等级观念。在以天主教为国教、由国王掌握绝对权力的法国社会里，美的等级性天然地较易被接受，好的趣味一般也被视同于较高等级阶层的趣味。不过，不出四十年，大革命的烈火就会将平等观念送向全欧洲。届时，美的等级性连同古典主义趣味标准都将面临挑战。

确实，无论我们如何肯定安德烈《谈美》的美学贡献，都无法否认的是，在趣味主义越来越深入人心的 18 世纪前半期，《谈美》更像是一个故去时代的背影，展现出启蒙时期美学保守的一面②。

---

① ［法］狄德罗：《关于美的根源及其本质的哲学探讨》，张冠尧、桂裕芳译，载《狄德罗美学论文选》，人民文学出版社 2008 年版，第 20 页。

② 保尔·居伊尖锐地批评它为"死不悔改的柏拉图主义或奥古斯丁主义"（Paul Guyer, *A History of Modern Aesthetics*, Vol. I, Cambridge University Press, 2014, p. 261），这似乎太过苛责古人了，其中所展露的美学上的进化主义立场亦不可取。

中国美学专题

《大学》及其美学蕴含发覆

袁济喜[*]

摘　要：《大学》是《礼记》的重要篇章，亦是四书之一，其以三纲领与八条目为核心内容，具有深厚的美学蕴含。缘于中国美学与人格道德之密切关系，《大学》的美学蕴含可以从礼乐教化的层面加以发覆。《大学》中的"格物"之说与审美感知具有紧密联系，与魏晋六朝文论中的"体物"概念亦有相通之处。"诚"作为儒家道德思想的重要概念，进入中国美学与文艺批评领域，成为重要的范畴与术语，具有本体论的意义，这是《大学》对于中国美学的重要贡献。发覆《大学》的美学蕴含，对于体认古代经典的人文蕴含具有一定的启示意义。

关键词：《大学》；审美范畴；格物；诚

中国古代的经典，人文蕴含极深。这种人文蕴含，有许多尚未形成明显的范畴与术语，但是涵养面极广，需要我们的发覆。儒家经典《大学》的美学蕴含，还远未得到开掘，本文拟作初步的探讨，以冀得到方正。

在儒家经书中，《大学》与《中庸》是《礼记》中的重要篇章，与《论语》《孟子》被列为四书，自宋代大儒朱熹之后，成为儒家的经典

---

* 袁济喜，中国人民大学国学院教授、博士生导师，从事中国古代文论与中国美学史研究。

代表。然而，这篇经典与《中庸》一样，因为文字古奥，意思深晦，语焉不详，历来引起不同的解说。首先是其著作权问题一直存在争议，主要有两种意见，一种以朱熹为代表，认为它是孔子嫡孙子思与孟子一派的作品，一种则认为它是西汉时期的儒生所作。这两种意见，不仅涉及《大学》的著作年代，而且也关乎这篇文章的阐释立场。

笔者认为，对于这类年代久远、语焉不详的篇章，正如同对待历史上同样古远的篇章一样，除了从字词内容去解说外，最好还是兼顾当时的时代背景，只有从历史的特定情境去分析，才能得出较为确当的结论。而多年来对于《大学》的解说，由于受到理学思想的制约，执迷于内证，对于一些概念的分析未能跳出心性之学的路数，故而不得要领。

一

《大学》作为《礼记》之一章，总共两千多字，而且可能存在缺失，因此，从字面上来说，难免见仁见智，然而其思想路径还是大略可知的，这就是后人所总结的以三纲领、八条目为核心的内容，至于彼此之间的关系，可以细加寻绎。这一章体现出秦汉文章的特点，开章明义、气势恢宏、不事藻饰：

> 大学之道，在明明德，在亲民，在止于至善。知止而后有定，定而后能静，静而后能安，安而后能虑，虑而后能得。物有本末，事有终始，知所先后，则近道矣。古之欲明明德于天下者，先治其国；欲治其国者，先齐其家；欲齐其家者，先修其身；欲修其身者，先正其心；欲正其心者，先诚其意；欲诚其意者，先致其知。致知在格物，物格而后知至，知至而后意诚，意诚而后心正，心正而后身修，身修而后家齐，家齐而后国治，国治而后天下平。自天子以至于庶人，壹是皆以修身为本。其本乱而末治者，否矣。其所厚者薄，而其所薄者厚，未之有也。此谓知本，此谓知之至也。

这一大段从思想内容来说，可关注的有这样三个方面的问题：首先，它提出大学之道，即修身之道的最重要途径，在明明德、亲民、止于至善这样三个方面。明明德，即强调通过自我努力，达到道德的自我完善；亲民，即推己及人，老吾老以及人之老，幼吾幼以及人之幼，抚爱他人；止于至善，即通过尽己与推己，达到人格修养的理想境界，也就是君子之境，孔孟对于此种道德境界，多有阐说，如孔子说兴于诗、立于礼、成于乐，孟子所谓美大圣神的人格境界。这样一种由内而外、推己及人的人生与道德成长途径，正是秦汉时期儒家的人生理想。而中国古代美学与人格的关联，在这里得到最明显的彰显与表达。

其次，这一段话提出了"知止而后有定"的观点，止是一种道德境界，而定则是精神家园，即将道德修养与精神家园的构建相结合。精神家园的概念本是西方宗教学意义上的概念，西方强调基督教对于人的灵魂皈依的精神家园意义，认为人的精神归宿与灵魂皈依只有在宗教世界的天国中才能获得栖身，而中国古代文化则认为，人的精神世界唯有在道德境界中才能获得栖息，这就是知止而后有定，所谓"定"的概念，正如后来佛教所说的入定，是一种思想与精神的寄托与信仰的营构。① 而《大学》中所有的论述，最终目的还是要解决知止而后有定的问题，而这种精神家园的寻绎与构建，与文学审美世界的最终目标是相通的，正如林语堂的《中国人》这本书所说：中国人在文学的审美世界中找到了他们的精神家园② 。至于《大学》的作者为何首次提出"知止而后有定"的观点，这是与秦汉时期的思想建设相关的，本文在后面还要论及。

---

① 例如，苏东坡受佛教影响而写下的《定风波》："三月七日，沙湖道中遇雨。雨具先去，同行皆狼狈，余独不觉，已而遂晴，故作此词。莫听穿林打叶声，何妨吟啸且徐行。竹杖芒鞋轻胜马，谁怕？一蓑烟雨任平生。料峭春风吹酒醒，微冷，山头斜照却相迎。回首向来萧瑟处，归去，也无风雨也无晴。"

② 林语堂说："应该把诗歌称作中国人的宗教。我几乎认为，假如没有诗歌——生活习惯的诗和可见于文字的诗——中国人就无法幸存至今。"见林语堂《中国人》，郝志东、沈益洪译，浙江人民出版社1988年版，第211—212页。

　　最后，也就是最富有创新价值的，它提出了八条目的问题，即格物、致知、诚意、正心、修身、齐家、治国、平天下的顺序。关于这八条目的具体解释各有不同，但大体的意思是指由内及外的人格修养与人生成长的过程，它与孟子论人格之美的六个层面可以互相比对，有异曲同工之妙。关于这些思想的归属，有的认为是纯粹的心性之学，即道德的形而上学，有的则归结为政治哲学，并非所谓心性之学①。我们认为，《大学》的这种内圣外王的思想路径，体现出将道德哲学与政治哲学完美融合起来的路数，也是秦汉时期儒学最富有创新价值的智慧。能够在人类文明史上，将道德与政治完美结合起来的，也只有以《大学》为代表的儒家思想了。而中国美学，其指向与人格道德密不可分，因而《大学》的这八条目，也就与中国美学的范畴直接相关。

　　《大学》的作者将三纲领与八条目这些具体的做法最后归结为修身，并且明确提出本末的概念：

　　　　自天子以至于庶人，壹是皆以修身为本。其本乱而末治者否矣，其所厚者薄而其所薄者厚，未之有也。此谓知本，此谓知之至也。

　　这又是一个极具创新意义的思想概念。在荀子思想中，有一篇《修身》的文章，但只是一般地谈论以礼义来约束自我，而没有上升到本末关系上来论证，而《大学》提出自天子至于庶人，以修身为本，这显然是站在大一统封建专制王朝的视野来论述的，同时强调修身为本，本立而道生，而"知本"则是认识的最高层面，末有本乱而治至者。

　　显而易见，这是一种总结前代历史经验基础之上的反省。在孔门思想中，明确提出过君子务本、本立而道生的思想。《论语》记载："有

① 任继愈主编：《中国哲学发展史·秦汉卷》，人民出版社1985年版，第220页。

子曰：其为人也孝弟，而好犯上者，鲜矣。不好犯上，而好作乱者，未之有也。君子务本，本立而道生。"孔颖达疏曰："言孝弟之人，性必恭顺，故好欲犯其上者少也。既不好犯上，而好欲作乱为悖逆之行者，必无，故云'未之有'也。是故君子务修孝弟，以为道之基本。基本既立，而后道德生焉。恐人未知其本何谓，故又言：'孝弟也者，其为仁之本欤？'。"①《大学》的作者援孔子弟子有子的思想，用来说明修身乃立人之本，而这个根本则是八条目。而修身的指归则是协和宗法专制社会的各个阶层的关系，巩固与完善这个社会。与《大学》同时代产生的《中庸》中对这一点有进一步的说明："凡为天下国家有九经，曰：修身也，尊贤也，亲亲也，敬大臣也，体群臣也，子庶民也，来百工也，柔远人也，怀诸侯也。修身则道立，尊贤则不惑，亲亲则诸父昆弟不怨，敬大臣则不眩，体群臣则士之报礼重，子庶民则百姓劝，来百工则财用足，柔远人则四方归之，怀诸侯则天下畏之。"可见，修身是基础，目的是指向齐家治国平天下，实现所谓的内圣外王。

《大学》中的这个思想，显然是鉴于秦汉易代之后，汉代思想家对于秦朝二世而亡经验教训的总结，也是对于伦理纲常的重构。我们将这些抽象的话语置于西汉前期与中期的政治家与思想家的对话中，便可以清晰地看到这些思想意识的产生并非偶然，而是在当时整个大的时代与思想环境中形成的共识。秦朝采纳法家的思想与政治主张，笃信严刑峻法，以此来统治人民，而对于儒家的仁义之治与道德思想，弃置不顾。法家将人与人之间的关系视为纯粹的利害关系，认为人性都是自私与邪恶的，维系人与人之间的关系纯粹是利害关系，即利益关系，没有什么超越利害的仁义道德因素的存在。因此，秦朝采纳法家思想来治国，自然也就强调法律的无情与暴力的功能。最终造成人与人之间道德链条的断裂与法制的毁坏，残酷的压迫也造成人民走投无路，铤而走险。西汉初期的贾谊在其政论文章中，对于秦朝二

---

① （清）阮元校刻：《十三经注疏五·论语注疏》，中华书局 2009 年版，第 5335 页。

世而亡的原因进行了反思，他指出：

> 商君遗礼义，弃仁恩，并心于进取，行之二岁，秦俗日败。故
> 秦人家富子壮则出分，家贫子壮则出赘。借父耰锄，虑有德色；母
> 取箕帚，立而谇语。抱哺其子，与公并倨；妇姑不相说，则反唇而
> 相稽。其慈子耆利，不同禽兽者亡几耳。然并心而赴时，犹曰蹶六
> 国，兼天下。功成求得矣，终不知反廉愧之节，仁义之厚。信并兼
> 之法，遂进取之业，天下大败；众掩寡，智欺愚，勇威怯，壮陵
> 衰，其乱至矣。是以大贤起之，威震海内，德从天下。①

贾谊指出，秦朝采用商鞅与韩非的思想治国，这种思想的特点是弃
仁恩，求进取，为达目的而不择手段，影响到家庭关系便是父子异财，
妇姑勃溪，人与人之间的关系变成利害交争，"且父母之于子也，产男
则相贺，产女则杀之。此俱出父母之怀衽，然男子受贺，女子杀之者，
虑其后便、计之长利也。故父母之于子也，犹用计算之心以相待也，而
况无父子之泽乎！"② 至于个体的修身则根本谈不上。韩非讽刺这种修
身齐家是虚伪无益之举。贾谊认为，如果在兼并战争中不得已采用这些
极端功利主义的政策犹可理解，那么秦朝在取得天下后，"终不知反廉
愧之节，仁义之厚"，最后造成天下大乱，导致秦末义士揭竿而起，风
起云涌。贾谊痛心疾首地指出：

> 曩之为秦者，今转而为汉矣。然其遗风馀俗，犹尚未改。今世
> 以侈靡相竞，而上亡制度，弃礼谊，捐廉耻，日甚，可谓月异而岁
> 不同矣。逐利不耳，虑非顾行也，今其甚者，杀父兄矣。盗者剟寝
> 户之帘，搴两庙之器，白昼大都之中剟吏而夺之金。矫伪者出几十

---

① （东汉）班固撰，（唐）颜师古注：《汉书》，中华书局 1962 年版，第 2244 页。
② 张觉：《韩非子校疏》，上海古籍出版社 2010 年版，第 1129 页。

万石粟，赋六百余万钱，乘传而行郡国，此其亡行义之先至者也。
而大臣特以薄书不报，期会之间，以为大故。至于俗流失，世坏
败，因恬而不知怪，虑不动于耳目，以为是适然耳。夫移风易俗，
使天下回心而乡道，类非俗吏之所能为也。俗吏之所务，在于刀笔
筐箧，而不知大体，陛下又不自忧，窃为陛下惜之。①

贾谊在这里直言不讳地指责西汉文帝时的社会风气与秦朝有相似之
处，表现为弃礼义、无廉耻，而有司对此装聋作哑，视而不见，贾谊为
此痛心疾首地劝汉文帝移风易俗，不要麻木不仁。移风易俗的重要途
径，便是包括审美在内的礼乐体系的再建。

贾谊这种移风易俗的建议，到了武帝时董仲舒上书时，就更为具体
了。汉武帝时虽然号称独尊儒术，实际上采用的是儒法并治的手段，急
功近利是很明显的，因而与文景之治相比，功利性更强，董仲舒对此痛
心疾首。他批评：

自古以来，未尝有以乱济乱，大败天下之民如秦者也。其遗毒
馀烈，至今未灭，使习俗薄恶，人民嚣顽，抵冒殊捍，孰烂如此之
甚者也。孔子曰："腐朽之木不可雕也，粪土之墙不可圬也。"今
汉继秦之后，如朽木粪墙矣，虽欲善治之，亡可奈何。法出而奸
生，令下而诈起，如以汤止沸，抱薪救火，愈甚亡益也。②

从董仲舒给汉武帝的上书中，我们可以看到西汉初期的教化形势
十分严峻。秦朝的弃仁恩、重实利的风气于今为烈，"习俗薄恶，人
民嚣顽"，所谓朽木不可雕。而引正这种风气的要径则是弘扬儒学中
的修身仁义之学，移风易俗，董仲舒在著名的《上汉武帝天人三策》

---

① （东汉）班固撰，（唐）颜师古注：《汉书》，中华书局 1962 年版，第 2244—2245 页。
② 同上书，第 2504 页。

的第三策中指出：

> 天令之谓命，命非圣人不行；质朴之谓性，性非教化不成；人欲之谓情，情非度制不节。是故王者上谨于承天意，以顺命也；下务明教化民，以成性也；正法度之宜，别上下之序，以防欲也；修此三者，而大本举矣。人受命于天，固超然异于群生，入有父子兄弟之亲，出有君臣上下之谊，会聚相遇，则有耆老长幼之施，粲然有文以相接，欢然有恩以相爱，此人之所以贵也。①

董仲舒劝导汉武帝治国要从根本上抓起，这个根本就是人性的教化，进而达到人格的养成，亦即《大学》所谓"自天子以至于庶人，壹是皆以修身为本"；董仲舒向汉武帝反复陈奏的移风易俗，也就是《大学》中所说的"其所厚者薄，而其所薄者厚，未之有也，此谓知本"，这种理论，从汉初的陆贾、贾谊，再到董仲舒，可谓苦口婆心。董仲舒不仅给汉武帝上书陈说此事，而且还给丞相公孙弘上书，在《诣丞相公孙弘记室书》中，他指出："夫尧舜三王之业，皆繇仁义为本，仁者所以理人伦也，故圣王以为治首。或曰：发号出令，利天下之民者，谓之仁政；疾天下之害于人者，谓之仁心。二者备矣，然后海内应以诚。"② 综上所论，我们可以知道，西汉初年开始，统治者从上到下，对于恢复教化，修补受到秦朝统治所造成的人性与伦理的破坏可谓感同身受，形成了上下一致的意愿，这种人际关系的修复与滋润，是由个体的道德修养到社会群体的政治行为，所谓内圣外王则是这种路径的简明表述。

而在人性的教化与伦理的修复过程中，音乐的熏陶与教化可谓至关重要，这就涉及审美教育的问题。西汉时代产生的《礼记·乐记》中

---

① （东汉）班固撰，（唐）颜师古注：《汉书》，中华书局 1962 年版，第 2515—2516 页。
② 《古文苑四·卷第五》（中华再造善本），北京图书馆出版社 2006 年版，第 4 页。

记载："子夏对曰：'今夫古乐，进旅退旅，和正以广，弦匏笙簧，会守拊鼓。始奏以文，复乱以武。治乱以相，讯疾以雅。君子于是语，于是道古。修身及家，平均天下。此古乐之发也。'"孔颖达疏"修身及家，平均天下"："言君子既习古乐，近修其身，次及其家，然后平均天下也。"子夏对魏文侯提出了以古乐教化百姓的建议。在西汉王朝重建文明体系时，对上古以来就存在的礼乐教化体系的恢复则是不可或缺的，受到汉武帝及其大臣们的重视，汉武帝在给臣下的诏令中提出："盖闻五帝三王之道，改制作乐而天下洽和，百王同之。当虞氏之乐莫盛于《韶》，于周莫盛于《勺》。圣王已没，钟鼓管弦之声未衰，而大道微缺，陵夷至乎桀、纣之行，王道大坏矣。夫五百年之间，守文之君，当涂之士，欲则先王之法以戴翼其世者甚众，然犹不能反，日以仆灭，至后王而后止，岂其所持操或诐缪而失其统与？固天降命不查复反，必推之于大衰而后息与？呜乎！凡所为屑屑，夙兴夜寐，务法上古者，又将无补与？"① 汉武帝清醒地意识到，自上古以来形成的制礼作乐的传统，在历代王朝的政治中，起着教化人民、凝聚人心的重要作用，也是人际关系的润滑剂，秦朝毁坏了这套体系，虽然收到了急功近利的好处，但是造成的人际关系的毁弃，对于西汉王朝统治的破坏性更大，因此，他急切地希望恢复这种上古以来形成的礼乐体系，而董仲舒提出："道者，所繇适于治之路也，仁义礼乐皆其具也。故圣王已没，而子孙长久安宁数百岁，此皆礼乐教化之功也。王者未作乐之时，乃用先五之乐宜于世者，而以深入教化于民。教化之情不得，雅颂之乐不成，故王者功成作乐，乐其德也。乐者，所以变民风，化民俗也；其变民也易，其化人也著。故声发于和而本于情，接于肌肤，臧于骨髓。故王道虽微缺，而管弦之声未衰也。"董仲舒明确指出，仁义礼乐都是大道的器具，雅颂之道都是这种治之道的运用，王者功成作乐，而乐的作用与礼相比，在感化人情、影响人性方面，是其他的教化途径所无法比

---

① （东汉）班固撰，（唐）颜师古注：《汉书》，中华书局 1962 年版，第 2496 页。

拟的。从西汉时期君臣的对话中，我们可以理解《大学》思想与礼乐教化有着天然的联系。秦汉时期的儒家是从制礼作乐的需要而去考虑人性与道德教化，考虑政治哲学构建的。如果仅仅将《大学》作为政治哲学，或者道德思想，都是有失偏颇的。《大学》中的美学蕴含，正是从这一层面中可以加以发覆。

二

《大学》在儒家思想与经典中，提出了三纲领与八条目。"明明德"的功夫须通过格物致知、诚意正心修身齐家治国平天下而实现，并非坐而论道所可得，这是秦汉时期的儒学与宋明理学的心性论所不同的地方。这八条目值得关注的有两点，一是由心用物，再由物及性的关系；二是将"诚"这个概念作为联系人与世界、心与物的中介。这应当说是《大学》作者的理论贡献。这一条看上去有些循环论证之嫌，但其实正是秦汉时期儒家天人感应、天人互动的思想逻辑，即天道影响人道，人道亦可反作用于天道，呈现出一种循环往复的逻辑关系。这在董仲舒的天人之学、《黄帝内经》的医学中，可以看得很清楚。

秦汉时期的《荀子》《大学》《中庸》与《周易》体现出将先秦时代的老庄与孔孟思想相结合的特点。老子提出："人法地，地法天，天法道，道法自然。"《庄子·知北游》中说："天地有大美而不言，四时有明法而不议，万物有成理而不说。圣人者，原天地之美而达万物之理。是故至人无为，大圣不作，观于天地之谓也。"老庄等道家提出，人类应当以自然为法，以自然为美，反对人为造作。儒家的思想过于强调人类社会礼法道德的约束，压制了人格与人性，故而司马谈《论六家指要》批评它拘而多畏。秦汉时期的思想家将儒家的人格理想与道家的自然之道相融会贯通，例如《易经·说卦传》第一章指出："昔者，圣人之作易也，幽赞神明而生蓍。观变于阴阳，而立卦；发挥于刚柔，而生爻；和顺于道德，而理于义；穷理尽性，以至于命。"《易经·

说卦传》第二章指出："昔者圣人之作易也，将以顺性命之理。是以立天之道，曰阴与阳；立地之道，曰柔与刚；立人之道，曰仁与义。兼三才而两之，故易六画而成卦。分阴分阳，迭用柔刚，故易六位而成章。"将圣人的理想与天地自然之道与性命之学相结合，从而使人类自身的存在价值得到形而上的本体支持，这就是秦汉时代的儒家性命之学与道德哲学化合兴起的缘由。所以《大学》的八条目始自格物，终于平天下，从天地之物开始而回归天下之治，这就是《大学》作者基本的思路。

"格物"概念是八条目的起始，所谓"致知在格物，物格而后知至"，即向客观外物寻绎良知，获取悟性与知性。这种知性并不是一种知识与逻辑体系，而是融合理性、情感、感悟等多种心理因素的心灵活动，是人的主体功能的彰显。它既与理性知识相通，更与审美感知相联系。《大学》体现出秦汉思想的心物二元及其互相作用的思路，强调人的良知来自外物的触发与感染。关于格物之"物"，唐代孔颖达与南宋朱熹的解释大相径庭。孔颖达认为物是指一种事情与人的活动的因果互动关系，而朱熹则强调格物致知在于从天理中获取良知："致，推极也。知，犹识也。推极吾之知识，欲其所知无不尽也。格，至也。物，犹事也。穷至事物之理，欲其极处无不到也。"① 我以为这两种解释都不全面。秦汉时期的心物二元论强调天人互动，天人感应，从大的客观世界来说，人来自自然的禀赋，先秦与秦汉时期的元气说，适用于包括人类在内的万物生成与变化之理，当时的哲学思想带有宇宙图式的构建色彩。这种学说强调客观外物作用于人类，影响到人类的认识与情感，形成审美情感的反应。《礼记·乐记》中反映出这种思想："凡音之起，由人心生也。人心之动，物使之然也。感于物而动，故形于声。"同样，人的思想感情与活动也反作用于客观外物。人类的道德意志与认识、审美活动的指归是通向天道自然，天地人三者异质而同构，《周易·系辞

---

① （南宋）朱熹：《四书章句集注》，中华书局 1983 年版，第 4 页。

上》提出："知周乎万物，而道济天下，故不过；旁行而不流，乐天知命，故不忧。"孔颖达疏："顺天施化，是欢乐于天；识物始终，是自知性命。顺天道之常数，知性命之始终，任自然之理，故不忧也。"①《周易》中的这种天人观与三材说，影响到六朝时期的文学生成论。例如，《文心雕龙·原道》指出："仰观吐曜，俯察含章，高卑定位，故两仪既生矣。惟人参之，性灵所钟，是谓三才。为五行之秀，实天地之心，心生而言立，言立而文明，自然之道也。"这一思想，直接借助于《周易》框架而构建。刘勰在《明诗》中又指出："人禀七情，应物斯感，感物吟志，莫非自然。"刘勰认为，文学是秉承天地之性而生成的心灵产物，人类因其情灵而感染外物，发为文章，乃为自然之道。

　　《大学》中提出的"格物致知"之说，体现了秦汉时期人们对于外物的立场与态度。它强调人类与外物世界的接触与拥抱，而不是如宋代以后的士人，强调心灵的内修，用心性解释人的认知与审美。这种格物概念，与魏晋六朝时期文论中的"体物"概念有相通之处，这是以前人们研究中不曾关注的。"体物"是六朝文论与美学的重要概念，它是基于心物二元论之上的一种审美范畴，旨在强调心灵、情感对于外物的体验，在这种心物交融、情景融合的过程中，获得审美感知与愉悦，产生创作灵感，形成文艺作品。《乐记》云："凡音之起，由人心生也。人心之动，物使之然也。感于物而动，故形于声。"陆机《文赋序》中曾分析作家创作的苦心孤诣在于心物关系不好处理："余每观才士之所作，窃有以得其用心。夫放言遣辞，良多变矣，妍蚩好恶，可得而言。每自属文，尤见其情，恒患意不称物，文不逮意，盖非知之难，能之难也。故作《文赋》，以述先士之盛藻，因论作文之利害所由，佗曰殆可谓曲尽其妙。至于操斧伐柯，虽取则不远，若夫随手之变，良难以辞逮，盖所能言者，具于此云。"意不称物，指的是内心之意难以捕捉外

① （清）阮元校刻：《十三经注疏一·周易正义》，中华书局 2009 年版，第 160 页。

物，而一旦形成了创作之意，又难以传达与表述。"称物"，某种意义上来说就是"格物"，而"致知"则相当于"逮意"。文艺创作相对于认识来说，传达与表现也是重要的再生环节，因此，"文不逮意"往往伴随着作家的构思和表达苦衷。陆机《文赋》开始论创作产生时指出："伫中区以玄览，颐情志于典坟。遵四时以叹逝，瞻万物而思纷。"格物致知导向诚意正心，从顺序上看是一个渐进的过程，但在实际上，则是心物交融，二元互动的过程，不可能是心物分立的过程。同样，体物也不是单纯地感受外物、摹写外物的过程，而是缘情体物、心物宛转的过程，所以陆机《文赋》提出：

诗缘情而绮靡，赋体物而浏亮。

此两句是互文的关系，体物与缘情是互动的关系。刘勰《文心雕龙·物色》指出："写气图貌，既随物以宛转；属采附声，亦与心而徘徊。"心物宛转是创作中感物缘情、吟咏情性的过程，刘勰还指出："情以物迁，辞以情发。"孙绰《樽铭》云："大匠体物，妙思入神。"高明的工匠体物，妙思入神。体物与入神是同时互进的，故而刘勰《文心雕龙·神思》云："故思理为妙，神与物游。"简文帝萧纲《昭明太子集序》云："至于登高体物，展诗言志，金铣玉徽，霞章雾密。"这里体物与言志互文，可见，体物与言志是同时进行的。萧子范《求撰昭明太子集表》云："若乃缘情体物，繁弦缛锦，纵横艳思，笼盖辞林，积练累素，盈车满笈，金石有销，斯文方远。"北周宇文逌在《庾信集序》中称赞庾信："妙善文词，尤工诗赋，穷缘情之绮靡，尽体物之浏亮。"初唐令狐德在《周书王褒庾信传论》中指出："章奏符檄，则粲然可观；体物缘情，则寂寥于世。非其才有优劣，时运然也。"不仅在文学创作上是这样，就是绘画中也运用了体物的概念。南齐谢赫《古画品录》中评张墨、荀勖的绘画作品："风范气候，极妙参神，但取精灵，遗其骨法。若拘以体物，则未见精粹，若取之象外，方厌膏腴，可谓微妙也。"梁代姚最《续画品》评袁质"若方之体物，则伯仁龙马之颂，比之书翰，则长胤狸骨之方，虽复语迹异途，而妙理同归一致。"在这些地方，体物即是主体心灵通过情感与志思对于外物的感悟与受动，它是审美与文艺创作的起始阶段，也是心物交融的过程之一。

"格物"即是向客观存在求证自己的良知良能，使其获得客观世界、自然之道的形而上之支持，而这种道德境界则是所谓"诚"。孟子曾经指出：

> 是故诚者，天之道也。思诚者，人之道也。至诚而不动者，未之有也。不诚，未有能动者也。①

战国时的大儒荀子在《不苟》中指出："君子养心莫善于诚，致诚则无它事矣。唯仁之为守，唯义之为行。诚心守仁则形，形则神，神则能化矣；诚心行义则理，理则明，明则能变矣。变化代兴，谓之天德。天不言而人推高焉，地不言而人推厚焉，四时不言而百姓期焉。夫此有常，以至其诚者也。君子至德，嘿然而喻，未施而亲，不怒而威。夫此顺命，以慎其独者也。"②《大学》描绘这种诚的特点是：

> 诚其意者，毋自欺也。如恶恶臭，如好好色，此之谓自谦。故君子必慎其独也。小人闲居为不善，无所不至，见君子而后厌然，掩其不善，而著其善。人之视己，如见其肺肝然，则何益矣。此谓诚于中，形于外，故君子必慎其独也。曾子曰："十目所视，十手所指，其严乎！"富润屋，德润身，心广体胖，故君子必诚其意。③

---

① （清）阮元校刻：《十三经注疏五·孟子注疏》，中华书局 2009 年版，第 5919 页。
② （清）王先谦：《荀子集解》，中华书局 1988 年版，第 46 页。
③ （清）阮元校刻：《十三经注疏三·礼记正义》，中华书局 2009 年版，第 3631 页。

朱熹注曰：“诚其意者，自修之首也。毋者，禁止之辞。自欺云者，知为善以去恶，而心之所发有未实也。恶，好，上字皆去声。谦，读为慊，苦劫反，快也，足也。独者，人所不知而已所独知之地也。言欲自修者知为善以去其恶，则当实用其力，而禁止其自欺。使其恶恶则如恶恶臭，好善则如好好色，皆务决去而求必得之，以自快足于己，不可徒苟且以徇外而为人也。然其实与不实，盖有他人所不及知而已独知之者，故必谨之于此以审其几焉。”① 这种诚其意，也就是绝对的心灵虔诚，这种心灵虔诚可以与天地存在相沟通，是神人之间的中介，它的美学特征是超越功利，澄明净洁，不受外界的影响，孔子提出：“知之者不如好之者，好之者不如乐之者。”（《论语·雍也》）孔子曾赞扬颜回：“一箪食，一瓢饮，在陋巷，人不堪其忧，回也不改其乐。贤哉回也。”（《论语·雍也》）孔子赞美颜回的贤达高亮，在于颜回的道德境界已经超越了一般的外在约束，而趋于内心的自我满足，而此种自我满足，接近于宗教体验与献身般的境界，它与审美中达到的心理愉悦是相通的，孔子在谈到自己的人生境界时也曾说：“饭蔬食饮水，曲肱而枕之，乐亦在其中矣！不义而富且贵，于我如浮云。”（《论语·述而》）所谓“乐亦在其中矣”，是人在弘道扬义过程中形成的境界。《大学》认为，“诚其意者，毋自欺也。如恶恶臭，如好好色，此之谓自谦”，这是强调诚其意即是对于心中的道德律令负责，这种心念是一种自觉自愿的追求，不夹杂有丝毫的做作与外在约束，好比厌恶恶臭，喜欢美色一般，是一种本能。将属于社会道德范畴的诚，说成是一种本能般的追求，这种澄明之境，与审美境界非常接近，故而“诚”这种概念作为一种沟通天人之间的澄明之境，受到后世文士的重视并倡导，并非偶然。这种境界在音乐中也存在。《礼记·乐记》提出：

　　子赣见师乙而问焉，曰：“赐闻声歌各有宜也，如赐者宜何歌

---

① （南宋）朱熹：《四书章句集注》，中华书局 1983 年版，第 7 页。

也?"师乙曰:"乙,贱工也,何足以问所宜?请诵其所闻,而吾子自执焉。爱者宜歌《商》,温良而能断者宜歌《齐》。夫歌者,直己而陈德也,动己而天地应焉,四时和焉,星辰理焉,万物育焉。"①

孔颖达疏"动己而天地应焉"者:"言能直己陈德,故有四事而来应之,言歌者运动己德,而天地应焉。"② 所谓"直己而陈德",就是以真诚无伪的情感来歌唱,动己而天地应焉。《乐记》又指出:

> 君子曰:礼乐不可斯须去身。致乐以治心,则易、直、子、谅之心油然生矣。易、直、子、谅之心生则乐,乐则安,安则久,久则天,天则神。天则不言而信,神则不怒而威,致乐以治心者也。致礼以治躬,则庄敬,庄敬则严威。心中斯须不和不乐,而鄙诈之心入之矣。外貌斯须不庄不敬,而易慢之心入之矣。③

郑玄注:"志明行成,不言而见信如天也,不怒而见畏如神也。乐由中出,故治心。"④ 孔颖达疏:"云'志明行成'者,不贪于利,用是志意清明,神和性乐,是善行得成矣。云'不言而见信,如天也。不怒而见畏,如神也'者,以其志明行成之后,故人皆信其德行,敬其威重,不须言,见信之如天,不须怒,而见畏如神也。"⑤ 注和疏都强调音乐的创作与演奏必须有虔诚的心态,方可与神明相通,创作与演奏出感天动地之乐境。

上古时代,诗乐舞合一,广义的乐包括诗,但诗与乐毕竟有所区别,《乐记》指出:"故歌之为言也,长言之也。说之,故言之;言之

① (清)阮元校刻:《十三经注疏三·礼记正义》,中华书局 2009 年版,第 3349 页。
② 同上书,第 3350 页。
③ 同上书,第 3346 页。
④ 同上。
⑤ 同上。

不足，故长言之；长言之不足，故嗟叹之；嗟叹之不足，故不知手之舞之，足之蹈之也。"诗歌中也需要这种真诚的情感。钟嵘《诗品序》中提出："气之动物，物之感人，故摇荡性情，形诸舞咏"。《大学》将诚的概念与慎独相结合，这亦是一种独创。自从儒家强调克己复礼谓仁之后，许多儒学人士往往为了博取名声而不惜作伪，实际上并未笃信道德而将其作为自己的人生信念，因而虚伪造作必不可免，而在没有人的时候，则无所不为。荀子《大略》中批评："夫尽小者大，积微者著，德至者色泽洽，行尽而声问远。小人不诚于内而求之于外"。①《大学》的作者批评此类人为"小人"，君子则不然，君子"诚于中，形于外"，居必慎独。将慎独作为君子与小人的分水岭，显然是为了强调"诚"的特点在于由内及外、自觉自愿。金元之际的文士元好问（1190—1257），将"诚"的概念引入诗学批评领域，推动了中国诗学批评从心物二元的创作论，深入到了诚意正心的领域，《大学》的诚意概念由此进入诗学批评的深处。

元好问字裕之，号遗山，秀容（今山西忻县）人，祖先系出自北魏拓跋氏，兴定进士，曾任行尚书省左司员外郎等职，金亡不仕。工诗文，于金、元之际颇孚众望。诗词风格沉郁，多伤时感事之作。论诗反对柔靡雕琢，崇尚"天然""真淳"（《论诗》），又认为"今世小夫贱妇，满心而发，肆口而成，适足以污简牍"（《陶然集诗序》）。所著有《遗山集》，编有《中州集》。元好问生当金元之际，内心蕴含无限感慨，他借文学批评来抒发内心的感慨，表达人生理想。同时，他又值金元时代承续宋代文化转型之际，宋代文化重建时面临的士人精神危机，以及历代知识分子所具备的忧患精神，使得元好问的思想与文论具有一种特别深沉的反思意识与忧患精神，他对于前人的精神文化遗产，进行了全面的清理与反省，同时建立了他自己以志诚为核心的文艺观。这种文艺观通过理学本体精神的植入，来修正传统文学观中的核心价值观

---

① （清）王先谦：《荀子集解》，中华书局 1988 年版，第 506 页。

念。元好问在《论诗》的第四首中写道："一语天然万古新，豪华落尽见真淳。南窗白日羲皇上，未害渊明是晋人。"元好问崇尚陶渊明诗歌自然天成而无人工痕迹，清新真淳而无雕琢之弊。元好问认为汉魏风骨之所以气骨不凡，真淳感人，归根结底是由于诗人在当时勇敢地投入生活，感受生活，体现出主体人格精神的积极向上。

元好问在他的文学思想中，除了呼唤建安风骨外，还从文人的内心世界与文学精神本体上进行追思，力图通过正本清源，来分清历史上创作的利弊得失，树立自己的审美规范。这种文学理论的建构，涉及文学赖以安身立命的本体精神，是以往许多批评家不曾涉猎的领域。元好问是中国文学批评史上，自觉地用儒家理学思想来对以往的文学创作现象进行全面清理的文人。他所赖以正本清源的尺度，也就是"中正至诚"。他的诗学主张有着深刻的文化精神，体现出一种博大深邃的挽救文化的襟怀，是一种近乎灵魂拷问的精神意识。元好问将杜甫之诗作为诗歌的楷模与雅正之体，而其本则肇自"诚"。

"诚"本为儒家思想的重要概念，但经过《大学》的发挥，成为中国美学与文学的概念，具有本体论的意义。这是《大学》对于中国美学思想的重要贡献。《中庸》认为，"诚"是一种不勉而中、不思而得的圣人之德。"诚者，天之道也；诚之者，人之道也。诚者，不勉而中，不思而得，从容中道，圣人也；诚之者，择善而固执之者也。"[①] 这是强调"诚"可以通过学习与自我完善来逐渐实现。对于一般人来说，则需要通过"博学之，审问之，慎思之，明辨之，笃行之"这一系列过程来实现。但无论是通过什么途径，一旦达到"至诚"的境界，人心也就与天心相呼应，进入崇高的自我觉醒的境地，从而与人格修养相结合，由内及外，达到所需要的理想人格境界。元好问鉴于时代剧变时文人道德失衡，特别强调"诚"的意义。他在《论诗》的第六首中慨叹："心画心声总失真，文章宁复见为人？高情千古《闲居赋》，争信

---

① （清）阮元校刻：《十三经注疏三·礼记正义》，中华书局 2009 年版，第 3542 页。

安仁拜路尘。"诗中所说"安仁"指西晋著名诗人潘岳，他在久宦未显时，也曾产生过厌恶官场、退隐林野的想法，为此写了《闲居赋》《秋兴赋》一类高情远趣的赋作。然而他又无法摆脱功名利禄的诱惑，与左思、陆机、刘琨等人并为当时权臣贾谧的"二十四友"。当贾谧外出时，他们候在路边，贾谧的大车过后，他们望尘而拜。潘岳的这番作为与其《闲居赋》判若两人。元好问特别不满于历代一些文人创作时言不由衷的现象，认为这是心不诚所致。传统的文学创作论往往强调"言志缘情"，忽略道德规范，特别是内心的道德信仰，元好问对此痛心疾首。他处在金元之际的离乱之世，对文人的道德败落深有了解，对文学的衰颓不振更是有切肤之痛。

元好问认为，要挽救这种衰败，须从心灵建设开始做起，心诚则是重建人格与文品的根本。他在《杨叔能小亨集引》一文中说：

> 由心而诚，由诚而言，由言而诗也。三者相为一。情动于中而形于言，言发乎迩而见乎远，同声相应，同气相求。虽小夫贱妇孤臣孽子之感讽皆可以厚人伦、美教化，无它道也。故曰不诚无物。夫惟不诚，故言无所主，心口别为二物，物我邈其千里，漠然而往，悠然而来，人之听之，若春风之过马耳，其欲动天地、感神鬼，难矣。①

这段话依据《礼记·大学》与朱子理学，对文学的作用提出了自己的看法，可以说比秦汉之际文人的观点进了一步，从一般的教化论深入到了人的心灵。在元好问看来，没有人格的作品，不管它外表如何好看，只要照之于作者的行为，马上就可以见出其价值。《庄子·渔父》中曾说："真者，精诚之至也，不精不诚，不能动人……礼者，世俗之所为也；真者，所以受于天也，自然不可易也。故圣人法天贵真，不拘于俗。"②

---

① 郭绍虞主编：《中国历代文论选》中册，中华书局1962年版，第219页。
② （清）王先谦：《庄子集解》，中华书局1987年版，第332页。

《淮南子·齐俗训》的作者师承此说，提出："且喜怒哀乐，有感而自然者也。故哭之发于口，涕之出于目，此皆愤于中而形于外者也。譬若水之下流，烟之上寻也，夫有孰推之者？故强哭者，虽病不哀；强亲者，虽笑不和。情发于中，而声应于外。"① 汉代的《毛诗序》曾说："诗者，志之所之也，在心为志，发言为诗，情动于中而形于言。"强调诗歌是诗人志向的宣发，其中介是情感。在《论衡·超奇篇》中，王充提出："实诚在胸臆，文墨著竹帛，外内表里，自相副称，意奋而笔纵，故文见而实露也……精诚由中，故其文语感动人深。是故鲁连飞书，燕将自杀；邹阳上疏，梁孝开牢。书疏文义，夺于肝心，非徒博览者所能造，习熟者所能为也。"② 王充感叹那些真正的文章是作者生命意识的凝结，而不是如游说之士矜夸的那样，是调弄口舌的产物。真诚无欺的文章才能产生夺人心魄的力量。但情感本是中性物，如果没有道德与理性的涵养，很可能变成放逸，甚至作假。因此，理学家无不标举天理与诚心。

　　元好问的诗学观汲取了理学观念，提出以"诚"代替传统的情志说。在他看来，所谓"诚"：一、要对道德信仰负责，心口一致，否则要想去教化别人，"动天地，感鬼神"，是绝不可能的；二、这种"诚"是无上的精神信仰，无论在什么样的艰难困苦之下，都不能动摇。元好问赞叹唐诗达到了这样的境界：

　　　　唐人之诗，其知本乎，何温柔敦厚，蔼然仁义之言之多也！幽忧憔悴，寒饥困惫，一寓于诗，而其厄穷而不悯，遗佚而不怨者，故在也。至于伤谗疾恶，不平之气不能自掩，责之愈深，其旨愈婉，怨之愈深，其辞愈缓。优柔餍饫，使人涵泳于先王之泽，情性

　　① 刘文典：《淮南鸿烈集解》，中华书局 1989 年版，第 425—426 页。
　　② 张宗祥：《论衡校注》，上海古籍出版社 2010 年版，第 280—281 页。

之外不知有文字。幸矣，学者之得唐人为指归也。[①]

元好问激赏唐诗体现了以诚为本的美学观念。诗人历尽磨难也毫不动摇，其典型便是杜甫。杜甫在安史之乱后四处流浪，备受痛苦，但是在他的诗中却看不到对皇帝的怨言，相反，却是忠君之心拳拳可见，真是以"诚"为本、温柔敦厚的榜样。元好问把唐诗作为体现"诚"的楷模，认为达到"诚"就能涵养性情，优游温柔，"中和"之美毕备，进而感天地、动鬼神。所以，元好问的"诚"是其文学真实论的内在灵魂。元好问提倡诗中情景之真实，反对"心画心声总失真"，号召诗人面向社会现实，反对闭门造车。这对于离乱之际的金元文坛，起到了振奋精神的作用。自兹之后，诚不仅是中国道德学说的核心，而且进入中国美学与文艺批评的领域，成为重要的范畴与术语，这也是《大学》之于中国美学的重要贡献。

① 郭绍虞主编：《中国历代文论选》中册，中华书局 1962 年版，第 219 页。

从"诗可以兴"到"兴于诗"

——比较视域下的哲学追问

卢春红*

摘　要：孔子关注并重视诗，固然源于对古代文化的传承，以及诗歌在当时社会生活中的重要地位，但也与孔子自身的哲学思想有着密切的关联。在后一层面，孔子对诗的关注显示出其哲学上的意义。通过比较的方式对《论语》中孔子论诗的有关内容展开分析，做出以下三个层面的阐发：一、在兴观群怨说中，"兴"处于特殊的地位。它不只是在作用的重要性上构成其他三者的基础，它还构成诗的本质。二、在本质意义上，"诗可以兴"与孔子的核心概念"仁"有着相同的致思方向，它表明，"兴于诗"对于孔子的意义在于成"仁"。三、由这一方向而来，诗这一存在方式在感性与普遍性的相融中获得自己特有的审美性质——韵，并以此限定了诗在中国文化中所可能有的形式。

关键词：诗可以兴国；兴于诗；仁；韵味

孔子对诗的关注显而易见。从对诗的整理编纂，与学生讨论诗，到鼓励学生学诗，无不显示出孔子对诗的重视。究其根由，固然有对古代文化的传承、诗歌在当时社会生活中的重要地位等原因，但也与孔子自

* 卢春红，中国社会科学院哲学研究所研究员，主要从事德国哲学美学、中西哲学比较研究。

身的哲学思想有着密切关联。在后一层面，孔子对诗的关注显示出其哲学上的意义。本文尝试对这一哲学层面的内涵作一解说，并将其置于比较的视域来透视这一关联所产生的影响。

一　"诗可以兴"：两层内涵的区分

《论语》中，与诗有关的对话近 20 条，主要分为两个类别：一类是对《诗经》中诗句的直接引用，用来表达自己的感受、支持自己的想法与观点，如 8.3、3.2、9.27、9.31、12.10、14.39；另一类是直接或间接讨论诗的意义、特性、作用等，如 1.15、3.8、17.9、8.8、16.13、17.10、13.5、2.2、3.20。其中，直接引用诗来强调自己的想法，固然也显示出孔子对"诗"的重视，更多体现的则是一种行文方式，并不涉及对诗本身的看法，与本文主旨关系不大，暂不论述。与本文的关注点关系密切的是孔子直接或间接论诗的部分，不仅数量较多，而且内含一些重要思想，本文重点讨论这一部分内容。

在论诗的部分，依照不同的角度，可分为以下几个部分：

（1）对诗的作用进行总体界定：

> 小子何莫学夫诗？诗可以兴，可以观，可以群，可以怨。迩之事父，远之事君。多识于鸟兽草木之名。（《论语·阳货》17.9）

（2）用作对学生的表扬：

> 子贡曰："贫而无谄，富而无骄，何如？"子曰："可也。未若贫而乐，富而好礼者也。"子贡曰："诗云：'如切如磋，如琢如磨'，其斯之谓与？"子曰："赐也，始可与言诗已矣，告诸往而知来者。"（《论语·学而》1.15）
>
> 子夏问曰："巧笑倩兮，美目盼兮，素以为绚兮。何谓也？"

子曰："绘事后素。"曰："礼后乎?"子曰："起予者商也! 始可与言诗已矣。"(《论语·八佾》3.8)

（3）强调诗的重要性:

兴于诗,立于礼,成于乐。(《论语·泰伯》8.8)

颂诗三百,授之以政,不达;使于四方,不能专对;虽多亦奚以为?(《论语·子路》13.5)

不学诗,无以言。(《论语·季氏》16.13)

子谓伯鱼曰:"汝为周南、召南矣乎?"人而不为周南、召南,其犹正墙面而立也与?(《论语·阳货》17.10)

（4）总结诗的特点:

子曰："诗三百,一言以蔽之,曰:'思无邪'。"(《论语·为政》2.2)

子曰:"《关雎》乐而不淫,哀而不伤。"(《论语·八佾》3.20)

从中可以看出,有关诗的几个重要方面,孔子都有所涉及。其中尤为重要的是孔子对诗的作用所做的总体界定,它表达了孔子对诗的一个基本理解,构成了其他几个部分的基础。我们首先来关注这一界定。

在《论语·阳货》中,孔子给出了诗的一个经典界定:

小子何莫学夫诗? 诗可以兴,可以观,可以群,可以怨。迩之事父,远之事君。多识于鸟兽草木之名。(《论语·阳货》17.9)[1]

---

① 杨伯峻:《论语译注》,中华书局 1980 年版,第 185 页。

这段表述之所以非常重要，在于其所提出的诗的四个主要功能——兴、观、群、怨，后来成为著名的学说，对中国的文学批评产生了深远的影响。在这一学说中，人们将孔子对诗所做的诸多解说归结为一点，即对诗的社会功能的强调。这一点无疑是显而易见的。诗作为最古老的文化形式，首先需要担负的就是社会功能。古代的人多从这一层面上来关注诗的意义也是其时代背景使然，毕竟将其作为文学作品来对待只是日后学科发展的结果，在孔子的时代，这一层内涵还不可能进入人们的视野。这一点不仅在中国文化中如此，在其他文化中，诗在同一时期的主要意义几乎是相同的，如古希腊的《荷马史诗》在很长一段时间里也是民众获得教化的重要方式。

对于兴、观、群、怨这四种功能的具体理解，历史上的解释很多，几乎历代都有自己的代表性理解。由于本文的关注点不在于对这些具体释义的详细考证以梳理其内涵的发展演变，而在于通过基本含义的把握来分析这四个主要功能的关系以及它们在孔子学说中的地位，因此本文仅选取汉代出现的代表性注解，以尽可能贴合孔子那个时代的理解①。

对于"兴"，最初的代表性解释出自汉代孔安国的解说，他将"兴"注解为"引譬连类"②，意思是"援引类似的例证来说明事理"，

----

① 对于这一选取角度，可通过汉代注解与宋代注解的比较获得进一步的理解。对于兴观群怨的解释，综观历来的解说，被认为有代表性的大体有两种：一种是汉代的解说，以孔安国和郑玄为代表；一种是宋代朱熹的解说。对于前者，本文在随后的正文中会做出详细解说，此处不作展开。而宋代朱熹的注解如下："兴"为"感发志意"［（宋）朱熹：《四书集注章句》，中华书局1983年版，第178页，以下均同］，表示对人的思想感性的启迪作用。"观"为"考见得失"，强调的是诗能够让人观察风俗习惯的变化、思考社会的得失；"群"为"和而不流"，强调的是在群居之和谐相处中同时保持自身，不失去自我；"怨"为"怨而不怒"，强调的是在批评的过程中对"节"和"度"的把握，在"中节"，不过度。对这两个代表性的注解作一比较可看出一个角度上的变化，汉代的注解是从诗本身的分析，而朱熹的注解是从主体的角度来解释这一内涵。这一变化与宋明理学的方向转化密切相关。由于这一变化与本文的主题没有太大的关系，因而为了能够直接切入主题，本文没有引用朱熹的注解，而只用了汉代的注解，一方面是因为剥离了这一角度上的变化，两种解说的基本内涵差别不大；另一方面则是为了减少复杂性，让解释的过程更为明朗。至于这两种注解中所显示出来的变化及其意义，当另著文分析。

② （清）刘宝楠：《论语正义》，高流水点校，中华书局1990年版，第688页。

表明"兴"显示的是两个不同事物之间的关系，同时他也指出了能够产生关联的原因，在于这二者之间的相似性。而"兴"的意义就在于以"起兴"的方式产生这种关联。这是"兴"的一个独特之处。宋代朱熹也曾将这一方式概括为"兴者，先言他物，以引起所咏之词"①，以强调两个不同事物之间的关联以及使不同事物相关联的"契机"——起兴。从《诗经》的实际创作来看，这一关联方式也是一种主要的创作方式，如"关关雎鸠，在河之洲。窈窕淑女，君子好逑"等，这样的例子颇多。对于"观"，郑玄注为"观风俗之盛衰"②，指的是诗能够让人观察风俗的变化、社会的盛衰。对于"群"，孔安国注为"群居相切磋"③，意思是，诗可以让人们在群居生活中互相切磋，相互促进，提高修养。对于"怨"，孔安国注为"怨刺上政"④，是说诗可以用来批评社会政治问题、传达民情。当然还有其他的功能，如从诗中人们可以观察自然，获得知识等，后人以"兴观群怨"这四种功能做代表，指向的是诗的所有这些功能。

需要进一步关注的则是这四个主要功能之间的关系。对此，研究者也有大体一致的看法，即在这四个功能中，兴处于重要的地位。之所以能够通过诗观社会风俗的盛衰变化、能够用诗来相互切磋、批评社会政治问题，都是建立在"诗可以兴"这一功能的基础上。本文认同这一观点，在这一前提下，本文还想做出进一步论说：在诗的四个主要功能中，后三个是单纯的功能，而"兴"指向的却不是单纯的功能，它还包括诗之为诗的本质。

其实，从上文的注解就可以看出，对"兴"的解说远没有其他三种功能那么具体，也不像其他三种功能那样与现实性关联密切。这是因为，"兴"这一在不同事物之间产生关联的方式，既可以指向一种让人

---

① （宋）朱熹：《诗集传》，中华书局 2011 年版，第 2 页。
② （清）刘宝楠：《论语正义》，高流水点校，中华书局 1990 年版，第 688 页。
③ 同上。
④ 同上。

通过诗而获得在不同事物之间发现其相似之处、使之产生关联的能力，也可以指诗自身通过"兴"所呈现的这样一种在不同事物之间得以关联的样态。这也就是说，在"诗可以兴"之中，"兴"拥有两个不同层面的内涵，一层是作为功能意义上的"兴"，一层是作为本质意义上的"兴"。在这两种含义指向中，第二种指向更为关键，正是因为诗能够呈现这一状态，它才能够显示出这样的功能，即让人们通过对诗的学习获得这一能力。因而，具有基础地位的是本质意义上的"兴"。

当然，体现诗的本质的"兴"不只是构成功能意义上的"兴"的基础，它也通过后者与诗的其他三个功能产生关联。如所谓"观"风俗之盛衰，并非单纯指向认知的过程，而首先是对诗在感受风俗变化时所呈现的情感体悟的把握，是对诗的这一特殊方式的体认。而"群"所指向的"群居相切磋"，构成其基础的是对诗这一关联方式的把握与感受，其所指向的目标也同样如此。至于"怨"，虽然是对社会政治的批评，但却以呈现民情的方式进行，因而也离不开对诗的这一独特方式的运用。既然都与功能意义上的"兴"有关联，这就表明本质意义上的"兴"也构成这三个功能的基础。

由此便可看出，孔子之所以将"兴"置于诗的四个功能之首位，一方面在于，作为功能意义上的"兴"比其他功能更为重要，只有在这一功能的基础上，才可能去实现其他三个功能。更重要的则是，"兴"作为一种独特方式是对于诗的本质的呈现，正是这一点使诗获得了实现其功能的可能性。

以上是我们从孔子对诗的总体界定入手所做的分析。那么，这是否意味着孔子在对诗的实际关注中，"兴"的这一层内涵依旧占据重要的地位？下面我们再结合孔子与其学生论诗时的两段对话做一分析。

第一段是《论语·学而》中子贡与孔子的对话：

子贡曰："贫而无谄，富而无骄，何如？"子曰："可也。未若贫而乐，富而好礼者也。"子贡曰："诗云：'如切如磋，如琢如磨'，其斯之谓与？"子曰："赐也，始可与言诗已矣，告诸往而知来者。"（《论语·学而》1.15）①

　　孔子的学生子贡问到了自身修养问题，孔子为了勉励他，提出了更高的要求，认为应该从"贫而无谄，富而无骄"进一步到"贫而乐，富而好礼"，子贡由此联想到《诗经》里"如切如磋"与"如琢如磨"之间的关系，孔子对此表示赞赏，称可以与之言诗。

　　与此相似的还有另外一段：

　　　　子夏问曰："巧笑倩兮，美目盼兮，素以为绚兮。何谓也？"子曰："绘事后素。"曰："礼后乎？"子曰："起予者商也！始可与言诗已矣。"（《论语·八佾》3.8）②

　　子夏与孔子的这番对话，与上文先讨论日常生活中的事情再引申到《诗经》中不同，这次是从对《诗经》中诗句的理解开始，引申到对孔子哲学思想的理解。子夏问老师《诗经》中"巧笑倩兮，美目盼兮，素以为绚兮"这句话如何理解，孔子没有展开解释，只是将"巧笑倩兮""美目盼兮""素以为绚兮"这三者的共同特点作了一个概括："绘事后素"，即白色底子是画画的基础。子夏则由这一句话联想到孔子学说中"仁"与"礼"的关系。在这一对话中，也存在着一个在不同事物之间所做的关联，孔子看到了子夏所显示的这一能力，因而对其做了"可与言诗"的表扬。

　　这里之所以分析这两段引言，并非因为其中有对《诗经》的引用，而是因为孔子将其对学生的赞赏与"可与言诗"相关联。从上述两个

----

① 杨伯峻：《论语译注》，中华书局1980年版，第9页。
② 同上书，第25页。

事例可以看出，以"可与言诗"作为一种表扬的方式，显示的是孔子对于《诗经》的一种特殊认定：诗的本质在于对不同事物之间的关联性的显示。一方面，孔子发现他的这两个学生具有了这种在两个不同事物之间找出关联的能力，才以"可与言诗"这一特殊的方式给予肯定；另一方面，"可与言诗"也意味着孔子可以通过这一方式来继续培养他们的这一能力。因为诗本身就内涵这一关联能力，"言诗"的过程就是训练这一能力的过程。

当然，在与学生论诗的过程中，孔子也关注诗的多种不同的功能。但其关注的重心无疑放在"兴"的这一层面，具体体现为：学生身上是否拥有"兴"的能力，是否将"诗"的那一关联状态在对诗的讨论中、在日常生活中体现出来。这与孔子对诗的总体界定有着相同的方向。就是说，我们不仅可以在孔子对诗的界定中分析出这样的方向，也可以在其实际论诗的活动中证实这一方向。

其实，不只是孔子关注到"诗可以兴"的能力。在当时的社会生活中，这种能力得到普遍的认可。春秋时期的一个独特现象就是在外交活动中对颂诗的看重，这曾是当时社会生活的重要事件，也在《春秋》中有很多记载。此处仅举其中一例：

> 郑伯与公宴于棐，子家赋《鸿雁》。季文子曰："寡君未免于此。"文子赋《四月》。子家赋《载驰》之四章。文子赋《采薇》之四章。郑伯拜。公答拜。① （《春秋左传·文公十四年》）

这段话的大意是：鲁文公十三年冬天，文公到晋国朝见，途中经过卫国，应卫国的请求，替卫国与晋国讲和。返回时经过郑国，郑穆公设宴招待，提出了同样的要求。宴会上，郑国的家臣子家赋《小雅·鸿雁》，取其"鸿雁于飞，肃肃其羽。之子于征，劬劳于野。爰及矜人，

---

① 杨伯峻编：《春秋左传注》，中华书局1981年版，第598—599页。

哀此鳏寡",将郑国自比为"鳏寡",请求鲁文公怜惜,为郑国求和于晋国。随从文公出使的季文子赋《小雅·四月》,取其"四月维夏,六月徂暑。先祖匪人,胡宁忍予",向郑国暗示文公在外日久,转眼四月已过,暑气渐盛,想回国祭拜祖先,难以担当此任。子家再赋《鄘风·载驰》,取其"控于大邦,谁因其极",意为若非文公,谁人可依,请求鲁国君臣再次辛苦奔走。季文子听后遂赋一首《小雅·采薇》,取其"戎车既驾,四牡业业。岂敢定居,一月三捷",同意为郑国再次奔走,向晋国说情。整个交际过程,典型地体现了春秋时期外交活动的特点,没有直接的语言请求和拒绝,却完成了整个外交活动的交流过程。

在此需要关注的是,让这一"赋诗"活动顺利进行的基础是什么。"赋诗"自然是为了"言志",然而这一言志却不是言作诗人的志,而是诵诗人的志,是诵诗人通过诵读《诗经》里的诗来表达自己的意愿。因而,无论是通过赋诗展示自己国家的风采,还是通过赋诗完成外交任务,都需要一种特殊的才能,即,将诗中所言与自己国家的现实状况、自己心中的愿望以恰当的方式产生关联,由此,赋诗活动才能够顺利进行。也就是说,外交活动的顺利进行,以对诗歌的恰当引用为前提,而能够恰当引用诗歌,则表明引用者具备了"兴"这一在不同事物之间产生关联的能力。

更进一步,之所以不是与别的事物,而是与诗产生关联,以"诵诗"的方式来进行严肃的外交活动,是因为这一被人们所看重的"起兴"能力通过"诗"而体现出来。因为诗具备这一能力,它才能够在外交活动中让人们"感而动之",顺利完成外交活动。在诵读活动中,这两个层面的内涵密切相关,而后一层居于主导地位。因为人们认可并看重诗的"兴"能力,才会以"诵诗"的方式进行外交活动,与此同时,能够进行"诵诗"的能力也是这一"兴"的特质体现。

在这一历史的大潮流中,孔子的意义在于,对诗的这一内涵作了明确的概括,使诗的这一层作用凸显出来,成为诗之为诗的根本。

二　"兴于诗"——"仁"道之始

通过以上的分析，本文得出如下结论：在诗的诸多功能中，对"诗可以兴"这一层作用的强调，体现的并不单纯是这一功能的特殊重要性，而是层次上的深入，即从诗的功能进入到诗的本质。换言之，就其根本而言，"兴"体现的是诗的本质。由此，就带来一个需要进一步探究的问题：孔子为什么要关注这一层内涵？也许有人认为，这似乎不再是一个问题，上面的分析应该已经给出答案：当时的社会生活普遍体现出对这一层内涵的关注。然而，就其根本而言，这只是一种现象，而非原因。我们仍然有理由继续追问：为什么当时的社会关注到诗的"兴"的作用？为什么孔子会关注"诗可以兴"？

其实，上文的分析就已经显示出一个值得关注而又易遭忽视的倾向：从功能而延伸到本质，体现的是和现实的距离。"兴观群怨"作为功能有其现实关怀，因而与现实生活有着各种各样的关联。然而，在这四个功能中，"兴"直接现实关怀的意味已经不明显了，它要通过其他的功能才能够显示出这一关联。而当关注点由功能意义上的"兴"指向本质意义上的、作为诗的存在方式的"兴"时，现实性的意味就更为淡化了。强调这一点的意义在于，它为"兴"的内涵向其他方向的延伸提供了可能性。

从上文的分析可知，"兴"是一种特殊的关联方式，由此或者两个不同的事物得以关联在一起，或者由一个事物引发出另一个事物。兴的这一关联特性，固然可以让我们观望民风、表达情感、交流感受，甚或从事外交活动，如果换一个角度，不从具体的内涵入手，而只关注"兴"这一方式自身的存在，就可以看出，兴的一个重要特征在于对普遍性的指向。"兴"固然可以从具体的事物入手，但是通过这种特殊的"感发"方式，"兴"并不停留于某个单个的事物，它通过建立不同事物之间的关联而走出了个别事物的状态，开启了普遍性的维度。这就让我们看到了"兴"与孔子哲学的核心概念——"仁"之间的内在关联。

文化之生成在于其普遍性的精神。如果没有这一层普遍性，剩下的就只是转眼即逝的生活之流。在此，孔子的重要性就在于，阐发"仁"这一核心思想，一方面固然是为了给"礼"提供坚实的基础，另一方面则是在更深层次上表达了对普遍性的追寻，并由此开启了中国思想的传统。

从根本说，孔子是一位哲人。哲学一落实于具体的事务，难免会有不合时宜的想法，或产生幼稚的举动。孔子想恢复周朝的礼制，即便在当时的春秋时期，也全无可能，因为时代已经发生了变化。西方文化同样如此，无论柏拉图怎么努力，他所向往的理想国终究不能够在现实中实现。即使到了当代，思想深邃如海德格尔，一旦介入到现实政治生活中，也会发生一些让人费解的事情。然而，孔子的思想的深度却是无人企及的。在轴心时代这样一个文化建构的特殊时期，他抓住了我们传统的根基，将其归结为"仁"，并对这一概念做出解说，由此指明了我们文化的方向。

那么，如何来理解"仁"？在《论语》中，孔子对这一核心概念有诸多解说，择其要者，有两点：第一是"克己复礼为仁"（《论语·颜渊》12.1）①。这是孔子对颜渊问仁的回答，从外在角度谈到为"仁"所需要的条件，即约束自己的行为以符合礼制。既然要约束自己的行为，就表明个体行为可能有不符合礼制这一普遍的规则，只按个人意愿行事之处。这从反向表明了"仁"这一概念首先指向的是普遍性的维度，显示出对普遍性的要求。那么，只要符合普遍的规则就一定是"仁"吗？孔子的回答是否定的。对于"仁"而言，指向普遍的规则只是一个方向，还需要有进一步的规定，这就涉及第二个方面的内涵。在与樊迟对话时，孔子将"仁"的这一层内涵界定为"爱人"。从字面意思看，"爱人"表达的是对他人的关爱，进一步引申则是由这一关爱

---

① 杨伯峻：《论语译注》，中华书局 1980 年版，第 123 页。

所显示出来的个人与他人的关联，不是外在的、有关系的关联，而是内在的，产生亲密状态的关联。这也就是说，"爱"的本质在于融化彼此不同的个体之间的界限与隔膜，使人心相通，由此达到一个"亲"的状态。①

当然，普通个体完全可以在经验的意义上获得这一感受，如与自己的亲人、家人、友人之间的关系，就是一种相亲相爱，从而心心相通的状态。然而，孔子着力解说的却不是这种经验的状态，而是要在任何时候都是如此的普遍的状态。二者之间显然不同。虽然孔子一再说"仁远乎哉？我欲仁，斯仁至矣"（《论语·述而》7.30）②。但是，这是否意味着只要我们如此做了，就能够成"仁"？孔子的回答还是否定的。对于大多数的学生，孔子认为他们是偶尔处于仁道上，对于其最得意的学生颜回也只是说其"三月不违仁"（《论语·雍也》6.7）③。在追求这种至高的境界时，孔子甚至感叹"尧舜其犹病诸"（《论语·雍也》6.30）④。可见，这不单纯是一个时间不到的问题，也不是他们的品德不够高，而是这个"仁"根本上就不能在日常生活中获得。这里，孔子其实是以否定的方式来表达"仁"作为普遍意义上的概念与日常概念之间的根本差异。

所以，当苏格拉底站在雅典的广场上与过往行人探讨知识，询问对概念的理解时，显示的就是两种不同的思维方式的鲜明对照。苏格拉底想从概念本身讨论概念，而一般有知之士更愿意从具体生活出发讨论概

---

① 《说文解字》中对"仁"字的解释体现的也是这两个方面的内涵。许慎的解说为："仁者，亲也，从人从二"（《说文解字》，中华书局1963年版，第161页）。这一解释包含着两层含义：第一，仁指向的是群体的人；第二，人与人之间的关联方式是"亲"，指向的是一种亲密的关系样态。就第一层含义而言，"仁"从外在的层面指向普遍的层面，然而，这一普遍的层面也可以是一个个不同的个人所组成的群体，并不具有真正的普遍性，因而还需要进一步的规定，这就涉及第二层含义。强调"亲"，就是为了使一个个不同的个体之间产生关联。这些群体的人不是单纯的并置，而是还有一种如同自己一样的亲密关系。由此，人与人再在一起时，其心就是相通的。

② 杨伯峻：《论语译注》，中华书局1980年版，第74页。

③ 同上书，第57页。

④ 同上书，第65页。

念。苏格拉底的努力是艰难的，孔子一生的追求也很不顺。然而，这一不顺却是有意义的。它是一个重要的转折点，由此普遍性的依据方才得到确立并进入到一个文化的精神之中。

不过，共同的目标指向的却是不同的方向。作为苏格拉底最忠实的学生，柏拉图将其师的这一努力引向一个肯定性的结果——这就是理念的世界。柏拉图认为，理念之所以不具有普遍性，是因为理念与具体经验纠缠在一起，如果我们完全剥离了经验世界，让理念世界待在彼岸，理念就能够获得自身的普遍性。而孔子却不如此作想，在他看来，"仁"虽然不同于日常生活的具体状态，离开了日常生活，就全然没有了可行走之"道"，也就没有了成"仁"的可能性，因而，还需要在日常生活中来体会"仁"道。所以孔子说："孝悌也者，其为人之本与！"（《论语·学而》1.2）① 将日常生活中的孝顺爹娘、敬爱兄长当作"仁"的基础。"夫仁者，己欲立而立人，己欲达而达人。能近取譬，可谓仁之方也已。"（《论语·雍也》6.30）② 意思是说，仁者，一方面自己能够站得住，同时也使别人站得住，自己能够行得通，同时也使别人能够行得通；另一方面，能够选择眼下的事情一步步去做，就是贯彻仁道的方法。

而且，孔子本人也是这样来做的。在《论语·颜渊》一开始，孔子与其学生反复讨论了仁的问题：

　　颜渊问仁。子曰："克己复礼为仁。一日克己复礼，天下归仁焉，为仁由己，而由人乎哉？"颜渊曰："请问其目。"子曰："非礼勿视，非礼勿听，非礼勿言，非礼勿动。"（《论语·颜渊》12.1）③

---

① 杨伯峻：《论语译注》，中华书局1980年版，第2页。
② 同上书，第65页。
③ 同上书，第123页。

仲弓问仁。子曰："出门如见大宾，使民如承大祭。己所不欲，勿施于人。在邦无怨，在家无怨。"（《论语·颜渊》12.2）[1]

司马牛问仁。子曰："仁者其言也讱。"曰："其言也讱，斯之谓仁已乎？"子曰："为之难，言得无讱乎？"（《论语·颜渊》12.3）[2]

这里，孔子的三个学生都来向孔子讨教"仁"的问题，不过，面对不同的学生，孔子却给出了不同的回答。那么，孔子为什么会这么做？从苏格拉底的角度，这种与具体经验纠缠在一起的说法必定会产生矛盾。然而对孔子而言，"仁"的体认，不是对"仁"这一概念的规定，而是在于"仁道"如何落实。角度换了，问题就不同了。那么，我们的问题是：孔子如何可能获得对"仁"的体认，并通过这一体认而落实"仁"？从对三个学生的回答可以看出两点：一、孔子没有离开具体生活，因为仁道就在其中；二、孔子了解了每个学生不同的特点，对其做出了全面的把握之后，才给出的回答。如颜渊是孔门弟子中德行悟性最高的学生，所以孔子对他的回答一方面是概括的，另一方面是高要求的。仲弓从事的是政事活动，孔子对他的回答就结合了他的这一实际情况。而司马牛一向多言，孔子则直截了当地告诉他，要先改掉这个毛病，否则进入不了仁道。

此处的关注点在于，不是"仁"的规定体现出什么样的特点，而是孔子的这一言说活动体现出怎样的特点。如果不是对情况作了全面的把握，就不会做出如此规定。这也就是说，是孔子的言说过程将"仁"的本质特点显示出来了。正因为孔子在具体的状态中体认到一个普遍的"仁"道，才有可能对具体的状况做出应答，而这一应答同时也就是对

---

[1]　杨伯峻：《论语译注》，中华书局1980年版，第123页。
[2]　同上书，第124页。

"仁"的落实。①

　　由此，诗与"仁"就获得了根本上的共通之处。如前所述，"兴"作为诗的第一要义，在于"兴"展示的是不同事物之间的关联性。就其本质而言，不同事物之间的关联内含一种可以由此及彼的通达。虽然这一通达还不是普遍的样态，尚局限于具体事物之中，指向的却是这一通达的方向。所以孔子说："兴于诗，立于礼，成于乐。"② 在"诗可以兴"中，孔子关注的诗之为诗的本质是什么，而在"兴于诗"中，孔子则明确表达了要从"诗"入手，培养这一"兴"的能力。

　　那么，培养这一能力，其最终的目的是什么？是为了从事政事活动？从孔子的言论，确实能看出这方面的倾向。如《论语·子路》中，孔子就专门说道："颂诗三百，授之以政，不达；使于四方，不能专对；虽多亦奚以为？"③ 表明如果学了很多的诗，却不能够将其运用于政事与外交活动，学得再多也没有用。然而，这只是具体的目的，而不是最终目的。孔子的最终目的指向的是人，无论是最初的"兴于诗"，还是进一步的"立于礼"，以及最终的"成于乐"，其目的是"成人"，而"成人"即是"成仁"。孔子曾在《论语·八佾》说："人而不仁，如礼何？仁而不仁，如乐何？"④ 意思是，人如果没有仁爱，还讲什么礼和乐？可见，这样的方式最终指向的是"成仁"。所以孔子不遗余力地激励他的学生"小子何莫学夫诗"，也不断地告诫他们"不学诗，

---

　　① 这里，我们应该能够感受到儒家思想与道家思想的相通之处了。李泽厚先生说儒道互补，有其自身的道理。在人世间行"仁"，其目的是获得一个通达无碍的"仁道"。而老子的"道"也不是一般意义上的"道"，一般意义上的道可言说，大道不可言说。其之所以不可言说，是因为它是阴阳之气化生，没有形相，不可描述。也正因为没有形相，所以没有一般的道所有的限制。既然普遍意义上的道都是通达的，没有界限，那么，从孔子的仁道就能够通向老子的天道。也就是说，仁道、天道原本就是一个道，只不过，孔子从人的角度，解说的是道之依据，而老子是从自然的角度，描述了道的状态。在这一意义上，本文不太赞同，认为孔子只是为仁提供了一个心理的道德依据的说法。虽然对道德原则的确立也是一个重要的方面，然而，孔子的"仁"却不局限于道德领域。

　　② 杨伯峻：《论语译注》，中华书局 1980 年版，第 81 页。

　　③ 同上书，第 135 页。

　　④ 同上书，第 24 页。

无以言"。以"可与言诗"作为对学生的奖励，则是因为孔子发现他们心中有了"兴"这一能力的萌芽，想通过诗加以培养。因为，在这一"成仁"的过程中，诗是一个合适的入口。

三　诗的两重性：韵味

在由"诗可以兴"到"兴于诗"的过程中，孔子的关注点发生了变化，从感受到诗与"仁"的相通之处，到进一步开启了这条由诗而成"仁"的通途。由此，通过"兴"，诗在与"仁"的关联中将自身的普遍性维度彰显出来。然而，诗自不同于仁，后者是一个通达之道，是一个本体的概念，前者则是一种以文学作品样态呈现的存在方式，不能离开其感性的形式。由此，在哲学的层面，诗的存在拥有了两重特性：它以感性的形式来体现一个文化传统的精神。它表达了两个层面的含义：其一，既然保留了感性，就意味着诗有其不同于哲学的存在方式；其二，既然要体现思想传统，就意味着哲学所呈现的这一思维方式会对诗的存在方式产生影响。

这里，有必要回顾一下发生在古希腊的一个有趣的现象。在古希腊哲学中，哲学与诗歌之间曾经发生过一场著名的争论，柏拉图是这场争论的代表。他反对诗的理由很简单，诗涉及感性的东西，而哲学指向的是普遍的理性，对诗的关注会损害哲学。柏拉图想将思想引回到普遍的世界，由此而引发了诗与哲学之争。

从大的思想发展背景来看，这场论争发生于轴心时代，人类的思想开始萌芽，它需要一个更适合自己的表现形式，哲学的出现满足了这一需要。由此，在社会历史的发展中，哲学对诗歌的替代将是一个必然的趋势。古希腊世界如此，中国的先秦时期也是如此。然而，这并不意味着诗歌就会因此退出历史舞台。作为一种存在方式，诗曾经承载了一个文化的精神，今后还会以自己的方式将这一精神传递。因而，当我们将诗与哲学剥离开来、各自归位时，就会发现"争论"所体现的其实是这一思维自身的特点。

从西方哲学发展的背景来看，理念就其本质而言是一种 logos，它体现为两个方面的特点：第一，logos 是一种言说，作为一种普遍性的依据，它不是以现实的样态显示自身，而是以言说这一特殊的方式获得自身的存在；第二，通过言说，logos 成为纯粹理性的产物，下定义的方式就是言说的一种方式，它使得理念可以不与感性世界打交道。将二者总括起来，它们都表明：理念与感性的事物有着根本的不相融。因而，与其说柏拉图排斥诗歌，不如说他只是在表达对感性的抗拒，以保持理念的纯粹性。这是西方思想的一个内在特点，即使是在当代哲学中，这一特点仍然没有发生变化。与古代哲学相比，现当代哲学一个大的不同在于，理念不再停留于彼岸的世界，它要落实到"此在"的生活世界中，以获得"存在"的可能性。然而，这一"存在"与"此在"之间仍然是不相融，"此在"就其根本而言是有限的。

对于中国哲学而言，仁作为生活的依据，因其通达性，本质上是一种道，先秦对道的描述体现为两个方面的特点：第一，道是一种阴阳化生的结果，作为普遍性的依据，它也不能通过现实的样态显示自身，而"阴"与"阳"这一特殊的方式成为"道"的显现途径；第二，由"阴""阳"而形成的道，与言说有着鲜明的区分。言说一方面以规则的方式获得自身，一方面通过这一规定在自身和现实世界之间产生了明确的界限。阴阳虽然也可以通过相互作用获得自身之可能，并由此与现实世界中的经验样态截然不同，却不产生一个明确的界分线。因为，一旦有了这一界分线，这道就失去了自身的普遍性。这从中国思想对言说的态度可见端倪。虽说思想的关注点有着很大的不同，老子与孔子对待言说的态度却有着根本性的一致。老子说："道可道，非常道。"（《道德经》）① 孔子则说："予欲无言。"② 他们都是在指出，言说会影响"道"

---

① 陈鼓应：《老子注译及评价》，中华书局 1984 年版，第 53 页。
② 杨伯峻：《论语译注》，中华书局 1980 年版，第 187 页。

的普遍性。然而，"道"与自然事物这两个根本不同的现象，却能够相融在一起。因而，与其说孔子对日常生活投入了更多的关注，不如说孔子接纳了"仁"所不能离开日常生活这一事实。

不过这并非是说，在思维通过哲学而发展的过程中，诗歌只是一个置身事外的旁观者。既然诗体现着文化的精神，那么精神的这一发展必然会，也已经深深地影响到对诗歌的理解和认定，使诗歌在随后的发展中体现出这样的特点。

在《论语》中，对诗的特性的关注主要有两句话，体现出诗的两个方面的特点。一个是孔子在《论语·为政》中对诗的总结：

诗三百，一言以蔽之，曰："思无邪"。①

这句话的核心在于"思无邪"。如何来理解？历来的解释颇多。传统的解释一般解说为"思想纯正"，明显是以道德为标准所做的解说。然而，从道德的角度来理解诗，虽有其必要性，却难免狭隘了些。诗有自己的存在方式，并不是道德所能够限制的②。朱熹在《四书章句》的注中引程子之言曰："思无邪者，诚也。"③ 强调的是这些诗所体现出来的内在的真实无伪。李泽厚在《论语今读》中将其翻译为"不虚假"④。其实就是对"诚"的解说。这表明，诗最突出的特点其实是这一真实无伪的态度，它要将生活最真实的状态和自己对生活的真切感受表露出来。本文认可由朱熹而来的这一层解释，因为它关注的是诗自身的存在方式。而对于理解《论语》中的这句话而言，这一点非常重要，它指

---

① 杨伯峻：《论语译注》，中华书局1980年版，第11页。

② 当然，也有人论证了"思无邪"的"思"在《诗经》中是语气词，与"思想"无关。不过这并不妨碍从思想上来理解。只是从根本上讲，这一理解方式不能将诗之为"经"的本质显示出来。

③ （宋）朱熹：《四书章句集注》，中华书局1983年版，第54页。

④ 李泽厚：《论语今读》，中华书局2015年版，第23页。

向的是这样一条思路：只有通过这一真实的状态和真切的感受，诗才以最合适的方式展示仁道。

另一个是孔子在《论语·八佾》中对诗的特点的总结：

关雎，乐而不淫，哀而不伤。①

不是说我们在日常生活中不能有伤痛之情，连孔子本人都避免不了因颜渊之死而恸。而是说，对于普遍依据之落实而言，需要有一定的条件。因而孔子强调了对"分寸"的把握，强调感情的表达不能过了"度"。孔子认为，哀痛到了伤心的地步就是过了，身体处于一种极端的状态，深陷其中不能自拔，无法顾及别的事情，于"仁"的通达会有损害。因而，必须在表达"哀痛"之心与"快乐"之情时不过分，才能处于中和状态，才能保持住仁心。对于诗而言，同样如此。孔子认为，诗只有保持各个方面都中节，才能够让普遍的道彰显出来，才能够获得诗自身的存在，而《关雎》正是这一标准的体现。于是，通过孔子对《诗经》所做的肯定，诗获得了自身存在的途径，也显示出自身发展的方向②。

让"哀痛"之心不过度、"快乐"之情皆中节，目的是体现普遍的"道"，让"仁"通达于其间，其在"诗"中的落实就是"韵味"。"韵味"可以是风骨、神情、气韵等不同的风格，可以有深情、平和、恬淡、飘逸不同的状态，但其实质却是相同的，就是要有韵味。作为一种

---

① 杨伯峻：《论语译注》，中华书局1980年版，第30页。对于这句话，也有各种不同的解释。有单纯从《关雎》这首诗所表达的情感入手，说明其表现了儒家的中庸之道，开启了后世"温柔敦厚"的诗教一脉。也有从考证的角度对这首诗的内容提出质疑，认为《关雎》这首诗并没有体现出"哀""乐"之情，并联系《论语·泰伯》所说"师挚之始，《关雎》之乱，洋洋科盈耳哉！"确定此处所说的《关雎》是作为乐曲的《关雎》，它关联着之后的三章，由此才能够体现出"哀""乐"之情。诚然！古代诗乐不分家，大部分诗都有配乐，因而说乐也就是说诗。在这一意义上，用这句话来体会诗歌的特点，也是没有妨碍的。

② "温柔敦厚"诗教的失误在于，只看到了诗的社会功能，没有看到诗自身的存在。

形式，它不可见，当你去品味诗文之时，却分明感受到它的存在与魅力。在诗的后来发展中，韵味不仅以不同的方式变化，而且日益醇厚，然而承载诗的语言形式却始终保持着凝练与简洁。不是不能够发展出丰富的辞藻，而是因为只有这些辞藻融化了，才能够散发出韵味。由此，语言的简洁是一个必然的结果。

这一方面，中国和西方的思想形成了鲜明的对照。如前所述，在古希腊哲学之中，诗与哲学之争只是一个现象，它在实质上指向的是：一方面，哲学自身所显示的理性与感性的不相融。当然，这不是说，哲学需要解决这样的问题，恰恰相反，不相融显示的是积极的意义，正是通过这一不相融而来的界限，理性将自身显示出来了。另一方面，也对诗歌的发展产生了要求。作为一种存在方式，诗歌并不能摆脱与普遍依据的关联，它是通过这一依据才获得自身的展示。因而普遍依据的这一特性也会影响到诗歌自身的特点及其今后的发展。

与对普遍依据的规定相关联，古希腊诗歌从一开始就显示出两个方面的特点：一是史化的倾向。最初的诗歌都来自民歌或传说，然而，与中国对民间诗歌的汇总不同，西方在汇总的基础上，还将其加工成史诗。不仅"诗"的内容含量大大增强，而且由日常生活的内容扩展至神的世界。其所以作这样的处理，有多重可以解释的角度。从普遍性的角度，则与文化精神的指向不无关联。在柏拉图看来，感性世界之所以没有办法获得普遍性，在于其受到感性状态的限制，只能够显示一个方面，不能够同时显示其他方面。史化方式的出现则是为了化解这一矛盾。既然诗不可能离开现实生活，那么，尽可能多地显示现实世界的方方面面，就是对普遍性的逼近，对神的谱系的详细展示也是这一努力方向的体现。

二是剧化的倾向。仅仅对生活世界的详细描述还不能称得上充分，理念世界不仅摆脱了感性的限制，它还是有条理的，如果只是将现实的丰富内涵杂堆在一起，仍然不能够显示出这一条理性。剧化方式的产生就是为了应对这一问题。柏拉图之后，对这一问题的详细讨论是在亚里士多德的《诗学》中。这部著作的主要内容是讨论剧化意义上的诗。亚里士多德认为，戏剧之为"剧"的最大特点在于，以内在的冲突为核心来安排情节。对于普遍性之可能而言，是人与神的冲突，还是个体与自己命运的冲突，并不重要，重要的是这一冲突的不可调和性，由此才能够通过界限彰显普遍的条理性。

当"诗"脱离"歌"的因素，走下舞台之后，这一内在的冲突又通过纯粹的语言形式体现在小说之中，这使得西方文学中的长篇小说获得了长足的发展。而在中国文化中，诗不仅通过唐诗、宋词、元曲等不同形式丰富着自己的形态，而且进入绘画乃至小说之中，或奠定其基调，或引领情节的发展，之所以出现如此之演化，乃在于诗所拥有的这一浓浓的韵味体现了这一文化的精神，也构成了文学作品的核心追求。

处于这一道路之开端的，是"诗"，因为诗以可感的形态，让我们感受到这一普遍性的入口，所以孔子说"兴于诗"；这一道路的终结处，依然是"诗"，因为这一通达之道就从没有离开过感性的世界。孔子说"成于乐"，然而自古诗乐不分，乐伴随着诗，也将自身体现为诗。因而，"兴于诗"既成就了诗，也体现了仁。

王元化论"情志"概念

何博超[*]

何博超[*]

摘　要：Pathos 是王元化非常关注的美学和文学概念。他在《文心雕龙讲疏》以及多篇文章和札记中对它进行了详细的讨论。这一概念本自古希腊美学，在黑格尔《美学》中作为关键环节被着重论述，王元化将之与《文心雕龙》中的"情志"概念相结合并如此翻译，同时，他批评了朱光潜的译法"情致"。这两种译法都带有误读的成分，相较而言，王元化的理解更到位，而且源生于他蛰伏时期的人生体悟。

关键词：情志；情致；Pathos Leidenschaft；王元化

黑格尔《美学》中的 πάθος 概念[①]是王元化最为看重、解释颇多的概念。早在 1977 年，他就将之译为"情志"，撰写了《情志 A》《情志 B》《情致译名质疑》《情况—情境—情节》《主导情志》等文。在读《美学》的笔记中，也摘引并评论过。特别是 1996 年写的《读黑格尔

---

　　* 何博超，中国社会科学院哲学研究所副研究员，研究方向为古希腊哲学和美学，以及古希腊哲学在东方的传播。
　　① 这个词出现于黑格尔的《美学》第一卷，πάθος 是古希腊语，拉丁字母转写为 pathos（但区别于英文的 pathos），黑格尔也将之转写为 Pathos（德文名词首字母大写），他认为在德文里，Leidenschaft 与之相近。朱光潜先生翻译《美学》时译作"情致"；王元化改为"情志"。本文凡是引《美学》译文的地方，一律写作"情致"，引用王元化文本的地方写为"情志"。

的思想历程》里又一次谈起。而且论情志的部分又先后出现在《文心雕龙讲疏》和《思辨录》等各种各样的文集中。足见王元化对这个词的重视。本文试图再释"情志",以分析王元化对 παθος 的误读和误译,但同时也指出,这种误读具有积极的意义。

一

首先看一下王元化对"情志"的理解。他说:"我所用某些黑格尔专门术语的译名,没有采取《美学》朱光潜中译本的译名。……再如 παθος 这一古希腊语,黑格尔在书中已说明此字很难转译,因此在书中特标明此字的希腊原文,至于他是否用德语转译以及用哪个德文字来转译,朱光潜中译本未曾说明,至于英译本用什么译名,朱译本亦未注出,估计可能用的是 pathos(悲哀,哀愁,动情力,悲怆性等)。而朱光潜译本竟以'情致绵绵'的'情致'译之。这个译名有悖原旨。英译名 pathos 作为一种动情力,含有悲怆性的意蕴,近似于雅科布·伯麦的 Qual 这一用语的含义(英译 Qual 作 torment, intense suffering)。"① 他在另一个地方又认为:"朱译竟极草率地以'情致绵绵'的'情致'译之。这个拙劣的译名大悖原旨,且远在英译名 pathos(动情力)之下。"② 朱的翻译,"是很糟的"③。而他之所以选择"情志"这个译名,是"借用刘勰的用语。《文心雕龙》中把作为情感因素的'情'和作为志思因素的'志'连缀成词,用以表示情感和志思互相渗透"。④ "刘勰所谓'志思蓄愤',也同样是说情志含有一种悲怆性,它是一种打动人们心弦唤起人们共鸣的动情力,不过他只是就激发诗人进行创作这方面的力量来说罢了。"⑤

① 王元化:《读黑格尔》,新星出版社 2006 年版,第 17 页。
② 同上书,第 272 页。
③ 同上书,第 216 页。
④ 王元化:《文心雕龙讲疏》,上海古籍出版社 1992 年版,第 187 页。
⑤ 王元化:《读黑格尔》,新星出版社 2006 年版,第 18 页。

总之，这个词"不仅是一种情感，而且具有自由意志和理性自由"①。"这个词是用来代表一种'合理的情绪力量'，这种情绪不是出于一时的冲动或溺于一己的情好，而是'经过很慎重的衡量考虑来的'，并具有'充塞渗透到全部心情的那种基本的理性的内容'。这正类似我国传统文论中的'情志'一词所蕴含的意义。"②

进一步他认为："情志应该合理地理解作在人的内心中所反映的时代精神。时代精神是一种普遍的力量，所以黑格尔把它称为'有实体性的普遍力量'、'普遍力量'或'普遍的内容'等等。更确切地说，这种时代精神，黑格尔往往用来表明那个时代具有普遍性的伦理观念。""反映时代精神的具有普遍性的伦理观念不是由于个别人所形成，并且不以他的意志为转移，所以是外在的。但是个别人不能脱离他的时代，他的性格被他那时代具有普遍性的伦理观念所浸染，形成他的情志，所以又是内在的。"③ 黑格尔"解决了美学上的一个困难问题。能够激发人物行动起来并使读者为之感动的力量必须是普遍性的。但是作为个体的人物又必须是有个性的"④。

以上就是王元化对情志的基本观点，简言之：第一，$\pi\alpha\theta\sigma$为悲怆的动情力，是思想和情感的相互渗透，"不是出于一时的冲动或溺于一己的情好"，而具有理性的内容，既普遍又特殊。第二，它是时代精神在个人身上的反映。第三，王元化译为"情志"，是因为刘勰所谓"志思蓄愤"，也是"情感和志思互相渗透"；而朱光潜的"情致"，没有体现"悲怆""愤"等含义。对这三个方面，下面会分别解说。

二

首先是第一点，王元化认为$\pi\alpha\theta\sigma$有悲怆的力量，且不是一时

---

① 王元化：《读黑格尔》，新星出版社 2006 年版，第 216 页。
② 王元化：《文心雕龙讲疏》，上海古籍出版社 1992 年版，第 187 页。
③ 王元化：《读黑格尔》，新星出版社 2006 年版，第 11—12 页。
④ 同上书，第 215 页。

的冲动或情好。这个观点并不确切。从黑格尔对 παθος 的理解论起：παθος 这个词在《美学》中，出现于讨论理想的定性（Bestimmtheit）的主要部分"动作或情节"（Handlung）中。理念运动达到一个核心：情节。在这个核心中，再次分成三段式：一般世界情况（Der allgemeine Weltzustand）、情境（Situation）、动作（Handlung）。第三个环节动作也再一分为三：引起动作的普遍力量（Die allgemeine Macht）、发出动作的个别人物（Die handelnden Individuen）、人物性格（Charakter）。其中第二个环节再分为三个小环节，第三个环节归结到了 παθος，黑格尔认为它形成了"艺术的真正中心和适当领域"（den eigentlichen Mittelpunkt，die echte Domäne der Kunst）①。这个 παθος，即"不是本身独立出现的而是活跃在人心中，使人的心情在最深刻处受到感动的普遍力量"②。他认为："我们最好跟着希腊人用 παθος 这个字。这个字很难译，因为'情欲'（Leidenschaft）总是带着一种低劣的意味，所以我们常要求人不要受制于情欲。"③ 原文中他使用了 Pathos（παθος 的拉丁文转写）。虽然难译，但德语中还是有对应词，即黑格尔提到的 Leidenschaft。朱译为"情欲"。这个词在前面也出现过，有一条脉络：

　　如，黑格尔点明了天生性情（Natürlichkeit）造成的主体情欲（Leidenschaft）如"妒忌、野心、贪婪、爱情"等，如何转为真正的冲突，他说："这些情欲只有在下列情况之下才会造成真正的冲突：它们成为一种原因，使得完全受这种情感（Empfindung）支配的人违反了真正的道德以及人类生活中本身合理的原则，因而陷入一种更深的冲突。"④

　　如，讨论冲突时，他说："内在的和外在的有定性的环境、情况和

---

① ［德］黑格尔：《美学》第一卷，朱光潜译，安徽教育出版社 1990 年版，第 284 页。德文版见 G. W. F. Hegel, *Vorlesungen über die Ästhetik*, Berlin, Talpa-Verlag, 2000, p. 301。

② 同上。

③ 同上书，第 283 页。德文版参见 Ibid. , p. 300。

④ 同上书，第 259 页。德文版参见 Ibid. , p. 276。

关系要变成艺术所用的情境，只有通过它们所引起的心情或情欲（Leidenschaft）才行。"①

如，在讨论神人矛盾时，他说："一方面是神们的内容就是人的本性，人的个别的情欲（Leidenschaft），人的决定和意志；……"②

如，在讨论神人理想关系时，他提到："神与人真正的理想的关系在于神与人的统一，即使在把普遍力量看成独立自由的，和发生动作的人物及其情欲（Leidenschaft）是对立的时候，这种统一也还必须可以清楚地见出。"③

从上面的例子能看出，Leidenschaft 首先是主体天生性情的冲动：妒忌、野心、贪婪等这些人所受制于的情绪（Leidenschaft）。这些情绪是人身上的，与神的普遍力量对立。正由于对立，故黑格尔没有直接用 Leidenschaft，而是用 Pathos，因为 Leidenschaft 属于人的本性，和普遍力量、神构成矛盾。人的 Leidenschaft 从普遍力量中分有，作为内在情动随着情境的不同而改变，最终导向下一个环节"性格"。这时它就是情致，是在特定情境中由普遍力量激发出的情致（Pathos），即"在人物的个性（*Individualität*）里这些力量显现为感动人的情致（Pathos）"。个性即普遍力量在个人身上融会出的"整体"（*Totalität*），整体就是具有心灵和主体性的人，也就是性格，即"在具体的活动状态中的情致"④。因此，情致作为"动作"的第二环节"发出动作的个别人物"的最后一个环节，正好承上把普遍力量融会到个人内在中，普遍和个别交汇在此，即"神人合一"；启下引出偏于个人的"性格"，即动作的第三环节。

---

① ［德］黑格尔：《美学》第一卷，朱光潜译，安徽教育出版社 1990 年版，第 263 页。德文版参见 G. W. F. Hegel, *Vorlesungen über die Ästhetik*, Berlin, Talpa-Verlag, 2000, p. 281。

② 同上书，第 274 页。德文版参见 Ibid., p. 292。朱光潜在这里把 Leidenschaft 译作"情绪"，本文统一为"情欲"，有时他也把心情（Gemüt）译作情绪，如第 222 页。

③ 同上书，第 276 页。

④ 同上书，第 288 页。德文版参见 Ibid., p. 305。

从黑格尔的解释看，παθος 并非像王元化说的 "不是出于一时的冲动或溺于一己的情好"，相反，在具有激情、冲动，同时能引起 "行动" 这一点上，这两个词相通。黑格尔只是不满意 Leidenschaft 的个人性、非理性太多，在德语语境中，还不能鲜明地体现 "神人统一"。Pathos 区别于 Leidenschaft，是在于后者还有 "低劣意味"，具有 "可贬的" "私心的" 含义；前者具有更高的和 "普遍的" 意义，"不是本身独立出现的而是活跃在人心中，使人的心情在最深刻处受到感动的普遍力量"①。后者恰恰缺少这种 "普遍性"。

再查《牛津希英大词典》，παθος 来自动词 πασχω，由其不定过去时词干而来。这个动词的意思为：用于人时，指其遭遇某些发生的事情；以某种方式经受感情、激情的影响；处于某种精神状态之中；或是承担责任和惩罚，经受不幸、痛苦、疾病等。suffer 是它的核心意思②。而名词 παθος 的意思为：1. 发生在某人某物上的事件，不幸的事故；经历，经历不幸，遭受厄运、灾难。2. 灵魂的意义上：情感、激情（passion）。3. 事态、条件、突发事件、转变；事物的性质、特殊性。4. 语法意义上：词形变化；被动态；非重音和送气符号。5. 修辞学意义上，即演说的三环节之一③。

首先，王元化对 παθος 的理解来自对英文 pathos 的理解。但显然，如前述，黑格尔的 Pathos 是就艺术作品内容而言，他谈论的是作品人物的 Pathos 及其行动。但是王元化从英语中得到的这个意思，却是针对受众的。虽然也是艺术表现中的因素，但它指的是受众被艺术激起的感情，而非人物的感情。所以，这个意义下的 "悲怆或动情力" 都和黑格尔讨论的 Pathos 毫无关联。王元化的 "悲怆" 并不到位，即便把悲怆用在人物本身上，它也仅仅是一种特殊的 Pathos，远远没有表达出

---

① ［德］黑格尔：《美学》第一卷，朱光潜译，安徽教育出版社 1990 年版，第 283 页。

② Henry George Liddell&Robert Scott et al, *A Greek-English Lexicon*, *Ninth Edition with a Revised Supplement*, Oxford Clarendon, 1996, p. 1346.

③ Ibid. , p. 1285.

Pathos 的全部含义。更重要的是，王元化认为 Pathos 没有一时的情好，则恰恰偏离了古希腊语的基本含义。王元化误以为黑格尔舍弃了与之对应的 Leidenschaft 所具有的"一时、冲动"等意思，他仅仅用理性的普遍性去统摄情感，二者仅仅是静态的公式关系，即普遍中有特殊、特殊蕴含于普遍，思想和感情相互渗透的关系。王元化通过英语现存的用法反过来理解古希腊语，自然就产生偏差。英语 pathos 并没有很好地保留 Pathos 的古典含义。

而再回到德文，Leidenschaft 词根为 Leiden，这个词兼有承受和痛苦的意思，动词为 leiden，恰恰对应 πάσχω。而 Leidenschaft 如前述，就对应 πάθος。黑格尔的取义自然要通过古典来理解 Leiden 和 Leiden-schaft。从前面总结的 πάθος 的五个意义来看，黑格尔的使用主要集中在前两个。它们都偏于主体层面，具有经受和激情这两个义素。人如果感觉不到他所经受的，就无法产生激情，而经受则来自外在的突发事件和力量，激情是对其的反映。英语 passion 本身就带有受苦和激情两重意义。诺克斯（T. M. Knox）在翻译《美学》第一卷时也注释说："这个词意味着发生于某人身上之事，不论幸与不幸。故此处为避免英语的错误表达，也如黑格尔以 pathos 标出，……有时候它仅仅表达一种强烈的激情（passion），如爱恨。但黑格尔用它来表达'激情迫切地执迷于完成单方面的伦理目的'。"[1] 由此，黑格尔把一种道德的普遍力量注入了这个词，这也是表明了 Pathos 本身的经受和激情都是针对外在的道德目的，从而促使人去完成。所以王元化认为 Pathos 没有"冲动"，是错误的。

黑格尔曾举索福克勒斯的《安提戈涅》，来例证 Pathos。他说："安提戈涅的兄妹情谊（Geschwisterliebe）就是希腊文的'情致'。这个意义的'情致'是一件本身合理的情绪方面的力量（eine in sich selbst be-

---

[1]　G. W. F. Hegel, *Aesthetics: Lectures on Fine Art* (trans. T. M. Knox, Volume I, Oxford University Press, 1998), p. 232.

rechtigte Macht des Gemüts），是理性和自由意志的基本内容（ein wes-
entlicher Gehalt der Vernünftigkeit und des freien Willens）。"①

这个例子再好不过地说明了：情致首先是安提戈涅和波吕涅刻斯的
兄妹情谊，这表现在安提戈涅这个个体身上；其次是一种"本身合理
的"力量。这种力量仍然是"情绪"方面的，但却有理性和自由意志
的内容。安提戈涅不顾克瑞昂的法令，毅然去安葬违法的哥哥，这就是
自由意志的体现，但同时是经过考虑的，不是非理性的。王元化只着眼
于黑格尔的理性，他认为"不是出于一时的冲动或溺于一己的情好"，
但是安提戈涅恰恰有一种"冲动"和"情好"。她不顾克瑞昂的法令，
以死去抗争，这本身就有悖城邦的常理。她也说："如果是我自己的孩
子死了，或者我丈夫死了，尸首腐烂了，我也不至于和城邦对抗，做这
件事。"② 所以，她的冲动冲破了城邦的法令，如果没有这种冲动和情
好，安提戈涅不会做出这样的事情。她的妹妹伊斯墨涅的迟疑畏祸恰恰
反衬了安提戈涅的冲动。但这种冲动不是个人的私欲，而是"伦理诉
求"：如果不把哥哥下葬，他的魂魄则不能进入冥府，不葬也违背神所
制定的礼法。她的冲动恰恰是更高层次理性的表现，较之城邦的法理更
为合理。正像她对克瑞昂说的，之所以她有此冲动正"因为向我宣布
这法令的不是宙斯……正义之神也没有为凡人制定这样的法令；我不认
为一个凡人下一道命令就能废除诸神制定的永恒不变的不成文律条，它
的存在不限于今日和昨日，而是永久的，也没有人知道它是什么时候出
现的。"③ 安提戈涅的理性是神义而非人义。如果没有冲动和激情，安
提戈涅是不能做出这种生死决断的。

---

① ［德］黑格尔：《美学》第一卷，朱光潜译，安徽教育出版社 1990 年版，第 284 页。
G. W. F. Hegel, *Vorlesungen über die Ästhetik*, Berlin, Talpa-Verlag, 2000, p. 300.
② 本文所依《安提戈涅》中译本来自《神圣的罪业》附录，这个译本以罗念生本为底本，
经由张新樟编订，参照了伯纳德特的英译本，以配合伯纳德特的分析。
③ 《安提戈涅》，载张新樟编订《神圣的罪业》，罗念生译，华夏出版社 2005 年版，第
194 页。

　　黑格尔的美学观点宗法古希腊，因此《美学》中的 Gott，指的是古希腊的神；他分析了安提戈涅的例子，随后就论述到"神"："我们不能说神们有情致。神们只是推动个人采取决定和行动的那种力量的普遍内容（意蕴）（der allgemeine Gehalt dessen, was in der menschlichen Individualität zu Entschlüssen und Handlungen）。神们本身却处在静穆和不动情的状态（in ihrer Ruhe und Leidenschaftslosigkeit），他们之中尽管也有吵闹和斗争，他们却并不那么认真，或者说，他们的斗争只有一种一般的象征的意味，只是神们之中的一般交战。"① 从黑格尔的论述中能看出：安提戈涅因为有情致，故能受"普遍力量"的推动，受神所支配；神们无情（即黑格尔用的 Leidenschaftslosigkeit），故它们静穆，不受谁支配，而支配人。并且神本身的争斗仅仅象征着人情致中的普遍理性而已。

　　正如黑格尔又举的俄瑞斯忒斯弑母的例子，不可能像王元化说的，俄瑞斯忒斯是没有冲动和情好地去杀害母亲。事实上，按照常理，都会认为俄瑞斯忒斯疯了，仅仅凭冲动杀了母亲，但是黑格尔试图把看似非理性的冲动理性化，从而发掘古希腊悲剧中更深的意蕴。他不是由于 Leidenschaft 而杀的母亲，而是经过"很慎重的衡量考虑来的"②。Leidenschaft 渗透了理性内容而成了 Pathos，如果他没有，就成了不动情的（Leidenschaftslosigkeit）神？而不动情的阿波罗促使他弑母，冲动激烈的仇恨中赋予了神义，诸神的争论也象征支配人的普遍力量，最终俄瑞斯忒斯被判无罪。神义表现为人的情致冲动，情致是外部的个人表现，神义是内在的普遍性，正因有情，才受神的支配，神人合一。正如黑格尔举的例子："爱神降伏了一个人的心"，"爱神对于人当然是外在的，但是爱情却是一种动力，一种情欲（Leidenschaft），是人

---

　　① ［德］黑格尔：《美学》第一卷，朱光潜译，安徽教育出版社 1990 年版，第 284 页。G. W. F. Hegel, *Vorlesungen über die Ästhetik*, Berlin, Talpa-Verlag, 2000, pp. 300 – 301.

　　② 同上书，第 284 页。

作为人来说所必有的，就是人所特有的内在实质"。① 这个例子更清楚地表明了，Leidenschaft 就是那种普遍力量（爱）在一个人内心的体现，人如果没有这种冲动，就不是人，也无法接受普遍力量。王元化误解为理性去节制冲动，从而消散冲动，没有冲动和一己的情好，并不正确。

就神义更符合黑格尔的艺术理念而言，现代戏剧却总是反映"人义"，即克瑞昂制定的法，而非那种"诸神制定的永恒不变的不成文律条"；后者是不知道从何而来，无法追寻起源的法，这是古希腊戏剧的表现对象。所以黑格尔说："这些力量又不能只是正规法律所规定的权利……正规法律的形式有时与理想的概念和形状处于对抗地位，有时正规权利的内容可能是本身不正义的，尽管它具有法律的形式。"② 黑格尔马上就引安提戈涅和克瑞昂的争执，来论述正规法律和神义的冲突。当然，黑格尔不是一定要褒扬神义，他只是从形式上论述伦理道德（神义就象征着一种伦理力量）对人内心之"情"的驱动，以及"理性"对人的影响，并不是通过如成文法律的强制来完成的，而是人将内心融入了这种伦理中。所以黑格尔《美学》中的"理性"就是指这种驱动人，而非被人所宣布的法，它属于神，这是象征理性的神，它使得人们被激起 Leidenschaft 和情致，从而勇于完成"伦理诉求"。

当然，黑格尔对《安提戈涅》的解读也带有他自己的理想在内，但是对于神人合一（伦理和人统一）的理解，黑格尔较之王元化更为深刻，也更为具体。他并非像王元化用那种机械的二元公式来理解。下面再以《安提戈涅》中的一个例子来看看黑格尔对 Pathos 的解说。这个例子出现在《安提戈涅》第 926—928 行：

$$\alpha\lambda\lambda'\ \epsilon\iota\mu\epsilon\nu o\upsilon\nu\tau\dot{\alpha}\ \delta'\ \dot{\epsilon}\sigma\tau\iota\nu\ \dot{\epsilon}\nu\theta\epsilon o\iota\varsigma\ \kappa\alpha\lambda\dot{\alpha},$$

---

① ［德］黑格尔：《美学》第一卷，朱光潜译，安徽教育出版社 1990 年版，第 276 页。
② 同上书，第 268 页。

παθόντες ἂν ξυγγνοῖμεν ἡμαρτηκότες·

εἰδοΐ δ᾽ ἁμαρτάνουσι, μὴ πλείω κακὰ

πάθοι ενὴ καὶ δρῶσιν ἐκ δίκως ἐμέ. ①

如果合诸神的心意，

我们当忍受着，甘愿认罪；

要是他知道（指克瑞昂）他们有罪，

他们也得承受不幸和他们对我的不义同归。

　　黑格尔在《精神现象学》中提到了这句话，他是在讨论精神的第一个环节"真实的精神；伦理"的第二个环节"伦理行为；人的知识和神的知识；罪过与命运"的第二个环节"伦理行为中的对立"时以这个例子说明伦理意识的冲突。他指出："那在背后埋伏着的正义始终不将其自己独特的形态暴露于行动的意识之前，而只自在地存在于（行为者）决意与行为所内含的过失之中。但是，如果伦理意识事先就已认识到它所反对的、被它当成暴力和非正义、当成伦理上的偶然性的那种规律和势力，并像安提戈涅那样明知而故犯地作下罪行，那么伦理意识就更为完全，它的过失也就更为纯粹。完成了的行为改变了伦理意识的看法；行为的完成本身就表明凡合乎伦理的都一定是现实的；因为目的的实现乃是行为的目的。行为恰恰在于表明现实与实体的统一（Das Handeln spricht gerade die Einheit der Wirklichkeit und der Substanz aus），……"②

　　《美学》中的安提戈涅和《精神现象学》伦理部分的安提戈涅呼

----

① 《安提戈涅》的古希腊文文本来自 R. C. Jebb 编订的《索福克勒斯戏剧及残篇集》，Sophocles, *Antigone*, *Sophocles Plays and Fragments*（R. C. Jebb ed.，Cambridge University Press, 1891），p. 166. 此处译文为笔者所译。

② ［德］黑格尔：《精神现象学》下册，贺麟、王玖兴译，商务印书馆1979年版，第26页。德文版参见 G. W. F. Hegel, *Phänomenologie des Geistes*, aus G. W. F. Hegel Werke, Herausgeber: Hegel-Institut Berlin, Talpa-Verlag, 2000, p. 347.

应，《美学》中讨论"动作"（Handlung），这里讨论"行为"（Handeln）。只不过在《美学》中，古希腊的特殊意味更浓，而在《精神现象学》中，黑格尔提取出了普遍的伦理形式。这里自在的正义被安提戈涅所体认，她明知故犯，冲动地犯下罪过，但越是激烈有情，就越是合理和正义。因为神人统一（"现实和实体的统一"），她的"目的的实现乃是行为的目的"。她只有承认在现实中遇到了对立，承认她犯了罪，自缢而死，才恰恰宣明了神义。黑格尔援引了前面的话，他翻译了第 927 行：

παθόντες ἀν ξυγγνοίμεν ἡμαρτηκότες;

weil wir leiden, anerkennen wir, daß wir gefehlt;

贺王译为："因为我们遭受痛苦的折磨，所以我们承认我们犯了过错"。

原句是一句话，由两个分词和祈愿式的谓语动词组成，黑格尔转成了三个短句，并且转为了陈述式。

《哲学史讲演录》里，黑格尔也引了这句话，但译法不同，且多译了第 926 行[①]，列在下面作为参考：

Wenn dies den Göttern so gefällt,

Gestehen wir, daß, da wir leiden, wir gefehlt.

贺译为：如果这样使神灵满意，

我们就承认自己有过失，因为我们受了苦。

---

① ［德］黑格尔：《哲学史讲演录》第二卷，贺麟译，商务印书馆 1960 年版，第 102 页。G. W. F. Hegel, *Vorlesungen über die Geschichte der Philosophie*, aus G. W. F. Hegel Werke, Herausgeber: Hegel-Institut Berlin, Talpa-Verlag, 2000, p. 508.

句式上，仍然用陈述式，但 wir leiden 更贴近 wir gefehlt，强调有罪就忍受，以此来实现道德诉求。

其中 leiden 被贺麟和王玖兴译为"遭受痛苦""受了苦"，这个词和 Leidenschaft 联系起来，对应 πάσχω，和 Pathos 联系。原文用的是 παθόντες，为 πάσχω 的不定过去时分词。安提戈涅遭受到的痛苦，来自她的违法行为，这个行为从个人来说，可以追溯到她"兄妹情谊"的 Leidenschaft；从普遍性力量来说，这是神义让她受罪，leiden 中带有了神的意志，它象征人间的伦理道德，它让她这样去做，宁可违法，因为安提戈涅明白"除正义而外没有任何东西能算得了什么"①。而《哲学史讲演录》中，黑格尔用安提戈涅来对照苏格拉底的服毒，也是为了凸显苏格拉底宁可认罪，也要实现自己的道德理想。

这样人就"抛弃了他的性格及其自我的现实，而完全毁灭了"，此处和《美学》不同，《美学》中"情致"的下一个环节就是"性格"，而此处黑格尔逆向说明了伦理的超个人性；前者是在论述文学如何塑造普遍力量下的个人；后者是在说明个人如何受普遍伦理道德的约束而抉择；两者方向不同，但都能看出，Pathos 在行动中，处于神人合一的界限上。安提戈涅因 Pathos 而起，方其自缢之时，Pathos、性格连同人一起毁灭。悖论的是，如果她没有 Pathos 引起的冲动，则不能意识到伦理道德（神义），即如果她没看到对立的现实，则不能体认到普遍力量（实体），但如果她意识到了，体认到了，则就要毁灭自己生发的 Pathos 和性格，消散于实体中。黑格尔马上归结到了 Pathos："在个体性那里实体是作为个体性的悲怆情愫（Pathos）出现的，而个体性是作为实体的生命赋予者而出现的，因而是凌驾于实体之上的；但是，实体这一悲怆情愫（Pathos）同时就是行为者的性格；伦理的个体性跟他的性格这个普遍性直接地自在地即是一个东西，它只存在于性格这个普遍性中，它在这个伦理势力的缘故而遭到毁灭时不能不

---

① ［德］黑格尔：《精神现象学》下册，贺麟、王玖兴译，商务印书馆1960年版，第26页。

随之同归于尽。"① 此处，贺麟、王玖兴将 Pathos 译为"悲怆情愫"②，这点和王元化的理解相合，但是仅仅强调"悲怆"，却看不出一个人在行动中自我毁灭的动情。特别是王元化的"思想和感情的渗透"并未到位，因为安提戈涅的 Pathos，并非是她自己的思想和感情渗透，而是她和神、外在的伦理道德合一。同时王元化并未参破黑格尔悖论，王元化的各种二元对立都是平面没有深度的同义反复，其统一也只是机械相加。而黑格尔却深刻地揭示了 Pathos 和伦理扭结的两难关系。

但是安提戈涅的神义只是象征人间的伦理道德，并不具有最高普遍性。伯纳德特说得最准确："安提戈涅未能看到，她的正义也许和克瑞昂因不正义而受惩一样，都无高贵可言。安提戈涅希望，克瑞昂遭受的灾难像她不公正地遭受的灾难一样多，就这样，她把他的受苦看出了对她自己的回报。这样一来，她就把自己说成是诸神惩罚克瑞昂的工具，但作为这样的一个工具，她又认为自己得到了那个已为她酝酿已久的希望，那就是得到俄狄浦斯、伊奥卡斯特和埃特奥克勒斯的爱。正是这两种希望之间的紧张关系使得她成了'悲剧性的'人物。"③ 安提戈涅以为她的死亡能够使诸神去惩罚克瑞昂，但她只是在完成自己所遵从的道德伦理而已，正因如此，她不可能跳出自己熟知的伦理，如果跳出而得活，她就惩罚不了克瑞昂，如果能惩罚且主持诸神的正义，那就得死。

同样，黑格尔也并未指责克瑞昂，他说克瑞昂的禁令："在本质上是有道理的，它要照顾到全国的幸福。但是安提戈涅也同样地受到一种伦理力量的鼓舞，她对弟兄的爱也是神圣的，她不能让他裸尸不葬，任

---

① ［德］黑格尔：《精神现象学》下册，贺麟、王玖兴译，商务印书馆1960年版，第27页。

② 贺麟在另一个地方曾译作"真情实感"。他在谈黑格尔艺术哲学的时候（1955年的一次讲座），引了黑格尔称赞席勒的话："席勒在他的作品的真情实感（Pathos）之中，显示出他的灵魂的全部力量，并且是一个伟大的灵魂，它穿透到主题的真正核心中去，并且能够表现出它的最深刻的意义。"贺麟：《黑格尔哲学讲演录》，上海人民出版社1986年版，第592页。

③ ［美］伯纳德特：《神圣的罪业》，张新樟译，华夏出版社2005年版，第142页。

鸷鸟去吞食。她如果不完成安葬他的职责，那就违反了骨肉至亲的情谊，所以她悍然抗拒克瑞昂的禁令。"① 这样，神义也是象征一种"人义"，只不过更古老，起源为人不知。在安提戈涅这里，则是一种宗法伦理，它和克瑞昂的城邦伦理相悖。Pathos 就是诸人义、伦理力量对抗中所产生于个体的动情。

这种伦理之间的冲突，是王元化所忽视的，因为他的思想和感情的渗透过于机械，没有从社会关系的层面去分析 Pathos 所具有的伦理指向。

三

对于第二点，王元化认为 Pathos 是时代精神在个人身上的反映，这个看法也有误读之嫌。所谓"时代精神"，黑格尔曾有一个著名的经典定义："那在基督教内必然出现的哲学是不能在罗马找到的，因为全体的各方面都只是同一特性的表现。因此政治史、国家的法制、艺术、宗教对于哲学的关系，并不在于它们是哲学的原因，也不在于相反的哲学是它们存在的根据。毋宁应该这样说，它们有一个共同的根源——时代精神。时代精神是一个贯穿着所有各个文化部门的特定的本质或性格，它表现它自身在政治里面以及别的活动里面，把这些方面作为它的不同的成分。它是一个客观状态，这状态的一切部分都结合在它里面，而它的不同的方面无论表面看起来是如何的具有多样性和偶然性，并且是如何的互相矛盾，但基本上它绝没有包含着任何不一致的成分在内。"②

能看出，"时代精神"是一个哲学意义上的总体概念，而 Pathos 仅仅是一个艺术范围内的小环节。时代精神"是一个贯穿着所有各个文化部门的特定的本质或性格，它表现它自身在政治里面以及别的活动里面，把这些方面作为它的不同的成分"。而 Pathos 则是艺术作品中关涉

---

① ［德］黑格尔：《美学》第一卷，朱光潜译，安徽教育出版社 1990 年版，第 268 页。
② ［德］黑格尔：《哲学史讲演录》第一卷，贺麟译，商务印书馆 1959 年版，第 56 页。

人物的概念。若说 Pathos 反映了时代精神，也应该是作者的 Pathos 反映了时代精神。但黑格尔主要言及的是作品人物的 Pathos。

　　同时，王元化还认为 Pathos 中的普遍力量"表明那个时代的具有普遍性的伦理观念"。但显然，从安提戈涅的例子能看出，她的 Pathos 只是诸普遍力量的一种，不能说是终极的"时代精神"，否则，克瑞昂的伦理力量置于何处？她和克瑞昂只是代表不同的伦理观念，如果安提戈涅的伦理代表时代精神，克瑞昂的法算什么呢，黑格尔说了，克瑞昂的法也有其正当性。安提戈涅和克瑞昂谁也代表不了古希腊的"时代精神"。再以俄瑞斯忒斯为例，他弑母的 Pathos 难道也是"时代精神"，难道也"贯穿着所有各个文化部门的特定的本质或性格"？俄瑞斯忒斯在众神的决议中，才被定为无罪，这个过程就是多重伦理道德（诸神）争辩的结果，哪一个代表时代精神呢？实际上这些伦理道德都只是时代精神的分身，而非精神本身，Pathos 是普遍伦理观念的体现，但并不是时代精神的直接体现，它只是精神分出的诸伦理对个人约束所产生的动情。王元化把"时代精神"和伦理道德的总分关系弄混了，所以就把Pathos 给绝对化和简单化，也就回避了诸伦理之间的冲突，当然这有利于他的逻辑公式：个人和普遍对立统一。

　　王元化的这种把 Pathos 看作直接来自"时代精神"的观点，必是受的别林斯基影响。在阅读《美学》笔记中，他曾说："别林斯基论普希金曾袭用了这一术语（指 Pathos）。"① "别林斯基……懂得它是黑格尔美学中重要的思想之一。在他所写的一系列有关普希金的论文中，对这一概念作了引申和阐发，显出了真知灼见。"② 王元化所言别林斯基论 Pathos，见于朱光潜《西方美学史》论别林斯基一章中的一节："主观与客观的关系：现实诗与理想诗，'情致'说"。③

---

　　① 王元化：《读黑格尔》，新星出版社 2006 年版，第 215 页。
　　② 同上书，第 60 页。
　　③ 朱光潜：《西方美学史》，人民文学出版社 1963 年版，第 524 页。

朱光潜论述到别林斯基用"情致"说来解答"客观性和主观性究竟如何统一"。他在 1843 年评《谢内依达·P—的作品》里首次提出："诗作品中的思想就是情致。情致就是对某一思想的热烈的体会和钟情。"① 在 1844 年《论普希金》第五篇里,他说:"艺术并容纳抽象的哲学的理念,尤其不容纳用理智论证的理念:它只容纳诗的理念,而这种理念却不是三段论法,不是教条,不是规则,而是活的热情或情致。""诗人如果不辞劳苦,要从事于创作的艰辛劳动,那就意味着有一股强烈的力量,一种压制不住的热情在推动他,鼓舞他。这种力量和热情就是情致。诗人处在情致中就显得钟情于某一种理念,像钟情于一种优美的东西一样,热情地沉浸到这种理念里去。他观照这种理念,……凭他的全部丰满而完整的道德存在。"② 朱光潜强调:"情致就是情感饱和的理念,渗透诗人个人性格的理念,就是这种情致推动诗人去创作。"③

这种热情必须有"道德":"情致这种热情却永远是由理念在人心灵中激发起来的,而且永远奔向理念,因此它是一种纯然精神道德方面的神明境界的热情。这种情致把单纯通过理智得来的理念转化为对那理念的爱,充满着力量和热情的奋斗。在哲学里理念是无形体的:通过情致,理念才转化为行动,为现实的事实,为有生命的作品。……每一部诗作品都应该是情致的产品,都应该由情致渗透。"④ 这里,别林斯基还是接近了黑格尔。只不过朱光潜仍然像王元化一样把"情致"理解为"思想和感情的相互渗透",但是以安提戈涅为例,她的 Pathos 并非她自己内在的"思想"和"感情"渗透,而是个人在伦理生活中,为普遍的伦理力量而冲动。别林斯基用"行动""道德存在"来解释是正确的,朱光潜没有抓住这一点。但是当别林斯基把"情致"和"倾向"

① 朱光潜:《西方美学史》,人民文学出版社 1963 年版,第 525 页。
② 同上。
③ 同上。
④ 同上书,第 526 页。

"时代精神"联系起来，就和王元化一样错了，王元化必定是从这里理解的 Pathos。朱光潜引了别林斯基的话，然后说："情致来自'时代精神中的发展'，它是'一切发生过的事物在诗人身上活着'，'一般人的疾病痛苦在诗人自己身上诊断出来'的结果。"① 但朱光潜引的别林斯基的话中，后者并未提及情致来自"时代精神中的发展"，只是在说诗人的成功要来自时代精神。

到此，别林斯基完成了一个偏离：在黑格尔那里作为艺术形象、人物塑造的 Pathos 成了"创作论"的概念，别林斯基用它来鼓动诗人的创作要联系时代精神。黑格尔一直都在分析安提戈涅、俄瑞斯忒斯、阿喀琉斯的"情致"，但别林斯基却用到了"诗人"身上。所以"情致"就和"时代精神"联系在了一起。朱光潜在论述的时候也把黑格尔所指的人物的情致，转换成了作家的情致②。但黑格尔一直是在讨论艺术和作品的情致，黑格尔已经说了："情致是艺术的真正中心和适当领域，对于作品和对于观众来说，情致的表现都是效果的主要的来源。"③ 尽管他提到了歌德和席勒的情致，但也是针对他们的诗歌所表现出的情致，即诗歌本身的情致而言的，而在讨论戏剧、史诗等其他艺术形式时，黑格尔都是针对作品中人物的"情致"和性格，比如安提戈涅、俄瑞斯忒斯、阿喀琉斯、罗密欧与朱丽叶。

王元化就是沿着这条线索去理解的黑格尔，他也自然认为 Pathos 指的是时代精神在人身上的反映，用它机械地把主观和客观统一起来。但是区别于别林斯基的是，他基本上把 Pathos 限定在作品及其效果的层面。但他认为 Pathos 就是时代精神的直接反映，则忽视了更复杂的伦理关系。

正如王元化对阿喀琉斯的分析，他把阿喀琉斯的审慎克制理解为了

① 朱光潜：《西方美学史》，人民文学出版社 1963 年版，第 527 页。
② 同上书，第 509 页。
③ ［德］黑格尔：《美学》第一卷，朱光潜译，安徽教育出版社 1990 年版，第 284 页。

时代精神使然。这个例子是黑格尔举的，说《伊利亚特》中，阿喀琉斯要去杀阿伽门农，赫拉支持他们，有意调解，故请雅典娜及时出现在阿喀琉斯的身后，一手抓住他的金发。① 黑格尔用这个例子来说明神与人的真正关系即"神与人的统一"，即如何把"从机械里出来的神"描写得自然而然，从而使神的外部力量和人物内在力量相协调。所以雅典娜是人化的神，正符合荷马之前描写的阿喀琉斯的犹豫不决："把利剑从鞘里抽出来，冲过人丛，一剑把阿伽门农斩死呢，还是平息怒火，控制住义愤?"② 王元化认为："这种审慎不是凭空而来的而是和那个时代具有普遍性的伦理观念交织在一起的。……一个人从小就生活在浸透着他那时代精神，他那时代具有普遍性的伦理观念的环境中……，所以当他一旦发觉自己的行为背离这种时代具有普遍性的伦理观念时，他就会自觉不自觉地马上起来纠正自己的行为的偏差，把它纳入他心目中认为合理的正轨。"③

这个说法中，时代精神的使用就过于宽泛，其实阿喀琉斯一开始的愤怒，也是一种 Pathos，因为他觉得自己的尊严受到了侮辱，这本身就带有伦理含义。但是王元化认为此处的审慎是时代精神，那么他的愤怒是不是时代精神呢? 这里是两重伦理观念在一个人内心的斗争，如同安提戈涅面临两重法，最终她选择了自己应该听从的神义，而阿喀琉斯也听从了审慎的力量。倘若这些都归入时代精神，它们的差异就被消弭了。这似乎符合王元化的旨趣，力图把握最为普遍的规律，把时代精神引入正好可以表达对时代的不满和信心。但他忽视了直接具体的伦理冲突，也把黑格尔简化为了普遍和特殊的公式。

四

对于第三点，经过了前面的分析，现在可以讨论王元化的译名

---

① ［德］黑格尔：《美学》第一卷，朱光潜译，安徽教育出版社 1990 年版，第 277 页。
② 同上书，第 277—278 页。
③ 王元化：《读黑格尔》，新星出版社 2006 年版，第 12 页。

"情志"有没有问题，和朱光潜的"情致"相比，哪个更准确。

王元化用的情志见《文心雕龙·情采》："昔诗人什篇，为情而造文；辞人赋颂，为文而造情。何以明其然？盖风雅之兴，志思蓄愤，而吟咏情性以讽其上，此为情而造文也。"《义证》注，《诗大序》："诗者志之所之也，在心为志，发言为诗。"司马迁《史记·自序》："夫《诗》《书》隐约者，欲遂其志之思也。"又《报任安书》："《诗》三百篇，大抵圣贤发愤之所为作也。"李贽《焚书·杂说》："且夫世之真能文者，比其初皆非有意于为文也。其胸中有如许无状可怪之事，其喉间有如许欲吐而不敢吐之物，其口头又时时有许多欲语而莫可所以告语之处，蓄极积久，势不能遏。一旦见景生情，触目兴叹，夺他人之酒杯，浇自己之垒块。"[①] 王元化即认为志思能"蓄愤"，所以有一种悲怆感，情志连用，就是具有悲怆的感情。但前面说了，这个理解仅仅是英语pathos 的意义。王元化从自己的语境中，感到了一种悲怆和哀伤，由此他体会的是所误读的黑格尔。他恰恰和别林斯基一样，都转到了"创作主体"的层面，并且反照自身。他的"蓄愤"本身就有一个中国古典传统，一群受到压制的古代士人就出现在这个背景前。当王元化一看到英语 pathos（悲怆、怜悯），就把它和"蓄愤"联系在了一起。这两个词都有一种悲苦的感觉，李贽的"蓄极积久，势不能遏""见景生情"必然让蛰伏的王元化产生共鸣。

但是，按王元化的说法，对应 Pathos 的应该是"愤"。只是由于"志"能"蓄愤"，所以王元化采用"志"。可是，刘勰说"志思蓄愤"，是说志思可以蓄愤，但不是说所有志思都能"蓄愤"。而且刘勰是在说"风雅之兴"，这是为情而造文。但辞人"为文而造情"，所以他们的"志思"就不会蓄愤。虽然这是做作之文，但也说明不是所有"志思"都"蓄愤"。比如用到情志最著名的还有《文赋》的开篇："伫中区以玄览，颐情志于典坟。"《文心雕龙·附会》有："夫才

---

① 詹锳：《文心雕龙义证》，上海古籍出版社 1983 年版，第 1158、1160 页。

童学文，宜正体制：必以情志为神明，事义为骨髓，辞采为肌肤，宫商为声气。"① 这两个例子就从广义来使用情志。

而且从《文心雕龙》中看，志其实是情的一部分。所以统说"为情而造文"，如果志作为"理性内容"，那么，刘勰也应该写"为志而造文"以别乎"情"。再有，"志"按王元化说的，表示"理性内容"。但刘勰的概念中有"理"这个词，可以近似于"理性内容"。同时，刘勰一向把"情"和"理"相提，互相补充，如《文心雕龙·情采》："故情者文之经，辞者理之纬；经正而后纬成，理定而后辞畅，此立文之本源也。"《文心雕龙·体性》："夫情动而言形，理发而文见"。《文心雕龙·附会》里也把情志并列和事义对照。理、事、义可以互训。所以情、志相通，如果真要补充情感之外的理性，那也应该叫"情理"。

所以用情志来翻译 Pathos，并不准确，因为"愤"的那层意思没有明显地体现在"情志"中。情志就是情，比起 Pathos，它没有体现出遭受、痛苦、冲动、激情那些意思，也体现不出行动感。如果用情志描述俄瑞斯忒斯弑母时的情感，显然不合适，何况这个行为谈不上高尚；描述安提戈涅的爱兄之情，也没有体现出她的抗争和自我毁灭的行动感；形容阿喀琉斯的审慎，也不妥帖。

朱光潜先生将这个词译作"情致"，他的理由是："πάθος，希腊文，本意'忍受'和'怜悯'或'恻隐'的意思，passion（情欲）是从这个字来的，但是意义变了。πάθος 与古汉语中'情致'相近，这在中国过去诗文评论里也是习用的字眼。"② 其实，朱光潜知道 πάθος 的原意有悲悯之意，但是朱光潜认为意义发生转换。因为"情"被注入，转换后可以用"情致"来译。另外，他也提到了英文的 passion（这个词词源上切合，兼有情和受苦的意思）。

王元化紧扣"情致绵绵"一句否定朱光潜，认为"情致"太突出

① 詹锳：《文心雕龙义证》，上海古籍出版社 1983 年版，第 1593 页。
② ［德］黑格尔：《美学》第一卷，朱光潜译，安徽教育出版社 1990 年版，第 283 页。

"情"，更像柔情、恋情，没有志思、悲苦或"自由意志和理性内容"。但是，朱光潜并未说他用情致仅仅源自情致绵绵。所谓情致，朱光潜指出这是中国古典诗文评论的传统术语。他首先想到的应是李清照对秦观的经典评论："秦即专主情致，而少故实，譬如贫家美女，虽极妍丽丰逸，而终乏富贵态。"① 秦观"主情致"，如周济在《宋四家词选》中所说："将身世之感，打并入艳情，又是一法"；陈廷焯《白雨斋词话》卷六："少游词寄慨身世，闲情有情思。"② 这里秦观的情致显然不是纯粹个人的情感，否则应说他专主艳情。秦观的情致含有"身世之感"，是"情思"，有个人的悲苦体验和普遍的社会内容。

　　而王元化也应该知道，《文心雕龙》中就有"情致"，其中《定势》篇曰："夫情致异区，文变殊术，莫不因情立体，即体成势也。"詹锳先生《文心雕龙义证》③ 注"情致"又引：《世说新语·文学》篇："其夜清风朗月，闻江渚间估客船上有咏诗声，甚有情致。"又《赏誉》："殷中军道韩太常曰：康伯少自标置，居然是出群器，及其发言遣辞，往往有情致。"可见，与秦观的情致相同，《世说新语》的两例有志有思，都超出了"情致绵绵"的"情致"。

　　从安提戈涅、俄瑞斯忒斯、阿喀琉斯的例子来看，"情致"同样不适合描述他们的感情。但较之"情志"，情致并没有王元化说得那么糟。这两个词都不适合翻译 Pathos，但又都传达了中国古典士人的体验：一个是受抑制不得伸张的动情或悲情，一个是自由又有趣味的情思。

　　到此，可以总结一下本文的结论：第一，Pathos 远远大于英语 pathos "激起受众悲怆"的意思，黑格尔是在作品本身人物的层面来谈。悲怆如果有，也仅仅是 Pathos 的一种。其次，认为 Pathos 没有冲动，仅

---

① 徐培均：《李清照集笺注》，上海古籍出版社 2002 年版，第 267 页。
② 孙克强编：《唐宋人词话·秦观》，河南文艺出版社 1999 年版。
③ 詹锳：《文心雕龙义证》，上海古籍出版社 1983 年版，第 1113 页。

仅是理性的深思熟虑，则是误解了黑格尔。黑格尔用 Pathos，只是扬弃了 Leidenschaft 低劣的意味，但并没有去除后者"冲动""激情"的含义，这两个意思有中性的色彩，可以被保留在 Pathos 中。少此二者，安提戈涅和俄瑞斯忒斯便无法坚决果敢。另外，Pathos 的"一时"这个意义，也并没有被舍弃，虽然需要深思熟虑，但行动却在一时之间，黑格尔谈的就是人物行动的促发。这个短暂的外显深处则是普遍的、持久的伦理思虑，也即理性。而理性注入情感中，也不是靠某个人"思想和感情"的单调渗透。因为后者仅仅表示了"一个人"内心的渗透，没有体现出外在的普遍的伦理力量，尽管"思想"是普遍的，但较之伦理的外在，还是属于内在。伦理力量依靠潜移默化的方式让人融入其中。用神去比喻伦理力量，则 Pathos 实现了神人合一。神与人仿佛博弈，人在神的驱动下去行动，所以有情；神无情，所以不受限制。若把神义也转为人义，则人义与神义的冲突就是诸人义的对抗，人陷入这个网络中。各种伦理力量的冲突，才导致了 Pathos 的形成，在冲突中，人必须有所遵从，有所僭越，有所行动，才能实现自己所听从的道德。但这个过程就是毁灭自己，消融自己于普遍力量中。

第二，Pathos 不是王元化说的时代精神的直接反映。从观念论的角度，所有灵魂的产物都是精神（Geist），所以 Pathos 也是精神。但这太宽泛，如同说所有人都是人，却没有进一步的规定和差异。事实上，人间的各种伦理力量，交织如葛藤，极为复杂，以致诸神为此争斗，弑母的俄瑞斯忒斯在诸神的口辩中，竟不能立刻定罪。故 Pathos 必须在伦理力量的细微冲突中去考虑，在各种力量的差异下去理解。文学家在塑造人物 Pathos 时，必须将其放入这样一个需要人物去决断的复杂处境，而非仅仅把他当作一个总体普遍性"时代精神"的代言人。

第三，就 Pathos 的中译而言，王元化和朱光潜都不正确，但是体现了他们试图用中国古典文论去化西方概念的努力。对于王元化而言，他从"志思蓄愤"中体会到了被压制的感觉。他用刘勰"创作论"的词汇"情志"来翻译黑格尔作品论的 Pathos，这本身就体现了一种主体冲动。他太想释放出来。而在论及主导情志和其他情志的关系时，他说："人的特点就在于他不仅担负多方面的矛盾，而且还忍受多方面的矛盾，在这种矛盾里仍然保持自己的本色，忠实于自己。"① 这话写于1977 年，王元化的苦难时光已经结束。可以说，他既是在论述艺术作品的人物，也是在对自己蛰伏时期的表现作了概括。

---

① 王元化：《读黑格尔》，新星出版社 2006 年版，第 14—15 页。

艺术美学专题

艺术生命的现代美学论证

聂振斌[*]

摘　要： 中国古代生命哲学告诉我们，艺术是有"生命"的；艺术生命是人的生命意识活动的精神表现。现代中国与西方许多美学家都认为，艺术只有表现生命才美。他们对生命何以成为美，以及艺术生命是怎样产生的，艺术生命的规定性是什么等问题，进行了深入的美学论证。

关键词： 艺术；生命；中国艺术

中国古代生命哲学告诉我们，艺术是有"生命"的；艺术生命是人的生命意识活动的精神表现。人的生命活动与动物的生命活动有本质的区别。人有意识，人的生命活动是意识的对象化活动，具有社会性。人的生命活动是生命机体与生命意识的有机统一，社会性寓于个体性之中，感性与理性密不可分。因此认识与表现人的生命活动应是整体把握，具体（这里的"具体"是由抽象一般上升的具体，而不是真实存在的具体，如"立象以尽意"的"象"）思维。历史经验已经说明，中国艺术方法论直接来自古代生命哲学，不同于西方艺术的科学方法论。现代中国与西方许多美学家都认为，艺术只有表现生命才美。他们对生

* 聂振斌，中国社会科学院哲学所研究员，主要从事中国艺术美学研究。

命何以成为美，以及艺术生命是怎样产生的，艺术生命的规定性是什么
等问题，进行了深入的美学论证。

一 席勒：美是"活的形象"

席勒所谓"活的形象"，就是生命形象。形象"活"起来才能见出
"生命"，才是美。席勒说：

> 一个人尽管有生命和形象，却不因此就是活的形象。要成为活
> 的形象，那就需要他的形象就是生命，而他的生命就是形象。只要
> 我们只想到他的形象，那形象就还是无生命的，还是单纯的抽象；
> 只要我们还只是感觉到他的生命，那生命就还没有形象，还只是单
> 纯的印象。只有当他的形式活在我们的感觉里，他的生命在我们的
> 知性中取得形式时，他才是活的形象。凡是我们判断人是美的时
> 候，情况总是如此。①

席勒所说的"一个人"，显然是指艺术中的人物，而不是现实中的
人。艺术中的人物，只有生命不是美，只有形象也不成为美，唯有生命
与形象"同一"才是美，才是"活的形象"。从审美主体方面说，只感
觉到生命不是美（感），只看到形象也不是美（感），唯有看到的形象
"活"在我们的感觉里才是美。是什么使生命与形象由"二"而化为
"一"？是人的生命意识。因为人的生命"活动"是以意识为先，而人
的形象只有表现人的生命意识才可见出"活"来，所以是人的生命意
识把生命与形象融合而化为"活的形象"。"活的形象"是不可分割的，
分割了，生命也就不见了，形象就是死的形式。所以席勒才说"形象
就是生命""生命就是形象"；二者"同一"才是"活的形象"。席勒

---

① ［德］席勒：《美育书简》，徐恒醇译，中国文联公司1984年版，第87页。本节凡引此书
（以下简称《书简》），均在行文中注明，不再作脚注。

所说的生命之美，实际上是指人性之美。人性如何才美？人性健全、完整，人才能成为美。人性，大而言之，可分为感性与理性两个方面。感性与理性的和谐统一，才是完整的人性，才美；只有感性而无理性，或是只有理性而无感性，都是片面的人，当然不是美。人性之美，不仅有天赋自然的因素，更是后天教养的成果。席勒认为，现代教育本身也有片面性，如智育、德育都是理性教育。只由德育、智育培养的人是片面的人，席勒称之为"道德人"或"野蛮人"。席勒把没受教育的人称为"自然人"或"原始人"。"自然人"只有感性，"道德人"只有理性，都是片面的人，都是人性不健全的人。席勒说：

> 人能够以这种双重方式对立起来：或者当他的情感支配了他的原则时，成为一个原始人；或者当他的原则破坏了他的情感时，成为一个野蛮人。原始人忽视艺术并把自然当作至高无上的情侣；野蛮人嘲弄和蔑视自然，然而他比原始人更为丢脸，他进而成了自己的奴隶的奴隶。有教养的人把自然当作自己的朋友，他尊重自然的自由，而只是抑制了自然的专横。（《书简》，第45页）

席勒所谓"他进而成了自己的奴隶的奴隶"，是说理性本是人类文化教育所获得的属性，而现代人却成了理性的奴隶。解决人性的片面问题，仍然需要教育。但不是依靠片面的理性教育，而是依赖感性与理性相统一的审美教育。席勒所说的"有教养的人"，正是指有美育修养的人。只有审美教育才能培养完整的人性，因为审美教育是感性与理性融和为一体的教育。

作为一个艺术中的人物形象，何以不能成为"活的形象"，不能成为美？席勒认为，主要是因为还没有适当的媒介把艺术生命的实在性（物质性）和形象的必然性（精神性）融合在一起。只有游戏活动能够充当二者的媒介，使人物生命成为"活的形象"。因为游戏活动是感性与理性相统一的活动，这种活动既保持了生命的物质性（感性），又使生命形式（形象）具有必然性（理性）。席勒说：

> 美不应只是生命，也不应只是形象，而应是活的形象。也就是说，只要美向人暗示出绝对形式性和绝对实在性的双重法则，美就存在。因此理性也在说，人应该同美一起游戏，人应该只同美一起游戏。（《书简》，第90页）

席勒所说的"双重法则"，指的正是理性与感性各自的法则；两种法则融合化一才产生"活的形象"，才成为美。可见，"活的形象"并不是把生命与形象两种不同的东西随意联系起来就是美，而是把生命与形象化为同一东西，即通过某种媒介消除二者的对立而成为同一，生命就是形象，形象就是生命。席勒所说的"生命"，是美的生命和艺术生命，而不是现实生命。所谓美的生命和艺术生命，都是人创造的生命。实际上是人通过生命意识活动，而创造的生命形式（也就是一般所说的美感形式），以表现人的生命精神。只有生命意识活动不是美或艺术，只有生命形式也不是美或艺术，唯有生命意识活动与生命形式二者化合为一的"新生儿"，才是美，才是美的艺术。促成这种化合为一的媒介，就是游戏活动。

值得注意的是，席勒所说的"游戏"，并不是现实中的世俗游戏，而是席勒设想的理想游戏。席勒说："当然，我们在这里不能想到现实生活中流行的那种游戏，它通常只是针对真正物质的对象。但是，我们在现实生活中去寻找这里所谈的美也是徒劳的。现实存在的美配得上现实存在的游戏冲动，但是理性提出的美的理想也给出了游戏冲动的理想：这种理想应该显现在人的一切游戏中。"（《书简》，第89页）席勒认为，现实中的游戏是"轻薄"的，甚至是争名夺利的，都是指向"物质的对象"。而理想的"游戏"既是现实的生命活动，又是超越物质功利目的的精神娱乐。可见，席勒所说的"游戏"，实际上就是审美活动或理想的娱乐活动。这种游戏冲动，一方面，它是一种生命活动，是感性冲动，却又超越现实的功利之上；另一方面，这种生命活动又在理性精神引导下，完全是纯粹的形式冲动，毫无物质目的。所以，"终于可以这样说，只有当人在充分意义上是人的时候，他才游戏；只有当人游戏的时候，他才是完整的人。"（《书简》，第90页）所谓"完整的人"，就是感性与理性和谐一致的人，也就是体智德美全面发展、人格健全的人。席勒之所以提出通过审美教育培养人性完整的人，是因为在资本主义私有制度下的异化劳动，造成人的本质的异化，使人性片面发展，并向动物性蜕化。席勒认为，要改变这种状况，只有通过审美教育的途径。他说：

> 从感觉的受动状态到思维和意志的能动状态的转变，只有通过审美自由的中间状态才能完成。虽然这种状态本身并不完全决定我们的见解和信念，不会由此而否定智力和道德的价值。然而，这种状态仍然是我们获得见解和信念的必要条件。总之，要使感性的人变成理性的人，除了首先使他成为审美的人，没有其他途径。（《书简》，第116页）

生命活动始终都是一种感性活动，生命冲动所指向的是物质存在。但是，人的生命活动由于有理性的参与，其生命冲动是可以改变方向的。美是感性和理性相统一的产物，审美活动便有调节感性与理性和谐统一的功能。正如席勒所说："我们已经看到，美是从两种对立冲动的相互作用中、从两种对立原则结合中产生出来的，所以美的最高理想要在实在与形式的尽可能完善的结合与平衡里去寻找。"（《书简》，第92页）"通过美把感性的人引向形式和思维，通过美使精神的人回到素材和感性世界。"（《书简》，第97页）席勒认为，审美活动与认识活动是不同的：认识真理是要排除一切感性材料和偶然性的东西，从而得出纯粹抽象的产物，是不附带主观限制的纯粹对象，真理也是不混杂任何感受的纯粹自动性。然而，从最高度的抽象也有一条回到感性的道路。因为理性的思想、观念能引起内在的感觉，逻辑和道德相统一的概念会转化成感性上和谐的情感。孟子说："礼义之悦我心，犹刍豢之悦我口。"（《孟子·告子上》）礼义是理性的抽象概念，却可以"悦我心"，即理性通过"心"转化为情感愉悦而表现出来。这正是席勒所说的"从高度的抽象也有一条回到感性的道路"。但是席勒又特别指出，由认识产生的快乐与美感快乐是不同的：当我们以认识为快乐时，我们就十分严格地把我们的概念和我们的感觉区别开来，并把感觉看成某种偶然的东西，忽略它并不会使认识中断、真理不成其为真理；要把美的观念和感觉能力的联系分开却是徒劳的。也就是说，由认识所得到的快乐与审美快乐的不同就在于：我们享受认识的快乐时，认识活动已经结束，客观对象已不在我们的快乐之中，快乐完全属于主观一方。与此相反，我们享受审美快乐时，活动和受动交替进行、互为因果、无法区分，主客融为一体。席勒说：

> 在这里思索与情感是完全交织在一起的，以致我们认为自己直接感受到形式，因此，美对我们是一种对象，因为思索是我们感受到美的条件。但是，美又是我们主体的一种状态，情感是我们获得美的观念的条件。美是形式，我们可以观照它，同时美又是生命，因为我们可以感知它。总之，美是我们的状态，也是我们的作为。（《书简》，第 130—131 页）

这就是说，认识活动，主与客是对立的；认识活动结束，客体变为无生命的抽象概念或结论，主体自以为乐。而审美活动，既是"主体的一种状态"，又是主体观照的对象，"思索与情感完全交织在一起"；

审美活动始终是生命活动，美的对象与主体的美感即形象与生命是"同一"的，因此美是"活的形象"。

二　黑格尔：自然生命美与艺术生命美

黑格尔的名言："美就是理念的感性显现。"① 黑格尔认为，理念是客观存在，是有生命之物。他说："只有有生命的东西才是理念，只有理念才是真实。"（《美学》，第 153 页）理念之所以美，正在于它有生命，而生命活动正是感性显现。有生命的理念在现实的生命活动中如何才能认识与表现？黑格尔说："第一，生命必须作为一种身体构造的整体，才是实在的；第二，这种整体不能显现为一种固定静止的东西，而要显现为观念化的持续不断的过程，在这过程中要见出活的灵魂；第三，这种整体不是受外因决定和改变的，而是从它本身形成和发展的，在这种过程中它永远作为主体的统一和作为自己的目的而自己发生关系。"（《美学》，第 158 页）也就是说，生命的特点是结构的"整体"性，而这种整体不是固定静止的，而是不断地"动"与"变"的，从"动"与"变"中"见出活的灵魂"，表现出生命灵魂，因而不同于物质的机械运动。黑格尔的看法与中国古代生命哲学不谋而合，易象论正是用"整体"（象）、"动"、"变"三者表示生命的特点。这一特点是从身体构造的整体显现出来的，说明生命是"活"，"活"乃是人的心灵显现，是生命精神的标志。黑格尔一再强调，生命是一个有机的整体，这个整体是"生气灌注"的，生命活动及其发展、变化，不决定于外因，不是受动的，而是主动的、自发的。

生命作为美，黑格尔区分出两个不同的层次：一是自然生命作为美即自然美；一是艺术生命作为美即艺术美；前者是低层次的美，本身还存在着缺陷，后者是高层次的美，是完全的美，所以黑格尔又称艺术生

---

① ［德］黑格尔：《美学》第一卷，商务印书馆 1979 年版，第 142 页。本节内凡引此书，均在行文中注明页码，不再作脚注。

命为"理想"。黑格尔深入细致地讨论了自然美与艺术美的关系与差异，认为自然美来自自然生命，艺术美来自艺术生命。艺术生命是人创造的，从而弥补了自然生命的缺陷而成为完美即理想，因此自然生命与艺术生命虽然都是美，却有高低之分。黑格尔说：

> 自然生命的顶峰是动物的生命，但是动物的生命尽管已经表现出生气灌注，却还是很有限的，受一些完全固定的性质束缚着的。它的存在范围是狭窄的，而它的兴趣是受食欲色欲之类自然需要统治着的。就作为内在的东西在形体上得到表现来说，它的生命是贫乏的抽象的，无内容的。还不仅此，这内在的东西并不显现为内（疑为"外"之误）在的，自然生命并不能看到它自己的灵魂，因为所谓自然的东西正是指它的灵魂只是停留在内在的状态，不能把自己外现为观念性的东西。（《美学》，第 170—171 页）

由此可以看出，黑格尔之所以只强调生命的"活的灵魂"，而忽略生命机体，说明美的本质是精神而不是肉体，这是对的。但是，动物本无意识、灵魂，不能与自身及客观存在形成对象性关系。动物生命之所以能成为美，而是由于人对其生命活动观照、欣赏的结果。黑格尔认为，动物和人都有"灵魂"或"心灵"，也是为了使自己的理论能自圆其说而不自相矛盾的主观臆测。实际上，这两个概念是指人和动物都有心肺肝胆等内在的生命器官，而不是指内在的意识、智慧。把以上这段话说得更直白一些，就是：动物只有内在的生命器官和机体动作，属于"自然生命"，无法外化为生命精神。因为动物没有意识，不能返躬自察，不能认识自己，也无法把自己的灵魂（假如动物有灵魂）对象化。因此，动物的生命活动作为"生气灌注的整体"也是内在的，有限的，显得贫乏、抽象而无内容。这也正是黑格尔所说的自然美比较艺术美，低一等、有缺陷的根据所在。正因为动物没有意识，作为"自然美的顶峰是动物的生命"，不能自成为美，不能为自己而美，而要借助人的意识，为人而美。这大概也是自然美的一个缺陷。他说："自然美只是为其他对象而美，这就是说为我们，为审美的意识而美。"（《美学》，第 160 页）黑格尔的这句话倒是说到点子上了，动物没有审美意识，也没有意识；动物与它的生命活动是同一的。人的生命活动是有意识的，自由自觉的，而动物的生命活动是本能的，自在的，不能将自己的生命活动对象化。动物的内在的"心灵"不能把其生命活动外化为美的形象，"显现出来的只是一种实在的整体，其中最内在的统摄一切的生气灌注作用却还是作为内在的因素而隐藏起来"（《美学》，第 189 页）。

黑格尔认为，自然美不外有两种：一是自然形式美，即整齐一律、平衡对称、符合规律与杂多的统一等抽象形式美；二是自然生命美，动物的生命是自然生命美的顶峰。但动物的生命虽然已经表现出生气灌注，却只限于身体动作。它的存在范围是狭窄的，它的兴趣是受食欲色欲之类自然需要束缚着的，生命活动是很有限的。因为动物没有意识，不能把自己的生命活动对象化，更没有审美意识，没有美的创造能力，无法把自己的生命活动独立地显现为美，必须借助人的审美意识，才能见出美来。由于自然美存在着根本缺陷，人们才需要有一个较高的领域来实现心灵的自由。这个领域就是艺术，艺术创造出美的境界就是理想。

　　艺术的必要性是由于直接现实有缺陷，艺术美的职责就在于它须把生命的形象，特别是把心灵的生气灌注现象按照它们的自由性，表现于外在的事物，同时使这外在的事物符合它的概念。只有这样真实的东西才能从它的有时间性的环境中，从它的在有限事物行列中浪游的迷途中，解脱出来，才能获得一种外在的显现。这外在的显现使人看到的不是自然与散文世界的贫乏，而是一种与真实相适应的客观存在，而这客观存在也显现为自由独立的，因为它的定性是从它本身得到的，而不是由其他事物外加到它身上的。

（《美学》，第 195—196 页）

　　艺术美或艺术理想之所以能弥补自然美的缺陷，主要是因为艺术的生命归根结底是人的生命意识，是人的生命意识创造的。黑格尔认为，艺术创作是人的"心灵的生命"表现。它使外在事物解脱了单纯的有限性和条件制约性，而与灵魂的内在生活结合为一种自由的和谐的整体。在这种境界中，外在的东西可以显现出心灵的自由。"只是由于这个缘故，理想才托身于与它自己融会在一起的那种外在的现象里，享受着感性方式的福气，自由自在，自足自乐。这种福气的歌声在理想的一切显现上面都荡漾着，因为外在的形象无论多么广阔，理想在它里面都不会丧失它的灵魂。只有由于这个缘故，理想才真正是美的，因为美只能是完整的统一。但也是主体的统一。因此，理想的主体也必须显现为从原来个体及其目的和希求的分裂状态回原到它自己，汇合为一种较高的整体和独立存在。"（《美学》，第 202 页）说得直白一点，理想之所以美，就美在感性形象中显现出一个有机整体和独立存在的生命精神世界。这个独立存在的整体——艺术生命整体，是"较高"级别的，因为艺术理想显现的不是现实的生命整体，既不是动物的生命整体也不是人的现实生命整体，而是超越了时空的有限性而具有普遍意义的人的生命精神世界。

　　黑格尔对于艺术的形式与内容的关系的论述，也是由"生命"贯穿起来。在西方，形式与内容是哲学认识论的一对范畴，形式与内容的统一是主观认识符合客观存在，是认识论的目的——抽象概念，而不是美，不是艺术。将这一对范畴引进艺术领域要经过重新解释、转化，赋予新意，才能成为美学范畴。黑格尔认为，艺术的形式是感性的、美感的，而不是一般形式，艺术的内容是"理念"，而理念是"作为生命"而存在的，是真实的。生命是"单一的整体"，是"具体"的感性形象，而不是"抽象"的概念。艺术的内容是具体的感性的，艺术的形式当然也是具体的感性的，因此艺术的形式与艺术的内容二者"同有的具体性"才构成"生气灌注"的艺术生命"整体"。"拿人的自然形状为例来说，它就是这样一种感性的具体的东西，可以用来表现本身也是具体的心灵，并且与心灵符合。"而且，这种"符合"并非出于"偶然"，不是"碰巧"，"而是由于具体的内容本身就已含有外在的，实在的，也就是感性的表现作为它的一个因素。但是另一方面，在本质上是心灵性的内容所借以表现的那种具体的感性事物，在本质上就是诉诸内心生活的，使这种内容可谓观照知觉对象的那种外在形状，就只是为着情感和思想而存在的。只有因为这个道理内容与艺术形象才能互相吻合"。所谓艺术内容的"具体性"，并非"像感性事物那样具体"，而是同"抽象的心灵性和理智性的东西相对而言"。（《美学》，第87—88页）与"抽象的心灵性和理智性的东西相对而言"是什么？黑格尔没有解释。我的理解是，"抽象的心灵性和理智性"就是指人通过抽象思维所得到的认识——概念、结论，与此相对的"东西"应该是"具体的心灵性和情感性"，也就是通过艺术的具象思维而得到的感性的具体的形象表现，那就是艺术的生命精神境界。艺术的生命精神境界是具体的，因此才能令人观照、感受、体验。但应该注意：第一，生命活动是动态结构，生命精神是生命器官综合的、整一的表现，不同于固定、静止的"具体"，虽然中国画认为画好眼睛最能表现人的精神，但又不是只有眼睛就能表现人的精神；第二，生命精神境界的"具体"，不同于感性事物那种"具体"，虽然具体可感，却又不见边界，无时空的局限，因为精神境界是有限与无限的统一。

三 吕澂："移情"是艺术生命产生的缘由

20 世纪 20 年代，在西方心理学美学影响下，中国现代美学也标举艺术生命说，主要表现在吕澂、范寿康、陈望道各自编写的同名之作《美学概论》。三本《美学概论》，都以立普斯的"移情说"为主要线索构建理论体系，认为"移情"乃是艺术生命形成的根源与路径。三本《美学概论》虽为编译，也有作者的发挥。尤以吕澂的一本，发挥得较多较好，这里只介绍吕澂。

吕澂在前言中说，这本《美学概论》是为适应艺术学校的教学需要，借鉴日本学者的研究成果编译而成，并于 1923 年出版。其后，他又接受了摩伊曼的"美的态度"说，与"移情"说融合而撰写《美学浅说》并于 1931 年出版。他的"艺术生命"说，就体现在这两本书中。

吕澂认为，美感就是生命感。"移情"是美感产生的桥梁，也是艺术生命产生的桥梁，艺术生命与美感一也。一块大理石，本是无知无欲无情的"死物"，可是经过艺术家之手刻琢出一尊雕像，立刻使这块石头有了"生命"，这是为什么呢？吕澂说：

> 吾人所发见之对象生命，仍不外从对象之特质加以强调或抑制之自己生命。即以之移入对象而后觉其对于吾人为有情者。惟此属于感情，而得直接经验。故生命之移入，其实则感情之移入也。官能的物象果何由见其生命乎？可答之曰，即由于感情移入。①

雕像中的感情或生命，是艺术家赋予的。在"通感"的作用下，也会唤起欣赏者的某种经验、联想与想象，从而产生情感交流。艺术家是向对象"移情"而成为艺术生命，而欣赏者是通过自己的感情移入，赋予艺术生命以新的意义（不可能与艺术家所要表现的意义完全相同），从而产生自己的美感愉悦。什么叫"感情移入"？吕澂解释说："要从心理学说，这样在物象里重行经验自己的感情，既不是虚幻，也不为错误；凡人们能理会别人的表情，乃至从事事物物上见出精神的意义，一概由此现象成立。现在便称这现象做'感情移入'。"② 这里还要

---

① 吕澂：《美学概论》，商务印书馆 1923 年版，第 28 页。以下简称《概论》，随文注明。
② 吕澂：《美学浅说》，商务印书馆 1931 年版，第 23 页。以下简称《浅说》，随文注明。

特别指出，吕澂所说的"感情移入"是一种深刻的感情体验，从而产生一种"纯粹的同情"，与一般的喜怒哀乐不同：既不含利害观念也无概念参与。吕澂在《美学概论》中，反复强调"感情移入"之"深"。"深"在哪里？那就是透过官能欲望与功利概念的层面，而深入到生命内核，从而创造艺术生命。也就是说，"感情移入"超越功利计较、官能感觉的层面而创造艺术的生命精神。吕澂说，人的生命活动就好像琴瑟上的弦，高低各不同，如果弹拨得不调和、不一致，就产生不出美的音乐，因此必须加以协调一致，才有生命之美。这种生命之美，"却因生活上必须统一，自然以一种组织做中心；凡我们精神上一起一伏，莫不系属于他，对着他有一定的意义。现在便称这中心组织做'生命'。所谓感情发动的根底，可就在这里。我们当'感情移入'很纯粹的时候，自随着事物构成一种生命，发动那样感情，临了就觉事物自有那样的生命。"（《浅说》，第23页）吕澂对"生命"构成的说明，似乎还不能令人感到满意。只有统一而不见多样性与生机活力，也不是生命的规定性。生命的规定性，主是黑格尔所说的那三点：整体性、具体性、个体性。吕澂认为，美感与艺术创作紧密联系在一起："美感是孕育，创作便是结果，他们仍然一气。"（《浅说》，第28页）艺术创作之所以必要，就在于它能把个体短暂的美感感受，通过物质媒介变成一种"客观存在"（艺术作品），突破时空的局限，而变成人人可以欣赏享受的具有社会性的东西，因而具有普遍意义。吕澂解释说，作家"他个人的生命却顺着普遍向上性开展才有美感，才有创作；所以艺术品上面表白的不单在各个特殊的生命，还须从各个特殊上将生命最普遍的意味显示出来。从这里说，艺术品的性质依然是种社会的；但不像平常所说的那样浅薄，所以须仔细分别"（《浅说》，第30页）。吕澂针对当时文艺批评界的一种错误倾向，即用社会性（特别是阶级性）吞没个体性而特别强调艺术的个性特点，具有积极意义。关于艺术的内容与形式的关系，也是《美学概论》论述的重要问题。吕澂认为，艺术的形式是官能的形象，艺术的内容就是生命；艺术形式与内容是密不可分的。吕澂说：

> 艺术之形式与内容关系若何，自来为艺术上重要问题。如前各章所言，艺术乃封闭生命于官能的形象之中，使与现实及其观念的世界切离，以成其直接之结合。所谓官能的形象即形式，所表现生命之全部即内容。故二者必相一致。即内容唯于形式表现始获为艺术之内容，形式亦唯能表现其内容时始得为艺术之形式。内容不过官能的物象中之一种形式，形式不过内容之官能的存在方式。两者间一有动移，他亦随之动移。是故艺术之形式特可名之为内容之象征。（《概论》，第 57 页）

"内容不过官能的物象中之一种形式，形式不过内容之官能的存在方式"，这句话用现代的语言说就是：艺术内容是"官能的物象中之一种形式"，艺术形式是"官能的存在方式"，其实形式与内容是一回事。形式与内容同一，才是艺术生命。所谓"象征"，就是知觉对象直接与一种生命印象相结合。他解释说："凡无形无质，不可闻见的一切事实，要从一定的形质最直接表白出来，然后由那样的形质便可直接感到那样的事实；如此的形质便是一定事实的象征。"（《浅说》，第 35 页）譬如说，艺术的内容是作家所表现的生命精神，这生命精神便无形无质，只能从艺术的形式上感受得到。并且，也只能从那一种的具体形式感受到，除此之外，别无他法。

四　宗白华：艺术生命是心灵的"肉身化"

宗白华继承中国古代生命哲学思想，认为对生命的直觉体验与整体把握，既是哲学的知觉方式，也是艺术的知觉方式；"圣哲"与艺术家是一致的。他以《易·系辞传》易象论的"生生"思想和气论的生命思想，阐述艺术生命的由来和价值意义。他说：

> 早在《易经》《系辞》的传里已经说古代圣哲是"仰则观象于
> 天，俯则观法于地，观鸟兽之文与地之宜。近取诸身，远取诸
> 物"。俯仰往还，远近取与，是中国哲人的观照法，也是诗人的观
> 照法。而这观照法表现在我们的诗中画中，构成我们诗画中空间意
> 识的特质。①

他认为，不仅诗画，整个中国艺术的观照法，都是根基于中国古代
的生命哲学的。尤其中国画，它的节奏正是生命节奏的体现。

> 《易经》的宇宙观：阴阳二气化生万物，万物皆禀天地之气以
> 生，一切物体可以说是一种"气积"。（庄子：天，气积也）这生生
> 不已的阴阳二气组成一种有节奏的生命。中国画的"气韵生动"，就
> 是"生命的节奏"或"有节奏的生命"。（《散步》，第110页）

不仅绘画是人的生命活动的表现，书法乃用字来表现或形容生命结
构之平衡以及生命各器官之间的联系。他说："中国古代的书家要想使
'字'表现生命，成为反映生命的艺术，就须用他所具有的方法和工具
在字里表现一个生命体的骨、筋、肉、血的感觉来。"（《散步》，第136
页）不仅书画艺术要表现生命，一切艺术都要表现生命才有价值，否
则就不是艺术。即使无生命的山水岩石，艺术家也要赋予它以生命，让
它表现人的生命情趣。中国艺术创作的题材非常广阔，不仅取材于人类
自己的生活，更要取材于自然万物，表现人与自然亲和关系的作品非常
发达、丰富。有生命者，固然要表现他的生命，无生命者，艺术家也要

---

① 宗白华：《美学散步》，上海人民出版社1981年版，第93页。以下简称《散步》，随文
注明。

创造出生命来，以表现人的生命精神。宗白华说：

> 艺术家创造的境界尽管也取之于造化自然，但他在笔墨之间表现了山苍木秀、水活石润，是在天地之外别构一种灵奇，是一个有生命的、活的，世界上所没有的新美，新境界。（《散步》，第36页）

"山苍木秀、水活石润"为什么能表现出"生命"来？是画家使山木水石"活"起来，实际上是画家的生命意识使山木水石显出"生命"来。

宗白华论艺术标举意境说，认为艺术生命的最高最美的境界是艺术意境。20世纪40年代，他撰写了长篇论文——《中国艺术意境之诞生》，论述了什么是意境，中国意境诞生的哲学思想根源，以及意境的价值意义，意境创造的民族特色等。在长篇论文中，"生命"是贯穿整个篇章结构的"纽结"。他说：

> 以宇宙人生为具体对象，玩赏它的色相、秩序、节奏、和谐，借以窥见自我最深心灵的反映；化实景而为虚境，创形象以为象征，使人类最高的心灵具体化、肉身化，这就是"艺术境界"。艺术境界主于美。（《散步》，第59页）

他一再强调，艺术创作要将"心灵具体化""肉身化"。所谓"心灵的具体化"，就是要表现人的生命精神，说法与黑格尔一致。所谓"肉身化"，是宗白华的独特用语，就是要将艺术"生命化"，用生命形式表现人的生命情趣。

艺术意境是中国艺术美，是艺术理想。宗白华认为，意境美的创造，其思想不仅来源于《周易》及儒道的生命哲学，同时又吸收了"禅的境界"思想。禅的境界也是生命境界，是灵动的生命境界。他说：

禅是动中的极静，也是静中的极动，寂而常照，照而常寂，动静不二，直探生命的本原。禅是中国人接触佛教大乘义后体认到自己心灵的深处而灿烂地发挥到哲学境界和艺术境界。静穆的观照和飞跃的生命构成艺术的二元，也是构成"禅"的心灵状态。（《散步》，第65页）

"静穆的观照"就是"静照"，"静照"是宗白华美学思想的重要范畴。他的"静照"概念来自王羲之的诗句："争先非吾事，静照在忘求。"宗白华说："'静照'是一切艺术及审美生活的起点。这里，哲学彻悟的生活和审美生活，源头上是一致的。"（《散步》，第184页）他说，"静照"与生命是构成艺术的两大元素。对于二者的关系，静照是源，因为经过静照才有生命的感性显现。他很欣赏唐人张藻的"外师造化，中得心源"的一句话，认为心灵是艺术创作的源泉，客观存在只是提供素材。意境是艺术家幽深心灵的具体外化，山川大地乃是诗心的影现，是"心源"与"造化"接触时"突然地领悟和震动中产生的"（《散步》，第66页）。意境不是一种二维平面的反映，而是有深度、高度和阔度，是深邃宏伟绚丽的境界。艺术意境不是对客观现实平面的模仿或反映，而是一种生命创造。这种创造，有对客观存在物的形象"摹写"，而这种摹写不是目的，目的是传达内在的生命而创造一种高尚的精神境界。"从直观感相的摹写，活跃生命的传达，到最高灵境的启示，可以有三层次。"（《散步》，第63页）"最高灵境"就是"道"。他说：

中国哲学是就"生命本身"体悟"道"的节奏。"道"具象于生活、礼乐制度。道尤表象于"艺"。灿烂的"艺"赋予"道"以形象和生命，"道"给予"艺"以深度和灵魂。（《散步》，第68页）

中国艺术意境之深刻而宏伟，这是"道"的生命与"艺"的生命合而为一的"大美"境界。生命的主要特征是活动、变化，是跳跃、飞舞。中国艺术直接受生命哲学的影响，突出体现生命活动的特征。宗白华认为，中国艺术的民族特色可以用一个"舞"字来概括。"舞"是最高度的韵律、节奏、秩序、理性，同时也是最高度的生命、旋动、力、热情，它不仅是艺术表现的究竟状态，且是宇宙创化过程的象征。"艺术家在这时失落自己于造化的核心，沉冥入神，'穷元妙于意表，合神变乎天机'（唐张彦远论画语）。'是有真宰，与之浮沉'（司空图《诗品》语），从深不可测的玄冥的体验中升华而出，行神如空，行气如虹。在这时只有'舞'，这最紧密的律法和最热烈的旋动，能使这深不可测的境界具象化、肉身化。"只有"舞"的飞动的生命体验，才能深入到那不可言说的玄冥深处，才能把这一玄冥境界具象化、生命化。艺术创造的这种"神秘性"，不是认识论所能说清楚的。它是作家从自己的生命体验所得到的一种"灵感"，这种"灵感"来无踪、去无影。它是作家的天赋才能，就是人们常说的"天才"。宗白华说："诗人杜甫形容诗的最高境界说：'精微穿冥滓，飞动摧霹雳。'（《夜听许十一诵诗爱而有作》）前句是写沉冥中的探索，透进造化的精微的机缄，后句是指大气盘旋的创造，具象而成飞舞。深沉的静照是飞动的活力的源泉。反过来说，也只有活跃的具体的生命舞姿、音乐的韵律、艺术的形象，才能使静照中的'道'具象化、肉身化。"（《散步》，第67页）

五　朱良志：中国艺术的生命精神

朱良志的《中国艺术的生命精神》一书，是一部很有创见的系统的学术专著。本书洋洋三十多万言，分四编十五章，对中国艺术的生命精神的思想之源、具体体现、生命体验论、生命原型四个方面，分章立节进行细致深入的研究，提出一系列的独到见解。并且，通过对中国艺术的生命精神的研究，探索了中国艺术的民族特色。对于这部具有独创性而又不可多得的著作，这里难以进行全面评论，只围绕"生命精神"这一主题采撷本书的精粹之论。

第一，中国艺术生命精神的根源。本书认为，中国艺术生命精神之源来自中国古代哲学思想，主要是儒家、道家的生命论，即"生生"之论。作为艺术生命之源的哲学思想，也分四个方面，即"生——生命结构论""时——生命时间论""气——生命基础论""象——生命符号论"。关于这四个方面的意义及其内在联系，作者说：

> 中国哲学在一定程度上说，是一种生命哲学，这一哲学实际上存在着一种内在结构，此结构以"生命即本体即真实"为其基本纲领，并通过时空两位的纵向横向展开，形成一个无所不在的有机生命之网。本编对时间问题投入特别的注意，认为中国人时间观中有一些迥异于西方的特点，如重视四时、时空合一、以时统空无往不复以及强调时间的节奏化等，这些都对艺术产生直接影响。气也是中国艺术生命精神形成的主要根源之一，本编将气作为一种生命基础，由此展示中国艺术创造推重生理的独特的生命观。本编还从"象"入手，来讨论中国艺术符号的民族特点，并重在从汉字、易象两种符号研究中，试图找出艺术符号生命构成的内在根源。①

第二，中国艺术生命精神的具体体现。作者认为，生命是中国艺术的本体，艺术则是生命本体的感性显现。艺术创作就是对生命活动的直觉体验，观照生命活动的各种形态和特征，体验生命本体的奥秘，通过美感形式和技巧，把生命本体活泼泼地表现出来。本书以绘画、书法、园林艺术为例，论证中国艺术的生命表现。作者说，中国画是以表现生命为创作的"最高纲领"。"中国画家对生命的独特理解，就是要攫取

---

① 朱良志：《中国艺术的生命精神》，安徽教育出版社1995年版，第1页。以下简称《生命精神》，随文注明。

宇宙盎然生意，借艺术之笔点画万物，提升性灵，追求自我生命和普遍生命的相融，从而在山光鸟性中表现生命流转无限之趣。"这种生命之趣，表现在三个方面："一是通过绘画创作来体验生命"；"二是以绘画形式来显现生命"；"三是在绘画空间中安顿生命"。（《生命精神》，第179—180页）

书法艺术对生命的表现不同，因为书法除了篆字还保留一些模仿物象的"象形"外，其他书体都是高度抽象而与"易象"接近。所以书法的取象不是生命具体实象，而是生命活动整体的动态结构所显现的"虚象"。正如作者所指出的几点："取道：探取创化元精"，"取势：创造生命的动感"，"取韵：追求生命的趣味"。（《生命精神》，第217—144）

园林艺术不同于其他艺术部类，它是自然美与艺术美集于一身，既是生命活动登临俯仰的大舞台，又是生命精神静观激赏的小天地，所以，园林艺术的生命精神表现与众不同。作者指出，园林创造要遵循生命原则：一是"通"，"通天下一气耳，因而世间万事万物都在这庞大的世界气场中浮沉，中国人强调，以自己的生命之气和天地之气相'交通'。"二是"流"，"园林作为造型艺术，是一种空间艺术，它必然受到静态空间的束缚。而对流的重视，正是要于静中显动，在空间中体现出时间，在流动中展露生机。"三是"隔、抑、曲"，也就是在造园中"有时故意封闭空间、隔开景区，使各个景区自我成一生命单元，一生命整体，由此再与其他园景襟带环映。这样既见出园景的参差错落，富有变化，又可使人有逶迤不尽之感，景外有景，象外有象，壶中天地于是变宽了，一勺一拳亦更具幽水之味了。"① 以上是从创造的角度，论述园林创造不同于其他艺术门类，如何才能适应生命活动，如何才能激发生命精神。以下是从审美的角度，论述园林艺术生命精神的体现。作者从三个方面进行论述：一是"生命之寄托"；二是"生命之愉

---

① 朱良志：《中国艺术的生命精神》，安徽教育出版社1995年版，第261—269页。

悦";三是"生命之超越"。对园林艺术的审美,与其他艺术门类大同小异,故不细说。

第三,中国艺术的生命体验理论。关于生命体验的理论,该书主要分析、论证"虚静""共感""物化"三个审美范畴。"虚静"分三层:一是"虚",即虚廓心灵,空诸一切。二是"静",即是审美感知中最静的一霎。三是"动",虚静不是消极等待,它以无载动有,以静追求动,以平和的情怀拥抱大千世界。"虚静"就是审美主体的一种超越的心理定式。"共感",是虚静心灵所产生的一种生命运动,就是物我彼此往复、交相洽融的审美共感运动。"物化"是一种心理特征。物化心理中主体最大限度地向客体彼岸靠近,最终与客体泯然相契。虚静、共感、物化三者的关系,作者说:

> 中国古代审美体验论包括三个重要的理论层面,这三个层面大致形成一种由此及彼、渐进深入的心灵程序。虚静是体验的发端,共感是体验的展开,而物化是由此而达到的高峰体验。虚静是神定,通过心斋而凝神于一;共感是神入,物我之间呈现交相往复的运动;物化则是神合,物我浑然一体。(《生命精神》,第287页)

第四,中国艺术的生命美感论。生命是"整一"即独立的整体,不可分割。美感是生命活动所产生的快感,是生命整体的一种快感,因此中国古代的美感论是生理快感与心理快感、伦理快感或者说是五官快感与实践(道德)快感、精神快感的一致。朱良志认为,中国古代"是一种带有伦理倾向的审美愉悦观","审美愉悦中混同着生理快感"。他说:"在先秦典籍中,食、色、性等生理享受人们谈之甚多,而味觉、听觉、视觉、触觉、嗅觉等外在感官享受也受到人们充分的重视。春秋战国以后,这种情况有所变化,如'乐'的含意有所缩小,主要指诗、乐、舞等纯艺术的内容,艺术形式引起的快感受到了人们的重视,它标志着人们对快感的认识渐渐从外在的感官转向精神的悦适。"但是，这并不等于说，中国古代的艺术美感论也与西方现代美学的美感论一样排斥官能快感、生理快感、道德快感，而是说中国古代的美感论有发展、有变化。其主要表现是官能快感、生理快感在审美愉悦感中所占比重所占地位逐渐减少减轻，但官能、生理始终是美感愉悦产生的基础。"生理快感虽带有粗鄙的成分，但在中国人看来，人的心理变化不能离开生理的基础，感官的生理作用可以与心理相违，但如果把此种生理转化为支持心理的具体力量，那便获得了心理愉悦的生理基础，生理快感与心理快感同时并致，形成一种混合快感，悦耳悦目促使悦心悦意的深入，使后者更扎实更充盈。"（《生命精神》，第403—404页）朱良志的上述论说具有重要的理论价值：首先，符合中国古代美感论的历史实际。中国古代的美感论是生理快感与心理快感、五官快感与精神快感的一致，美感不是"纯粹理性"，而是感性与理性的统一，美感论符合事实，因而是正确的。其次，西方现代美学的美感论排斥生理快感、道德快感，把美感变成纯而又纯的"精神愉悦"，追求理性愉悦，不符合艺术—审美活动的实际，是主观想当然的。中国现代美学的美感论，放弃中国古代美感论的优良传统，盲目地追随西方的美感论，是一种错误的选择。朱良志对中西方美感论的比较研究，对中国美感论优良传统的肯定，为中国现代美学研究树立了好榜样。

设计美学三题

梁　梅[*]

摘　要：设计是人类为自己的生活所需创造的物品，其文化性质属于造型艺术。设计美学基于设计的实物及其造型、色彩和装饰，体现了每个民族、每个时代所崇尚的生活方式及秉承的价值观念，是一个时期、一个民族审美观念的物化。对设计美学的研究总是与具体的设计对象有关，设计美学既有其体现人类价值观的共性，也有每个民族、每个时代所崇尚的美学个性和审美偏好。要想正确地欣赏某个设计，就必须了解其用途，在设计作品中不存在纯粹的、未加思考的感受乐趣，没有任何一件设计品是因为仅仅表现美感而创造的。由于文化背景的差异，对于设计美的欣赏也同样存在着不同的感受，文化的多样性导致了美学认知的差异性。设计批评同样建立在对设计的特点和历史的了解上，设计之美是时代的产物，总是建立在当前的价值观上。

关键词：设计美学；设计欣赏；设计批评

作为名词，设计是人类集智慧、技术、创造力和想象力为一体生产的、用于日常生活的人工制品。设计是人类为自己的生活所需创造的物品，农业时代称为手工艺品，工业时代指工业产品。设计主要服务于人

* 梁梅，中国社会科学院哲学研究所研究员，主要从事设计美学研究。

们的日常生活，满足人们的衣食住行需要。设计的文化性质属于造型艺术，是含有艺术价值的日用品。设计多数是艺术和技术相结合的产物，把实用和美观结合在一起。和艺术一样，设计也是一门创造性的学科，涉及了技术、实践、审美等多个方面。但是，与纯艺术如绘画、雕塑、诗歌、音乐、戏剧等只是提供审美经验、审美体验不同，为人们提供日常生活所需的设计必须满足功能的要求。是否具备实用功能是设计和艺术作品的根本区别。

设计最初旨在为人们的日常生活御寒保暖、维系生存，然后则用于社交礼仪、分辨美丑雅俗，进入一个国家的文化内容之列。"文化"是每个时代生活方式的总和，衣食住行等用品都具备文化之前提、审美之品位。艺术史学家马克斯·J.弗里德兰德曾经说过："说到文明，一只鞋能透露给我们的消息，和一座大教堂所蕴含的内容一样丰富。"① 一个民族的记忆是需要投射到具体的物品和物质环境上的，这些承载物在帮助维系人类文明的功能上，有着重大的责任和作用，其体现出来的风格特点更能反映出那个时代的审美精神。无论是农业时代的建筑和器物设计，还是工业时代的机器产品，都是一个国家政治经济状态的体现，一个时代审美风尚的产物。正如英国作家阿兰·德波顿在《幸福的建筑》一书中所说，当建筑的建造方式、用光方式、象征方式、构造方式，一旦被理解成为"方式"，就意味着要与具体人群的生活和认知相联系。通过其屋顶、门把手、窗框、楼梯和家具促成一种特定的生活方式②。当这种特定的生活方式用于特定的人群时，具有文化意义的设计美学就形成了。

历史上，中国的城市、建筑、日用品和服装在形式和风格上之所以和西方有如此大的差别，是因为中国人在设计这些物品时有着不同的造

---

① 〔英〕贝维斯·希利尔、凯特·麦金太尔：《世纪风格》，林鹤译，河北教育出版社 2002年版，第 3 页。

② 〔英〕阿兰·德波顿：《幸福的建筑》，冯涛译，上海译文出版社 2007 年版，第 4—5 页。

物美学思想。而在今天，在一个物质文化极度发达的时代，设计师和制造商赋予了人造物品不可抗拒的魅力，在设计中表现出形形色色的文化成就和人文追求，对设计品的消费成了消费者生活理念和价值观的体现。心理学家和哲学家都会承认，日用品的美为人们获得快乐和满足提供了有利条件，设计的美学特征也成了生活美学的重要内容，进入人类生活的哲学层面。

　　设计在个体生活、社会文化生活中广泛存在，尤其是在高度工业化的社会，人工制品甚至取代了自然界，占据了人类经验中的主导地位。在日常生活中，我们总是被设计师苦心营造的各种图像、物体所包围，并形成了我们的生活、影响了我们的行为，物质文化的覆盖范围与复杂程度已经达到了前所未有的高度。即使我们的行为也往往被那些工作、游戏、学习及日常生活中的设计品，引导成有组织的行动，由这些设计提供的服务支撑甚至控制。在理查德·布坎南和维克多·马格林所编的《发现设计：设计研究探讨》一书的前言里，就开宗明义地提出了所思考的问题：日常生活中的设计不应仅仅被看作是一项专业实践，也应该被当作是一门集社会、文化、哲学研究于一体的学科①。设计中所包含的艺术内容，应该是艺术哲学的审美文化研究中的重要组成部分。设计中的美与艺术所给予我们的情感愉悦一样，都是我们生活中满足情感需求重要的一方面。在满足需求的条件之后，我们在购买衣服、装修室内或使用日用品的时候，我们就会追求这些设计中的"美学价值"，或者在购买同类产品的时候，会选择那些看上去更加赏心悦目的东西。

　　当有人批评美国人太全神贯注于物质价值以至文化已经从他们身上消失时，美国工业设计师亨利·德莱福斯谈到了日用品在人们文化生活中的重要意义，他认为："精心设计的、大批量生产的商品构成了新的美国艺术的形式，并负有创造新的美国文化的责任。这些应用艺术的产

---

① ［美］理查德·布坎南、维克多·马格林编：《发现设计：设计研究探讨》，周丹丹、刘存译，江苏美术出版社 2010 年版，第 1 页。

品是美国人日常生活和工作的一部分，而不仅仅是在星期天下午观看的博物馆展品。"① 他觉得那些欣赏美术的人和那些钟情于实用艺术的人之间并没有什么根本冲突，他们都有同样的冲动，就是对美的渴望。当一件好的设计被批量生产，进入到公众的消费之列，它的影响是极大的。市场如果能不断推出优良的产品，就会转变人们购物时的品位，通过对优良设计的消费，公众的审美品位会有惊人的上升。

今天，许多设计师把自己的工作置于为人类谋求福祉的行业，他们不满足于自己的工作仅限于注重功能、讲求效用的用品，而是更多地把情感和精神注入其中。他们坚持认为，设计在提升人类生活的幸福感中有着重要的地位，尝试着将机器产品设计得尽可能达到完美。他们在追求一种设计美学，这种设计美学趋向于使人安心、没有破坏性，让它的使用者和购买者感到安全和幸福。今天的设计已经不再是仅仅满足日常生活的所需之物，还是提升我们生活品质的必需之物，也是我们幸福生活的满足之物。设计的美应该是脱离了物品本身，能够唤起我们的善良、真诚和幸福感，并且能够使我们自己得到确认的东西。真正的设计之美反映了日常生活幸福的可能性，以及蕴含在社会中的和解的可能性，幸福的愿景也必须包含其中。

设计美学

长久以来，设计美学包含在美术史、建筑史和技术史等学科中，其内容在人类文明的历史中若隐若现。有关设计的美不仅散落在无数东西方的文献著作里，也体现在有史以来的环境、建筑和器物设计等具有创造性的人工制品中。设计美学既不是设计历史，也不是设计艺术，设计美学基于设计的实物及其造型、色彩和装饰，但包含了哲学的内容和深度，体现了每个民族、每个时代所崇尚的生活方式及秉承的价值观念。

---

① ［美］亨利·德莱福斯：《为人的设计》，陈雪清、于晓红译，译林出版社 2012 年版，第65 页。

设计作为一种人造物,是人类的创造计划、创造行为、创造过程以及哲学、美学和文化的集中体现。设计美学是一个时期、一个民族审美观念的物化,我们从中可以了解到这一时期、这一民族在美学上的趣味和追求。设计虽然不是纯艺术,不以震撼人心的情感或寓教于形的道德说教为目的的,但因为其为人们日常所用,服务于人们的衣食住行,其造型、色彩和装饰,即使人们不去专门欣赏,也会源源不断地为我们提供形式语言,潜移默化地培养起人们的审美意识,如影随形地左右人们的审美判断。比起那些往往只能在美术馆、博物馆等殿堂之上观赏的纯艺术品,设计对于一般人的影响之深刻、之广泛更为久远强大。

除了功能性外,设计的另一个重要特征是技术的特征,几乎每个时代的设计都会打上这个时代在技术成就上的印记。设计的风格和美学特征总是不可避免地依附于材料和结构等技术条件之上。设计的变化也许会受到艺术潮流的影响,但完全不依赖于艺术认识的变化,各种设计风格的发展会因为技术的变化而突然改变。在设计发展的历史上,也会有源于功能和美学追求所达到的工程技术的成就,如建筑中的穹顶。更多的时候,设计在美学风格上的改变是由技术实现的,如现代设计的机器美学风格和后现代的高科技风格,就是典型的技术发展的产物。实际上,设计的现代风格也是技术的发展所促成的,不是受其他艺术形式的现代主义影响而产生的。对于设计而言,技术并不是设计美学的对立面,在实现设计所具有的外在高雅和内在唯美的终极目标中,技术都扮演着重要的角色。由于设计与技术的密切关系,设计美学在遵循自然法则的同时,还呈现出每个时代技术发展的特征,因此,设计美学具有"科学"和"理性"的特点。如建立在数学基础上的比例关系,建立在新材料上的材质美感,以及建立在技术上的技术美等。

对于设计的创造性与审美感受之间的关系,了解哲学的推理极为重要。与哲学美学研究纯粹的概念不同,在设计美学中,美学并不是孤立的、分离的价值观念,而是与物品有密切的关联。确切地说,设计美学存在于我们在产品中所发现的和谐关系中，这种和谐关系表现在我们对产品功能的理性预期、我们感知道德伦理与社会价值的情感诉求以及我们对感性刺激的生理需求三者之间。每一个设计物品都有与之相称的审美标准，这种审美标准与产品的功能性、伦理道德与物质价值之间的恰当平衡是密不可分的。因此，对设计美学的研究总是与具体的设计对象有关，在每一个真实的设计案例中，大到环境、建筑，小到家具、餐具，设计的美都在这些物品的形式、色彩和功能上呈现出来。对于设计美学来说，问题并不在于是什么东西导致一些人喜欢苹果手机而不是三星手机，而在于人们有什么样的美学爱好？这样的偏爱对人们有什么重要的意义？因为审美的对象是服务于我们生活的物品，设计美学是有关日常生活的美学。很多时候，人们也许因为某件产品简单、流线的造型显得更简洁、更符合功能，另一件则因为有过分的装饰显得笨重，而选择了前者。这样的判断初看起来好像仅仅是讲究实用，但仔细一想，则完全是一个审美问题。实用设计中的美和纯粹艺术中的美一样，都是人们可以获得审美感受的对象，正如美国设计师亨利·德莱福斯所说："一张装配得当的餐桌有助于胃液的流动；一间灯光调节得当、安排得当的教室有助于学习；一种留意心理作用而小心选择的颜色有助于在机器边作业的人培养更好、更有利的工作习惯；在联合国总部设计的安静会议室有助于代表们做出冷静和公正的决定。我相信当人被美围绕时，他可以达到宁静的状态。在大教堂里，在观看展示的精美绘画和雕塑时，在大学校园里或者在听动人的音乐时，我们都可以找到最宁静的时刻。工业、技术和批量生产使得普通人在家中、在工作的地方用这种宁静包围自己成为可能。也许，我们在当今世界中最需要的正是这种宁静。"①

　　一种美学思想的重要性不在于其本身，而在于它是在什么时候、什

―――――――――――

① ［美］亨利·德莱福斯：《为人的设计》，陈雪清、于晓红译，译林出版社 2012 年版，第81 页。

么历史文脉下、什么具体情况下产生或应用的。对于设计美学的研究不可避免地与实物密切地联系起来，因此，研究设计美学不仅是在理论上探讨美学思想在各个时代和不同地区的体现，更多的是通过各个时代和地区的具体设计品，分析和理解那个时代人们对物品所秉承的美学取向。比如现代设计史上最重要的现代主义设计，出现在人类社会工业化和民主化的历史进程中，其设计试图通过机器制造出理性实用的产品，服务于普通人的日常生活，提升大众的生活品质和美学鉴赏力。现代主义也被称为精英主义，其内容包含了知识分子的社会责任感，表达了他们反对浮华的古典主义和夸张的商业主义，鄙视低俗恶劣的商业设计，试图通过尊重材料、利用工程技术，设计出诚实的产品，在物质的层面上实现平等、公平和正义的理想。现代主义高调的道德论调让设计师看起来像人民的公仆，而他们自己也确信，在他们的引领之下，人类正在从文化和传统的禁忌中解放出来，世界正在变得越来越美好。只有在了解了这样的社会背景之下，才能够认识到功能为什么变成了美学的内容，功能主义美学才会被更好、更准确地理解。

因此，设计美学既有其体现人类价值观的共性，也有每个民族、每个时代所崇尚的美学个性和审美偏好。只有将设计实践与文化语境结合起来思考，才能够充分而恰当地理解设计所包含的内容。体现在环境、建筑和日用品的设计中，西方和东方都有不同的形式和审美理念，古代和现代也有在美学上的不同判断。设计和艺术一样，都是开放的学科，对于某一既定问题或情况并没有所谓的正确答案。不会有"最好"的座椅也不会有"最佳"的住房设计，同样，"完美"的产品设计也只是在一定的时期和一定的语境里，每一个时代都会找到问题的不同解决方法，体现出来的美感也不尽相同。当然，对于设计而言，有些原则是永恒不变的，并不是只有严肃的现代主义和包豪斯理论家相信这一点：功能良好将始终是最重要的设计标准。作为生活用品，良好的功能是设计永恒不变的评价标准。尽管今天已经进入设计风格和设计形式的多元化时代，但当我们赞叹桥梁、船只和飞机的时候，现代主义的情感和美学价值仍然会在我们心中复苏。

在今天的美学研究中，现代主义的严肃性和教条主义被不断变化的时尚所替代，日常生活审美化和生活美学成了经常讨论的话题。人类的理想就是渴望能够进入自由王国，而日常生活的审美化也许可以成为人们在庸常的生活中进入自由王国的一个有效通道。设计美学在人们的审美生活中应该可以充当某种类似道具一样的东西，人们因为拥有优良的设计而提升了生活的品质。工业革命所引起的分工使得产品的生产流程和零部件生产专业化，结果导致产品丧失了曾经能够愉悦使用者精神与感知的品质。后工业时代使这种品质失而复得，反映了工业设计的发展历程，也反映了人类对文明进程的反思与思考。在工业化席卷全球的时代，设计师面对全面接管人工的机械化生产，没能对自然、美学的含义有更深入的理解，尤其是对那些能够引发人们满足感、愉悦感的产品美学知识缺少重视，导致对产品功能的强调主导了设计。事实上，具备美学价值的优良设计品常常被人们誉为一件艺术品，它似乎已经摆脱了服务人们生活的功能进入艺术的世界，当人们在使用这样的设计品时，同样可以获得欣赏艺术品的愉悦和审美感受，这就是设计美学真实的存在。审美理解是日常生活的重要部分，就拿人们对服装的挑选来说，如果不考虑审美爱好是决定性因素这一点，就无法解释其中包含的内容。

一个有理性的人的满足，我们称之为幸福，只有当人得到有价值的东西，而不仅仅是他需要的东西时，这种幸福才能到来。设计也是一样，虽然我们的日常生活中充斥着无数经过设计的物品，但并不是每一件设计品都具备美学的价值。设计的美需要理智去鉴别，也依赖价值观来认识和理解。一种价值，并不像是一种简单的爱好，它追求正确、恰当、适当，等等。同时，美学感受属于上层建筑，因此它本质上很容易受到意识形态的影响。一个时代占主流地位的设计类型，其形制、风格也同样反映了这一时期占主导地位的社会阶层的物质和精神需要。因此，每个历史时期的设计美学体现的是主流文化的审美观念。虽然也有相对应的非主流设计，如民间手工艺等，共同构成了一个社会主流与非主流、高雅与通俗的整体美学特征，但占统治地位的阶层及其所使用的产品，往往代表了这个时代的设计在美学层面上的最高水平。同时，占统治地位的阶层能够使用高技能的工匠和优质的材料，以及技术和设备资源，其产品也必然在技艺上表现得更为成熟。一个时代具有代表性的设计不仅代表了主流文化，而且还代表了一个时期设计在技术和艺术上取得的最高成就。对美学的真正理解就像对任何社会约束的感受一样，需要把对象反射到决定它的社会经济条件去考察。设计美学也一样，并不存在一种超越了社会、历史和经济的绝对的设计美存在，每个时代、每个民族都创造了具有本时代和本民族特征的美的设计。很多时候，经济决定论也为我们提供了一条通向解释美学含义的途径。

设计欣赏

对设计的欣赏和理解，首先建立在对设计特性的了解和认识上。因为设计与日常生活有极为密切的联系，其最大的特点就是要满足人们生活所需的功能要求，因此，即使是普通人，也许并没有接受过有关设计的教育和专业训练，也可以从实用的角度来理解设计和评价设计。因为设计的这一特性，在设计中表现美一直处于满足功能的前提之下。就像一位建筑师所说的，美是一种很重要的东西，是正确解决问题的产物。但是，把美作为设计的一个目标是不现实的。全神贯注于美学将导致任意的设计，并导致建筑物采用某种形式，因为设计师喜欢这种样子。没有任何成功的建筑学是建立在一般美学体系上的。[①] 美可以成为设计活动中的一种结果，但不是设计的目的。因此，对设计的欣赏首先要理解的是，作为一件满足某种功能的设计品，其设计是否实现了此功能要

①　［英］罗杰·斯克鲁顿:《建筑美学》，刘先觉译，中国建筑工业出版社 2003 年版，第25 页。

求。如果一个人要想正确地欣赏某个设计，就必须了解它的用途，在设计作品中不存在纯粹的、未加思考的感受乐趣，没有任何一件设计品是因为仅仅表现美感而创造的。与此相反，在一个技术时代，美也不再仅仅是通过外观来表现，技术美学或机器美学就是基于设计所依赖的技术基础之上的。从技术所达到的目的来看，一座建筑物或桥梁的结构从抽象意义上来说也是一种美，也可以说，随着人们对技术为我们的生活所带来的便利的认识，技术的特征也成了一种美学特征。毋庸置疑，今天，一座高大的斜拉桥和一座外立面有规律地排列着钢铁桁架的建筑，它们在力学上达到的平衡和并无艺术可言的变量参数所创造出来的线条，都会产生激动人心的壮丽美感。

在技术无所不在的今天，美似乎也成了自然进化和技术发展的衍生物。在飞机、船舶、电脑和手机等技术领域，产品因其技术含量高及功能上的要求，很大程度上已经决定了它的外观，因此，这些本来毫无美感的变量参数又一次在没有任何艺术干预的情况下，被创造出了唯美的外形。也许是人们在心理上普遍认为技术才是这些产品可以信赖的因素，因此，技术性的外观便成了人们判断此类产品的美学标准。在这些纯粹技术性的领域，如果一件产品在外形上过于强调艺术性，人们反而不会产生信任和情感上的依赖，也就不会觉得美了。当然，在这里，技术并不是粗糙、简陋的同义词，精良的加工和完美的细节，以及颇具匠心的处理手段都会为这些技术产品带来优雅之美的感觉。就像一个比例匀称、体魄伟岸的人往往给人健康和美的感觉一样，完美的技术也同样会让我们觉得美。

要在功能性的设计中获得美学趣味，就要注意到它的一切完整性，不是按照其狭隘的或预定的功能来看待，而是要按照它所具有的每种视觉意义来看它。这种审美注意力不是罕见的或复杂的现象，并不是某些行家的专利或某些人才具备的特殊能力，同任何注意力活动一样，它在任何时刻和任何心情下都或多或少强烈地、完整地存在着。在设计美学中，把美学观点脱离实际生活，或无视其功能、实用和价值的看法，都是对其本质的误解。无论审美注意力的作用如何，它都旨在领悟所见到的各个部分和看到的各方面的意义及其相互的依赖关系。现代设计也像现代艺术一样，试图清除视觉文化中"具有指代含义"的隐喻。它通过人类的视觉神经直接作用于大脑，没有开场白，没有故事情节，也没有解释。当建筑师勒·柯布西耶把房屋称作"居住的机器"的时候，他就排除了所有和家有关的联想，如家族史、温暖窝、爱巢等。现代建筑师摒弃了 19 世纪建筑的复古主义，取而代之的是直率和简洁，产品设计也采取了同样的简化主义的原则。但是，进入后现代后，"隐喻"又重新进入设计的手法中，后现代主义的设计师用"语境""文脉"等来呼应柯布西耶的纯粹主义，承认设计和历史的关系，并且试着融入环境，关注场地的历史承续。但他们并不是要复古，真的想回到过去，而是采取有点开玩笑的方式来引经据典。

对美学的深入理解也是一种实用推理的形式，需要通过教育来获得。在美学判断中，研究什么是对的和恰当的，对实际知识来说至关重要。在美学教育中，一个人得到观察事物的能力并进行比较，就会把设计的形式看成是日常生活中有意义的事物。获得有关设计美学的一些知识也是帮助我们欣赏设计的重要方式，如果要欣赏古希腊罗马建筑，掌握古典柱式的知识就是非常有必要的。但是，由于文化背景的差异，对于设计美的欣赏也同样存在着不同的感受，文化的多样性导致了美学认知的差异性。与西方重视逻辑思维不同，对于中国设计美的欣赏，尤其是对中国传统建筑空间的审美，并不需要采用概念或语言进行表述。因为中国文化的审美讲求"悟"，认为"言有尽而意无穷"。中国传统文化是将"言、象、意"相区分，美的创造以较为具体、简洁的形式表达深奥、抽象的理与意，具体的形式可以"羚羊挂角，无迹可求"，形式的创造与完善主要用于表达形式背后的意蕴。而且，在中国文化中，意蕴的表达方式强调含蓄，不是直白地一语道破，形式之后的意蕴往往需要欣赏者通过自己的能力去领悟、感悟和体会。

　　西方传统文化认为客观事物是可以被认知的，世界的基本规律可以通过各种工具、概念表达出来，在设计美学上也同样如此，如形式美的规律可以通过技术手段，如数和几何进行限定。在对形式美的定义和追求中，蕴含在形式背后的意义与各种形式符号是对应的。中国古代的思维方式的特点是重感觉、重经验、重综合，因此，在中国传统设计美学中，设计的形式与蕴含的"意"并不完全一一对应，形式背后的"意"是无法明确限定的，需要欣赏者"心领神会"。由于强调了形式是获得"意"的手段，"意"也是中国园林、建筑等传统设计创作的重要目的，这其实也为中国传统设计美学的欣赏者提供了感受的难度。中国传统的园林和建筑虽然要满足功能需求，但与中国绘画艺术相似，其在设计上同样也在追求"意境"美的表达，其目的同样在于获得生动的气韵与意味，形式只是实现这一目的的手段。因此，通过设计者的处理，手段与目的被统一在一起，"形"与"意"和谐统一、相互共生。中国美学对"形"与"意"的关系有各种描述，包括"形与神""象与意""境与情"等，美的意境有一个重要的标准就是"气韵生动"。"气韵生动"由南齐的谢赫总结出来，宗白华先生认为"气韵生动"指的是生命的节奏。体现在中国传统建筑和园林的设计美学上，就是形式所体现出来的精神气韵。在中国古代设计中，无论是建筑设计还是园林的营造，形式都是可以反映主体的精神气质的，不管是皇家宫殿，还是北方大家族的四合院或江南文人的园林，这些居住环境之美在设计中都体现了当时人们的社会生活、文化习俗，以及艺术品位等。设计上的"气韵生动"意味着设计者通过建筑和环境实现了自由审美栖居的可能性，把人生的自由境界作为了审美的最高境界。

　　中国传统的审美方式讲究"外师造化，中得心源"，重视审美过程中的"神游""畅想""妙悟"，最终达到"心物交融，物我两忘"的境界。美学判断不以理性来认识，而是通过悟性来意会。这种重视体验、领悟的审美方式同样也可以用在对中国传统园林和建筑设计的审美上。在对中国传统园林和建筑设计的认知基础上，在对中国传统居住环境的审美过程中，体会形式美背后的意蕴，观看其视觉美感的同时，感知其和谐教化的审美功能，理解传统居住文化中审美栖居的深层境界。在观看和欣赏环境与自然的和谐、建筑的布局、造型和装饰的过程中，感受客体的"物"与主体的"心"融为一体的审美体验。因为在审美中强调人的主体性，审美判断与审美感受都与人的学养、气质有关，因此，在对中国传统的居住设计美学的理解上，对于环境、建筑的空间布局、基本形制和装饰手法等了解就变得极为重要。中国传统的空间设计往往融时间于一体，因此，在欣赏时就需要远近结合、多个角度、全景式地把握环境景观和建筑组成的整体意境之美，这种美既有远处的大尺度、大环境的自然风貌之美，又有近处的园林景观和单体建筑的形式、细部和装饰之美。

欣赏中国传统设计的美往往要与中国的艺术审美结合起来，了解中国绘画的美学追求和意境表达。宋代郭熙在论述山水画时有"高远、深远、平远"之说，用在中国传统居住环境的造景中，表现为多层次的空间意境营造。对于欣赏者来说，采用"三远"的观看方式，随着视点与观赏角度的不断变化，既可以看到大的山水格局和建筑布局，又能够欣赏到景观和建筑的细部处理和装饰细节，在视线的远近游移之中体会到空间的连绵动态，感受时空变换之妙，以及丰富多样的空间意象。这样的欣赏方式，主体的视线是不固定的，是不断变化的，是有节奏地移动的，与西方静止地体会空间是不同的。中国传统园林设计最为重视空间的曲折迂回和变化，设计要做到"步移景异"，当人们行进在园林之中时，随着时间的变化，空间和景观也在不断改变，由此获得流动变化的审美体验。而在法国的园林设计中，几何形的规整成了其园林美学的重要特征。英国的园林设计也崇尚自然风景，但与中国不同，英国园林更多地体现在真正地再现自然上，迥异于经过了中国人的观念改造过的山水园林。

中国传统的环境、建筑、室内陈设和器物的美学思想，是中国文人士大夫审美思想的典型体现，尤其是在设计美学中，这种审美观念的主动性均体现在这方面。在中国古代设计中，有秾华艳丽、雕绘满眼的美，但主要体现在宫廷建筑和帝王贵族的生活中，其风格的形成是因为穷奢极欲的追求和富裕的财力所造成的。也有质朴清新、烦冗俗艳的美，主要体现在民间工艺的装饰里，表达的是平民对富裕生活的向往。只有简洁自然、典雅大气、精致巧妙的古代设计才代表了中国传统文化在设计中的最高审美境界，是中国文化的代表人物——文人雅士所主动追求、创造的生活美学境界。虽为工匠所制作，但其设计匠心无不体现出文人士大夫的审美追求和美学价值判断。

设计批评

设计美学并不是一种孤立的、分离的价值观念，它与物品有密切的关联。与抽象的美学观念不同，设计美学因为与具体的物品密切地联系在一起，在对设计进行审美判断和批评时就相对变得容易。虽然对设计的美学判断和哲学美学判断一样，同样都面临着判断的客观性问题，在某种意义上，设计的审美判断似乎是主观的，因为它主要是表达个人感受；而在另一方面，可能又是客观的，因为它试图证明这些感受除了自己之外，对他人也同样是有效的。而且，当我们把设计之美的感受变成评价或批评时，将会更加有助于我们谈论设计的美。

美学感受不只是理性人类的特征，而且也是人类理解自己和理解周围世界的一个基本部分。审美感受的目的在于一种客观性，因此，对设计美的评价也试图达到这一目的，包括研究各种标准，企图确定好的和坏的例子，并从中找出一系列原则，或者至少找出一个合理反映的模式，这些原则和模式可以运用到其他设计中去。在对设计的美学判断中，讨论什么是对的和恰当的，对设计实践、设计欣赏和设计批评都至关重要。对于设计师来说，通过对美学的理解，能够用美学的观点建立一种原则或计划，设计的目标就会更为清楚。而对于使用者来说，通过审美趣味的培养，在他们的消费行为和目的中就会逐渐有内在的自觉性。今天，许多人认识到，在不排除其他因素的情况下，产品发展的终极目标是产品与使用者行为的契合，设计实践的方法论不能与产品的预期使用效果及真实使用效果相分离，产品的美观与功能问题也不能与使用者对产品各方面的反馈相分离。传统的设计美学将审美定义为一种道德判断，脱离了产品使用的现象学体验。功能与人类行为之间的关系开始被越来越多的人关注，包括产品的符号学意义和象征意义等。

因为设计所具有的特性，设计美学与哲学史、美学史、技术史、社会史和文化史都有密切的关系。在设计所具有的特征中，最为重要和明显的就是实用功能，一件物品的价值不可能不依赖它的实用性而被人们所理解。在决定某种形式之前，设计首先要解决人们日常生活的问题，满足人们的生活所需，因此，才会出现设计真正的美存在于与功能相适应的形式之中的理论。今天，一些功能弱化甚至几乎不能使用的所谓的表现主义设计品，当讨论它的价值时，其在功能方面的缺陷也仍然会被提及，并且作为对此设计品的价值判断的重要内容。我们对一个物体的美的感觉总是取决于这种物体的概念，即使是看起来很像雕塑的建筑，如高迪、弗兰克·盖里和扎哈·哈迪德设计的作品，人们在评价它们时，也不会按照雕塑艺术的美来进行审美价值的评判。没有任何功能的人工制品是不会被称为设计的，因为它们并不能为人们提供日常所需，也许只能放到艺术品之列。但是，即使是土木工程师的作品，如桥梁、水渠、高压线、高架桥和高速路等，对视觉环境也会产生很大的影响，因此也应该被赋予艺术的元素。但事实上，我们虽然身处所谓的文明世界，却时常发现被太多贫瘠的视觉形象所包围。人们似乎已经习惯了拙劣的城市构造和交通体系，千城一面的城市设计和千篇一律的街道风格让旅行者厌倦，也没有给予居住者归宿感。人造的视觉环境和物品其实和艺术品一样，对我们的感官会产生巧妙的作用，但我们却常常忽视了它们应具有的艺术魅力。如果这些会影响到人们感受和体验的巨大人造物，也能够被从美的角度加以设计和造型，我们的环境肯定会更加让人赏心悦目，因此也能够给人们带来更多的幸福感。

对于设计历史的熟悉，对我们认清当今设计的发展状态和我们所处的位置也十分重要。如果我们对这一时期占主导地位的社会、经济、技术和审美缺乏足够的了解，就无法判断某些环境、建筑和物品设计的风格及其优劣。设计会随着时代的发展而发展，当代设计风格的形成是观念上不断变化和技术上不断进步的综合产物。在设计历史上，19世纪英国设计美学的推动者威廉·莫里斯十分厌恶大规模的机器生产的产品；奥地利建筑师阿道夫·卢斯在20世纪初期提出"装饰就是罪恶"；现代建筑大师米斯·凡·德·罗认为在设计中"少即多"；美国建筑师罗伯特·文丘里在20世纪70年代则表示"少即乏味"。这些看起来十分激进和针锋相对的设计观点，如果不了解其产生的时代背景，我们就很难判断它们在那个时代所代表的真正含义，也无法评判它们在历史上以及对今天设计的意义。

因此，设计批评也同样建立在对设计历史的了解上，今天的设计之美也是与时俱进的产物，建立在当前的价值观上。当判断一座建筑是美的还是丑的时候，无疑与我们今天的价值观密切地联系在一起。在漫长的设计历史上，古希腊建筑的美建立在完美的比例关系上；现代建筑的美则体现在其简洁的造型和低廉的成本之上。在现代设计中，任何装饰都是多余的，功能直接决定了设计的形式，美可以通过完全客观的方式实现，可以从简单的逻辑中获得。但是，进入20世纪60年代以后，随着后现代思潮的来临，装饰又开始出现在设计上，只提供功能的简单设计被认为是单调呆板的、缺少美感的。这些对设计的审美判断都建立在当时的社会、经济和文化背景之下，设计美学的概念会随着不同时代、不同的价值观念而变化。因此，理解设计所处的时代和文化背景，对于建立客观的设计批评观极为重要。

历史上，每一个社会对视觉美感都有独特自我的标准，不同国家的人在衣食住行上都有自己欣赏的风格和样式。在特定的文化背景之下，对美的评价也各不相同，不同的视觉符号在不同文化中的含义也不尽相同，东方文化中的设计之美在西方人看来可能会十分陌生。比如，在日本所崇尚的美学观点里，那些具有人工痕迹、看起来有点简陋的陶瓷产品所到达的美学境界是最高的，这些美学观念都会影响到对服饰、建筑和产品的评价。另外，在一个带有独特传统和观念的特定社会环境中，人们也很难对设计之美有一个完全客观的评价。这样的社会在观念上会使用自己认为重要的特定符号和象征意义，如中国传统文化中仅用于帝王的龙凤图案和黄色，就不会在平民的日用品中出现。

在对一些设计的批评中需要考虑地域性的特点，尤其是在建筑设计方面。一些技术性的产品也许具有普世的价值和特点，但建筑风格往往与文化背景及特定的地域联系在一起。建筑设计在很大程度上受到环境的影响，建筑物构成了它们自己环境的重要特征，就如它们的环境就是它们的重要特征一样。它们不能被随意复制，否则就会造成不合理的和灾难性的后果。许多历史性的建筑风格，是某种特定文化和环境的产物，是经历了漫长的时间后逐渐发展起来的。其形式、材料和功能都与地域密不可分，如果贸然把一个地区的建筑引入到另一个地区，就会遭到人们的反感和排斥，这也是当代中国许多地方山寨白宫、维也纳小镇遭到批评的主要原因。许多引起争论的建筑，也是因为人们希望建筑师根据位置的概念进行设计和建造，而不是去设计具有建筑师自己风格的建筑，有些特定形式的建筑不应该放在任何地方。因此，在建筑设计领域，一个设计师必须使他的作品与某些预先存在着的、不可改变的形式相适应，其在各个方面都受到种种影响的制约，这些影响不允许他有太多的自觉的"艺术"目标。事实上，这也是建筑艺术相对缺乏真正艺术创作自由的原因。

　　谁来评判设计？是设计师、制造商、美学评论家，或是科学技术专家、某类人群与消费个体，还是整个社会与文化？设计行为如何才能最恰当地表达人类使用者的利益与价值？这些问题现在都没有肯定的标准答案。在某种程度上，现在的设计实践很容易遭到批评。过去，设计师往往通过个人魅力，以及丰富多样的设计方案取胜，而现在，设计师必须与其他人更加紧密地合作，这些人也包括那些希望使用新产品的普通消费者。在一些大型的设计项目中，设计往往由一个大型的团队组成，这个团队包括了工程师、计算机专家、心理学家、社会学家、文化学者、营销专家和制造专家等，设计师在这个团队里扮演着一个非正式的、微妙的组织者角色，需要引领思维的发展过程，支持鼓励及结合其他专家的成果。设计师本人的工作，也同样需要接受团队的质疑和检验。

　　对设计的批评除了工程技术外，也不能停留在造型、结构和色彩的美上，真善美往往是联系在一起的。自现代设计诞生以来，对设计伦理和道德的评判在设计专业中就尤为激烈，意识到这一点非常重要。如果一件设计品在造型上虽然粗笨，但可以解决贫困地区人们饮用干净水的问题，那我们就不能把它排除在美的设计之外，也不能因此而成为设计美学批评的对象。设计美学的含义需要在更宽的范围内解读，我们必须意识到，所谓设计美学并非是简单的视觉诉求，而是在技术与社会的框架限制之下，对使用者提出的各种需求，进行恰当的、合理的协调与平衡。设计师必须要成功地将各种需求的要素整合起来，这些需求不仅来自个体消费者，也来自社会群体，包括他们的理性和感性需求。在设计美学的评价中，审美标准与产品的功能性、伦理道德和物质价值之间的恰当平衡是极为重要的。

　　今天，生活美学成了许多品牌滥用的流行广告语。本来，美学应该是包含在设计的形式和内容里让我们身心愉悦、赏心悦目、令我们深深感动和满足的东西，现在却成了商家企图诱导消费者购买产品的说辞。

而且，这些所谓的美学往往是他们创造出来吸引消费者的，并不具有感动人的成分。在一个充满了物欲的时代，一些对人类和世界怀有责任感的设计理论家和设计师提出来，应该为人的"需求"（needs）设计，而不是为人的"欲求"（wants）设计，以及为那些人为地制造出来的"欲求"而设计。但在物质丰富的今天，放眼望去，在城市的百货商店里，绝大部分物品都是为"欲求"设计的，无数的日用品都是以一种功利主义目的、假借所谓的美学标准大批量生产的，和消费者的真正需求几乎毫无关系。如何正确地理解设计、批评设计，正如著名美国设计理论家维克多·帕帕奈克提出来的那样，为人的"需求"所设计，才是设计唯一有意义的方向。

会议综述

不忘初心，继续前行

——"中华美学的传承与创新"国际学术研讨会暨
2017 年中华美学学会年会综述

李 贺*

    2017 年 10 月 21—22 日，由中华美学学会与中南民族大学联合主办的"中华美学的传承与创新"国际学术研讨会暨 2017 年中华美学学会年会在武汉召开，来自国内数十所高校和研究机构的 300 余名代表以及德国卡塞尔大学、耶拿大学和韩国岭南大学的沃尔夫冈·维希、史蒂凡·马耶夏克教授、闵周植等外籍专家参加了此次美学盛会。

    本次会议的主题是"中华美学的传承与创新"，致力于传承和弘扬中华美学精神，呼应党的十九大"不忘初心，牢记使命"的主题，在新时代之下为美学的发展寻找新的契机，促使中华美学继承传统，面向当代，服务社会，促进新时代中国特色社会主义文化的健康发展，从而走向世界、走向未来。立足于当前中国特色社会主义文化建设的需要和国内外美学界的研究现状，本次研讨会主要围绕理论与实践两个方面展开，包含三个维度：古今之意；内外之流；上下之变。古今之意，是指本次会议对于中西传统美学基本问题的关注，对于传统中国文化理论文本和核心范畴的重新诠释和讨论，以及对西方经典美学问题的再反思，

---

* 李贺，中国社会科学院研究生院哲学系博士研究生。

有利于更好地解决当前国内外美学界遇到的种种问题。内外之流是指本次会议是一次民族性与世界性并存的大会，这是此次会议的一大特色，此次大会不仅关注中华民族作为一个整体的中华美学与世界美学的沟通，而且关注了中华民族作为一个族群，其中各个民族都有自己的民族特色。本次会议收纳了不少有关民族美学与民族艺术的优秀论文，对于未来进一步在民族艺术的基础上建构各个民族的民族美学，加快中华美学主体性和多元化的建设步伐做出了重大贡献。上下之变，是指本次会议的讨论既涉及对形而上的美学理论的探源与思考，也涉及对具体的美学实践如美育、城乡美学建设和如绘画、书法、戏剧、舞蹈、服装等艺术实践的探究，形而上的美学理论与具体的审美实践之间的会通，是解决当前社会所面临的审美相关问题的正确途径。接下来，本文将从六个方面对本次会议进行综述。

一　追本溯源——中华美学与中华传统文化

伴随着党的十九大的召开，我们的国家进入了一个新的时代，在新的时代条件下，中华美学的发展也必然进入新的阶段。因此，"当代中国美学应如何发展的问题"也就成了与会学者关注的首要问题。中国社会科学院的高建平研究员在开幕式致辞中指出，当代中国的美学有三个资源，即传统美学的资源、外国美学的资源，以及 20 世纪中国美学所形成的新传统。这三个资源的区分也就成为未来中华美学发展的源头和增长点。

首先，从宏观的角度，与会学者对中华美学的发展提出新的思路。北京师范大学的刘成纪教授从中国传统礼乐美学的角度出发，对现代形态的中国美学提出质疑，他提出，中国是一个礼乐文明传统的国家，在王朝正统意义上，礼乐美学才是中国美学的主干，中华美学精神是以"尚文"为特质的礼乐精神，中国美学史则是以体系性的国家典章制度为主导的历史。而现代形态的中国美学，在近代启蒙批判传统的主旋律影响之下，更多关涉个体自由和人性解放的命题，却忽视了中国传统政治制度文明中建设性的审美特质，并且在现代启蒙观的主导下，在中国美学史中占主导地位的美与艺术繁荣期恰好是正史中礼崩乐坏的时期（如魏晋时期和明朝中晚期），而政治昌盛的时期则被忽略（如西周、两汉、隋唐）。因此，要加强对于礼乐观念所塑造的"美学正史"的研究。

其次，本次会议关于传统美学的讨论还涉及对具体的中华美学思维模式的研究，对中华美学古典范畴的梳理以及对传统文化中的审美现象的解读。

关于中华美学思维模式的研究，实质就是对于美学研究方法的重新考察。武汉大学的邹元江教授从中西哲学会通的角度讨论了"关联性思维"，讨论了"关联性思维"是否是中国人头脑的最根本特征，其限度何在，与其相关的"聚合性思维"是否更能切中或出离"内观"意义上的"美学的"有序化思维等相关问题。扬州大学的姚文放教授从文学本质的角度，呼吁学界重新重视 20 世纪 90 年代湖北大学郁源教授提出的"感应论"。他认为，"感应论"是对"反映论"的超越，超越了认识论的边界，是立足于中国古典美学，运用中国古典美学的思维方法、理论学说和概念范畴来构建的文学艺术和审美活动中的主客体感应关系，有着强大的生长性和未来性。贵州师范大学的陈火青教授以庄子美学为例谈中华古代美学的诠释，认为要利用"回归"与"划界"这两种诠释学方法来研究中国古代美学。

对于古典美学范畴的梳理，主要集中在对"兴""意境""意象""中""妙""音象""大美"等范畴的研究。江西师范大学的陶水平教授认为，西方近代以来的美学主要是一种审美感性论，而中华传统美学则是一种审美感兴论，植根于中华古典美学的"兴"文化原型。"兴"是中华古典文艺美学最重要、最具民族特色的基元性范畴，是贯通中华古今文艺美学的核心范畴，而当代美学发展的新动向是从审美感性论和走向审美感兴论和审美精神论。中南民族大学的胡家祥教授通过对严羽《沧浪诗话》的研究，提出《沧浪诗话》中内含一个严密的诗学观念系统。该系统以"兴趣"为核心，以"别材"为机要，以"妙悟"为途径，最终实现"入神"的最高境界。贵州财经大学的冀志强教授从现象学的角度考察了"意象"与"意境"两大中国古典美学的核心范畴，提出"意象"是通过一种纯粹意向性的行为构造成的包含某种意义的形象，而"意境"是包含意象在内的一个存在论意义上的空间场域。

对于传统文化中审美现象的解读，涉及范围较广，从饮食、色彩到通俗文学，从《周易》《论语》到《庄子》，不一而足。学者们通过对具体审美现象的解读，解释了其背后深刻的审美意蕴和丰富内涵。河北经贸大学的张欣副教授讨论了先秦饮食的"形"审美。江西省社会科学院哲学研究所研究员郭东从社会历史、文化和政治三个方面探析了中国人尚红的原因。运城学院的朱松苗讨论了《庄子》的"不仁"之美。

这场对于中华美学和中国传统文化追本溯源的讨论，不仅讨论了一些美学的基本问题，而且在新时代的条件下，对经典问题、经典范畴和审美现象展开了全新的解读，使人耳目一新。但还需要看到的问题是，关于中国传统美学的讨论依旧主要限制在儒道文化之中，对儒道之外的其他美学经典的研究不足，但在我国的传统文化之中，思想的火花并不仅仅限于儒道，还有墨、法、禅等学派，故而以后要加强对其他学派的研究。

二 百花齐放——中国各民族审美文化传统及其现代发展

有关民族美学的讨论是本次研讨会的一大特色。中华民族作为一个多民族汇成的大家庭，在世界美学舞台上，呈现为整体的"中华美学"，但就内部而言，各个民族均有自己独特的民族文化与艺术，也就自然形成独具特色的民族美学。本次讨论涉及了藏族、壮族、蒙古族、苗族、瑶族、黎族六大民族的舞蹈、戏剧、音乐等多种民族艺术形式，不仅从民族性与世界性的角度对民族美学的建构提出建议，而且追溯了历史上的民族融合与民族的审美特性，为未来民族美学的发展提供依据。此外，还有学者就当今时代所提出的新的美学问题，如生态美学和旅游美学的问题，从民族美学中找到新的解决路径。

中南民族大学的彭修银教授多年来致力于民族美学的研究与推广，提出建构中国少数民族美学研究的理论话语，关涉着现代性问题的反思、国家形象的构建和本土文化的理论自信。当下民族美学研究的话语建构理应从"杂糅性"走向"方言性"，并需要从历史唯物论、中国传统美学中吸取理论资源，以少数民族非物质文化遗产作为理论指涉的事实依托，在全球化的视野中进行文化输出，进而更好地实现其理论话语的述行性。龚举善教授总结了新中国少数民族文学总体性研究60余年来所形成的话语系统，从中提炼出诸如国家意识形态、爱国主义、民族身份、民间精神、现代性等使用频率极高的话语范型。龚举善教授认为，未来对于少数民族文学理论的研究必须要依据马克思主义唯物史观对这些话语范型进行逻辑梳理、类型阐释和语境分析。

华中师范大学的张玉能教授通过对审美民族性的探源，提出部落或民族群体深层审美心理的生成和发展过程大概是：自保欲→恐惧和幸福感→崇高感→祭祀美感，审美民族性主要在于审美活动中的信仰感、崇敬感和神圣感。武汉大学的陈望衡教授则以《霓裳羽衣舞》为研究对象，为民族文化的融合提出建设性的意见，他认为《霓裳羽衣舞》的文化精神的主体是道家与道教思想，但音乐元素却主要采用的是西域和印度的音乐成分，这是一部内容与形式高度统一的乐舞。武汉纺织大学的张贤根教授则从艺术与审美人类学的角度讨论了民族艺术与美学的民族性特质，提出美学的民族性与世界性存在一种相互生成与建构的关系。

就具体的个案分析而言，学者们对各民族美学的研究呈现一种多层次、多角度的形态。广西科技师范学院的蔡荣湘认为，在广西金秀传统社会与现代社会中被反复演绎的瑶族黄泥鼓体现了审美认同与仪式的重要关系。昆明理工大学的娥满教授总结了藏族艺术的四种基本审美类型，即恢宏、繁复、隐秘和畏怖。广西民族大学的龚丽娟副教授则对壮族传说《刘三姐》在不同时代之下所呈现的不同艺术形态作了分析，认为《刘三姐》经历了一个历时整生与共时聚生的过程，这也是文学艺术经典不断延续与发展的一个特征。贵州师范学院的周江副教授对苗族的审美起源作了考察，提出光明与劳动一样具有本体论意义，在根本上美是苗族先民以"炫"为特征的自身存在状态的彰显。针对当前社会发展的需要所提出的生态美学和旅游美学的问题，包头师范学院的田中元教授通过对远古时代蒙古族文学中的神话传说的研究，找到其中内涵的人与天、天与物的和谐共生、依生、竞生的生态理念；海南热带海洋学院的王家发教授则通过对黎族审美文化的解读，为推动三亚市旅游事业的发展提出七条建议。

三　见贤思齐——当代世界美学的最近发展及其对中华美学的意义

中华美学的发展不仅需要从民族性的维度进行内部的研究与观照，也需要从世界性的维度吸收当今世界美学的最新研究成果，见贤思齐，与世界美学形成良好的对话模式。本次研讨会请来了四位外国专家——德国耶拿大学的沃尔夫冈·韦尔施教授（Wolfgang. Welsch）、美国麦奎特大学的卡特教授（Curtis L. Carter）、德国卡塞尔大学的史蒂凡·马耶夏克教授（Stefan Majetsc-hak）以及韩国岭南大学的闵周植教授（Min, Joosik），四位专家分别从各自的研究领域对目前最新的美学研究成果做了报告。韦尔施教授以"审美的世界经验"为题，着力阐明一个道理，即我们对艺术品的欣赏经验，作为一种经验的积累，可以改变当下的视觉。由此，艺术可以改变我们对世界和生活的看法，改变人生。卡特教授通过区分门罗·比厄斯利、阿瑟·丹托和诺尔·卡罗尔三位美学家的艺术批评观点，重新启发我们对于艺术批评的理解。马耶夏克教授揭示了图像认知的复杂性,区分了艺术图像和非艺术图像。闵周植教授谈到了中国的"八景"和"九曲"对韩国的影响,从一个微观的角度,讲了美学的传统,也讲了中国美学在韩国的接受。

除此之外,其他与会学者也对西方美学史上的经典问题给予新的回应,从古希腊柏拉图、亚里士多德的美学,到德国古典美学,以及后现代的美学,都是本次讨论的热点。

临沂大学的尹德辉教授通过详细区分"技艺"与"艺术"古今含义的不同,阐明了柏拉图不同于近现代的艺术思想。黑龙江大学的曹晖教授从"形式"的哲学概念出发,分析了亚里士多德"形式"的美学内蕴,认为形式是感觉和认知的中介,形式是一种"中间性"因素,形式是个体性和普遍性的结合,是一种不断的实现活动等。

山东大学的程相占教授从生态美学的角度入手,强调黑格尔美学具有强烈的反生态特性,这种反生态特性根源于其过度高扬人的主体性的观念论哲学,因此,美学研究要想走出黑格尔美学的阴影,必须走向生态实在论。厦门大学的代迅教授则从新时代中国美学发展的角度提出,"走出德国古典美学"已经成为当今中国美学发展的时代主题,他认为中国当代美学正在吸纳西方现当代美学的反叛性因素,融合其复杂多元化和充满活力的思想资源,绘制新的大美学理论图景。

北京大学博士后李一帅分析了以悲观主义和神秘主义为基础的别尔嘉耶夫美学,探讨了美在时间中的存在问题。宁夏大学的张富宝教授认为韦尔施审美化理论的价值在于用"反思的美学"去对抗全面审美化所带来的混乱与非美化的恶果,显示了韦尔施审美主义的理想化色彩和精英主义的立场。浙江师范大学的李震副教授考察了尼克拉斯·卢曼的社会系统论下的艺术问题,认为尼克拉斯·卢曼对艺术的考察显现了较为明确的后人类性。

北京第二外国语学院的胡继华教授提出利奥塔的"视觉后现代"是图形对话语的颠覆,是一种解构,引领后现代人进入"他者的空间"，对文学与绘画，甚至整个西方形而上学及其所负载的精神史都是一场震撼、一次变革以及一度颠转。上海师范大学的王建疆教授详述了"别现代"理论，回答了"别现代"之"别在哪里""为何而别"和"如何去别"的问题，并总结称"别现代理论就是别现代社会形态和别现代主义之别，是现实与价值倾向之别，是杂糅混同于单一纯粹之别。"四川师范大学的董志强教授重析"艺术终结说"，提出黑格尔和丹托的"艺术终结说"实质上所指的是一个艺术范式的终结，终结说蕴含的深刻理论意义在于，与历史上的艺术范式相应的美学理论的终结。我们必须对艺术和艺术的历史进行重新的认识，美学必须重构。

在理论建构之外，也有学者从比较学的角度入手，通过中外美学理论的比较实现新的理论突破，切实表达理论的现实关怀。湖南第一师范学院的邓邵秋教授从马克思的"自由时间"、海德格尔的"本真时间"和伽达默尔的"游戏时间"等美学理论分析了禅宗的"文字禅"的实质及其当代价值。武汉大学的王杰泓副教授解释了中日"文艺"术语对接的历史路径和对接机制，更深入地把握了术语活态生成和中国相关学科建立与发展的历史复杂性。中国社会科学院的王莹副研究员分析了美国汉学家艾朗诺对欧阳修与宋代美学的研究，指出艾朗诺教授的研究之最大创新点在于对欧阳修的《洛阳牡丹记》及其带动起的作为美学存在的植物种植学的深度精研，他对于宋代植物花卉谱录文化兴起的考察，对文化传统制约力造成谱录中自相矛盾的论证模式的观照，成为其宋代研究中最引人瞩目的闪光点，在国际汉学界独树一帜。内蒙古师范大学的陈贝分析了 20 世纪 70 年代产生的生态社会主义与中华传统美学的双向构建。厦门大学副教授仲霞分析了中西现象学的时空结构差异，指出西方审美现象学具有时间性倾向，经由对现实时间的超越把握存在的意义，最后向空间性审美现象学转化，而中华审美现象学具有空间性倾向，经由对现实空间的超越把握道德意义，在现代化的过程中向时间性审美现象学转化。深圳大学的李永胜从现实关怀的角度入手，针对工作与生活的对立,从杜威的审美经验中找到解决的方法。

四 人文化成——美育对提高全民素质的意义

美学理论的建构是中华美学发展的根基,本次研讨会汇集中西,集思广益,展开了新概念、新课题的探索。在理论建构之外,也非常重视理论的现实实践,刘纲纪教授从马克思主义实践观的角度倡导美学界应以努力提高全国人民的审美水平为目标,因此,以美育人,实现人文化成,就成了与会学者讨论的一大热点。

首都师范大学的王德胜教授从功能论的立场出发,提出"以文化人"是现代美育在方法论上的具体化,实现了现代美育以精神修复为旨归的涵养功能。"以文化人"在本体层面趋近人的存在完整性,在功能层面上向人提示精神发展的宏大旨趣,并在历史与现实相关联的过程中具体丰富了人生现世的精神层次,内在地实现着"以心立身"的意义收获,为现代美育的功能具体化提供了基本前景。中国社会科学院的丁国旗研究员讨论了文艺的"化育"功能,认为文艺的教化作用是我国古代文论的优良传统,一切文艺作品都天然地携带着教化的基因,都必然要履行教化的职能。而社会主义文艺继承了我国古代文论的优良传统,有着明确的教化使命。

吉林大学的梁玉水副教授对当前我国美育研究的现状作了深刻的理论分析,指出当前我国美育研究的理论主题、实践问题和发展趋向。武汉纺织大学的杨家友副教授则重回经典,对蔡元培提出的"以美育代宗教"命题进行了再批判,从历史与当代、理论与实践的多重角度对这一中华美学经典命题给予新的回应。中南大学的周奕希从宇宙论和人生观的角度对宗白华意境理论作了美育的反思。首都师范大学的尹一帆博士从微时代的角度从审美权力、审美形态和审美理想三个视角对审美悖论下的美育研究作了详细的分析。

在对美育的直接研究之外,还有学者从文学、时代的角度,通过对学界新问题的探究为中华美学的美学实践提供新的理论支撑。武汉大学的张荣翼教授认为，作者创作的成果是文学经典的先天条件，而经由批评家等方面的认定则是文学经典的后天形成，他从三个方面分析了文学经典的后天形成机制。中南民族大学的赵辉教授提出，每一个文学主体都是以一定身份在进行文学创作，中国文学的每一创作主体都具有多种身份，这种身份分为多种层级，形成了他们知识和话语体系的结构，从而形成中国文学的传承与演变，产生了文学的时代性、地域性以及文学流派，生成了不同作家以及同一作家不同作品的差异。

除此之外，其他学者也就当今时代的新问题，从新的领域探讨了美学的实践。中国传媒大学的李有兵教授对当代中国网络文学审美性质进行了简要考察，认为网络文学是当代的大众文学，网络小说具有传奇性和娱乐化生产的特征。南开大学的杨岚教授分析了当代中华美学精神的五个方面，提出要突出精英文化层面的建设，给审美乌托邦一个立足点，从而保证在整体文化战略上中华文化的精粹精华和最精致形式。周口师范学院的张志君对国内十余年来的身体美学做了研究。厦门大学的贺昌盛教授梳理了现代中国"美学"学科确立的过程，他认为，作为现代中国独立学科的"美学"是在中西文化汇融之下渐次演化出来的一门全新学科，既不是西学冲击下纯粹的"舶来品"，也不是中国传统学术自身延续的产物。进而，他提出，"美学"学科诞生之初的历程可以为当下"中国美学"之知识系统的重建提供积极的支持与启发。吉林大学的王延慧针对中国认知神经美学研究提出的"认知模块论"的假说做了研究，通过与欧美一些国家的认知审美美学的对比，提出这些研究为最终揭示审美活动的奥秘提供了富有启发性的实证根据。

五　上下会通——美学与艺术学研究的对话与融合

美学与艺术学的对话与融合是本次研讨会的主题之一，也是伴随着艺术学学科崛起所面临的最重要的问题之一。美学要与艺术学融合就要解决艺术中的问题，切实走进艺术学，从理论的角度，用实际的例证，显示美学进入艺术学之中，给艺术学以真正的指导，使艺术学得到升华。本次会议的内容，涉及了书法、绘画、建筑、雕塑、音乐、设计等多种艺术实践，体现了学科的交叉性和多样性，有的偏重于西方美学的研究视角，如符号学、环境美学、现象学、艺术批评，等等；有的偏重古代艺术史的研究；也有的从田园调查入手，如对徽州建筑的分析。会议期待在美学和艺术学的交叉中找到更深层的关系，表明艺术问题能够彰显美学问题，中华美学理论的建设必然会在中华艺术发展中得到呈现。

中国社会科学院的梁梅研究员从设计的角度讨论了中国传统居住环境的设计美学。她认为，中国人的哲学思想和世界观，尤其是儒道两家的思想对中国传统居住环境的设计思想和美学观念影响深远，传统园林设计是中国古人居住美学思想的物化，其审美意义超过了居住的功能需求。安徽师范大学的陈元贵副教授以徽州建筑的当代变迁为例分析了地域文化符号的再生产，他认为徽州建筑的当代变迁，其实是地域文化符号衰减、修复和重构的过程，从文化符号的视角探讨徽州建筑的变迁进程，可为今后的保护与重建提供建议。阜阳师范学院的黄继刚教授同样也以徽州古城为个案，分析了空间美学的文化生产与现代性危机，提出现代化的进程消退了城市个性化特征，文化多样性生态遭到破坏，精神性文化正在瓦解，城市居民通过符号交换丧失了技艺和身份。从设计的角度，武汉大学的朱洁副教授分析了东汉伟大的科学家张衡所发明的浑天仪、地动仪、指南车、记里鼓车等器物中的"孤技"之美，她认为这些发明设计既表达了对实证主义科学之真的追求，也遵循了儒家礼制中"器以藏礼"的思想，也体现了儒道简朴的人生观和以简为美的思想。

从传统书画角度着手，分析中华美学的美学传统，始终是中华美学研究的重点之一。中国社会科学院张郁乎研究员探讨了张彦远关于书画关系的论述及其相关问题，具体分析了张彦远书画论述的三个方面，即书画同体、书画用笔同法、书画道殊。书画同体问题后来发展为"书画同源"问题，苏州大学的范英豪副教授也对这一问题进行了探索，但是是从法国结构主义哲学家雅克·德里达提出的在场形而上学出发，将欧洲的"语音中心主义"与中国的"字本位"作了比较，并进而研究了中国语言哲学的"字本位"与传统书画艺术中的"书画同源"之间存在的关系，期望从哲学的高度理解中国传统艺术，特别是文人画的逻辑起点、表达方式及其书写性与"非视像"性的特征。这种用西方哲学对中国艺术进行分析，是一种以"他者"的视角对中国艺术及中国美学的重新审视。捷克查理大学的黄子明博士从现象学入手将艺术作品与审美对象区分开，论述了书法审美对象中空间的时间化，从外在空间向内在空间的转化、平面空间向立体空间的转化、笔画作为空间单元与时间单位、三体书法中的三种时空关系四个方面，对书法审美活动进行描述，展示出书法审美对象空间中包含的时间性。

　　除了对传统艺术形式的讨论，对于当代艺术领域中出现的一些新的艺术形式和审美特质，与会学者也给予了高度的关注。中国艺术研究院的李雷副研究员从文化社会学的角度考察了艺术史上艺术体制与艺术家形象的嬗变过程，提出：艺术家与艺术体制之间的关系，更多地体现为双方在相互对抗又彼此合谋的矛盾状况之中所维系的一种动态平衡，历史地看，二者皆在对方的作用之下发生着持续的变化。河北师范大学的李华秀副教授提出"拟象"油画的出现与广泛传播开启了一场艺术的范式革命。"拟象"油画突破了传统中西方绘画以表象作为基本思维方式和表达方式的特征，把"拟象"作为表达思想的主要工具，用色彩塑造"拟象"，随思想感情的不断变化创造千变万化的"拟象"世界。武汉纺织大学的陆兴忍副教授分析了近年来服装设计领域中的新现象——把中国本土文化元素创意应用到现代服装设计，她认为，这体现出了中国当代设计师的文化自信和文化创新意识，有利于中国传统文化的弘扬和增强本国人民对民族文化的认知和自信。

六　指向未来——美学基本理论的新探索

"不忘初心，继续前行"，是本次会议的核心理念。中华美学的传承与创新，是要在追本溯源、会通中西的前提下，面向未来，促进中华美学继续有活力地向前发展。高建平研究员在梳理了现代美学发展的几种形态之后提出，"美学"作为一门外来学科，在中国的发展始终呈现为一种"冲击与反应"的模式，而这是一种西方中心主义的模式，作为非西方文化，我们的美学发展一直处于被动反应的状态。因此，中华美学的发展应该走出"冲突与反应"的模式，立足于一个"未来的向度"，把握主动性，走向交流对话模式。中华美学的发展既要传统，又要创新，传统是根基，创新是大树，要以面向世界和面向未来的向度来激活传统，寻找美学的生长点。因此，面向未来，继续探索美学基本理论就成为本次会议的一大热点。

首先，武汉大学的刘纲纪教授通过对《1844 年经济学哲学手稿》的重新解读指出，人的本质的发展取决于人的实践，实践的发展水平决定了社会上层建筑的发展，这是社会发展的基本规律。因此，在新时代的条件下，我们要继续坚持马克思主义实践观美学，努力提高广大人民的审美水平，为建设中国特色社会主义美学服务。当代美学应该表现为，在中国共产党的领导下，实现中华美学复兴，实现中国梦的攻坚克难的精神，要从各个方面探讨马克思主义美学，并推广其全球化。

呼应刘纲纪教授的话题，中国社会科学院的徐碧辉研究员谈道，21世纪之后，美学界重新开始关注在 20 世纪 90 年代备受冷落的美学基本理论问题。从美学基本理论来说，20 世纪 80 年代至今所取得的最重要的成果是实践美学。实践美学的审美主体是人类主体，这从马克思的《1844 年经济学哲学手稿》以及相关著作中，从实践美学的创始人和主要代表李泽厚先生的论述中可以明确地看到。从这一人类学本体论的美学观出发，对美的哲学界定是"美是自然的人化"。但是，实践美学并没有停留于此。在人化自然过程中，人对自然界普遍存在的形式法则和规律的掌握和运用及其结果才是美，因此美是"自由的形式"。这一关于美的本质的阐释迄今为止仍是最有说服力和生命力的，美学基本理论的研究当沿此思路继续深入个体生存论。接着，安庆师范大学的江飞副教授回顾与反思了近三十年来的"实践美学""新实践美学"与"后实践美学"之争，提出在今天只有摆脱将中国与西方、古典与现代、旧与新（后）等相对立并以后者为尊的"非此即彼"式思维，坚持立足本土、融汇中西、多元共存、平等对话、面向现实、练习实践的立场，才可能在"实践美学"基础上真正建立起"现代中国美学"。

除了"实践美学"的探索，与会学者还从其他角度针对美学的深化发展提出建议。吉林大学的李志宏教授从认知学的角度提出审美认知模块假说。他认为，美学的根本问题、核心问题不是"美是什么"，而是"事物何以是美的"，美学研究的路径除了柏拉图开辟的本体论路径之外，还有康德开辟的审美认知路径，审美认知路径在现代认知神经科学充分发展的前提下已经有所深入，在美学基本原理方面做出了有实证根据的阐释。美的事物中不存在抽象的"美本身"或"美本质"。人在生活经验中形成的认知模块是造成审美关系的必备条件，是构成审美本质力量的机体结构，是事物形式与人的情感之间形成直觉性连接的枢纽。

四川师范大学的钟仕伦教授从美学地理学的角度分析了地域审美的性质与一般性原则。他认为，从地域分布、气候与气质、种族与环境、自然空间与社会生活空间等地域环境因素来研究艺术审美现象是中西批评史上长期存在的一种批评方法，美学地理学的性质和一般理论及其概念与地域审美相关联，对地域审美的一般性原则具有基础性的建设意义，并因此与空间化历史唯物主义一起，成为地域审美的理论基础，共同滋养地域审美这一新的批评方法的成长。

南开大学的薛复兴教授则从环境美学的角度出发，提出了环境美学的本质性立场是整体主义，并认为生态系统乃自然环境审美之恰当单元，生态学乃自然关系学，其关系视野当成为自然环境审美之本质性立场。从质与量两方面对自然事实与价值全面肯定，肯定美学乃环境美学之必然立场与终极表达形态。

针对环境美学、生态美学的问题，广西民族大学的袁鼎生教授和申扶民教授也分别给予了回答。袁鼎生教授讨论了生态艺术审美的相变，提出生态艺术具有各种形态，变化造就了本质的发展。生态艺术最早表现为生命艺术，艺术起源在生命形成时就存在；接下来，生态艺术表现为一种生存艺术，原始社会人的宗教仪式本质是一种自我保存的表现，而在摆脱了生存对自然的基本依赖之后，生态艺术呈现为一种生活艺术，生活与艺术是共生的，这一时期主要产生的是美的形态，在生活水平达到一定程度之后，生态艺术才得以产生。申扶民教授从西方近代的角度，分析了从卢梭到梭罗的生态浪漫主义思想。他总结称，生态浪漫主义一方面揭露和批判了人类对生态环境的破坏，另一方面通过倡导回归自然，与自然结成血缘纽带的生命共同体以及走向荒野等思想和行动，以弥合人与自然之间的裂痕，实现人与自然的和谐共生，并参照自然生态系统，构想平等自由的人类社会蓝图，这些都昭示和蕴含了生态文明的基本理念，对当今人类社会的发展具有重要的借鉴意义和价值。

英文目录及摘要

The Aesthetic Human Subjective and Free Form: Two Aspects of Practical Aesthetics

Xu Bihui

Abstract: This paper discusses two views of practical aesthetics: the "human subjective for aesthetic" and "beauty as a kind of free form". Aesthetics as a discipline, which researches the human aesthetic appearance, implies a precondition which takes consideration of "human" as the aesthetic subjective. Therefore, the essence of beauty must be considered in accordance with the essence of human being. This is why a practical aesthetics originally called "an anthropological historical ontological aesthetics". In this sense, we may say that the essence of beauty is "a humanization of nature". However, when we say that the beauty means the humanization of nature, we just talk about the philosophical precondition of beauty. The definition of the conception of beauty in itself is a kind of free form. Beauty as a kind of free form, form the objective consideration, are rules of form or regulation of form; from the subjective consideration, are powers of construct which form in the practical process of changing the nature by human beings who could use the rules of form or regulations of form for their purposes.

"Beauty is a kind of free form" as a proposition which was not issued abundantly is provided by practical aesthetics, is worth to research profoundly. We can explore it by two aspects: On the one hand, we could ask firstly: since the beauty as a kind of free form is a kind of power of conforming, then, how subjects create beauty through forms? How the forms become "the free form" by human being, the subject? On the other hand, by what the rules, laws, or regulations does the form go? And how do we make them free forms?

Key words: practical aesthetics; human subjective; free form

New Practical Aesthetics and Body Aesthetics

Zhang gong   Zhang Yuneng

Abstract: The practical aesthetics which emerged in the first great aesthetic discussion of new China did not pay attention to body aesthetics for various reasons, resulting in the absence of body aesthetics. In fact, body aesthetics is an important component of aesthetics, and every philosophy and aesthetics should have its own body aesthetics. Under the influence of aesthetic globalization and postmodernism aesthetics, the rise of Western body aesthetics has given Chinese contemporary aesthetics a revelation, and practical aesthetics should have its own body aesthetics. In the debate between practical aesthetics and post practical aesthetics, new practical aesthetics reflects and develops practical aesthetics, and establishes the body aesthetics of new practical aesthetics.

Key words: New practical Aesthetics; Body Aesthetics; Branch Aesthetics

Reviewing the "Practical Aesthetics" Thoughts by Li Zehou During the "Grand Aesthetics Discussion"

Jiang Fei

Abstract: In the heated argument of "Grand Aesthetics Discussion", Li Zehou critically absorbed various views and preliminarily established the basic principles and theoretical framework of "objective theory of social practice" based on Marx's "the humanization of nature", and it gives the visions and connotation of "Anthropology", it forms "Anthropology Practical Aesthetics", which is different from "Artistic Practical Aesthetics" by Zhu Guangqian. Reviewing the characteristics, contributions and limitations of Li Zehou's "Practical Aesthetics" during the "Grand Aesthetic Discussion", it will not only be beneficial to grasp the early features of Li Zehou's practical aesthetics and the early form of Chinese Practical Aesthetics, but also help us to understand the contemporary development of Li Zehou's aesthetic thoughts and the evolution path of Chinese Practical Aesthetics.

Key words: Li Zehou; Grand Aesthetics Discussion; Anthropology Practical Aesthetics; Artistic Practical Aesthetics

Rethinking Plato's Analogy of the Beauty Ladder

Wang Keping

Abstract: Plato's analogy of the beauty ladder in the *Symposium* involves an inquiry into the inborn love of beauty that pertains to a spiritual phenomenology of love. It is reinterpreted herein from both aesthetic and teleological perspectives, and thus construed as a pedagogical progression of philosophical learning and virtuous cultivation in the main. In the final analysis, it is intended to direct the love of beauty along with the upgrading of wisdom as virtue towards the Platonic ideal of human fulfillment and true happiness for the good life *qua* its ultimate telos. On this account, both the value of knowledge and the cultivation of personality are emphasized for inter-connected reasons, and meanwhile, a pragmatic stance is proposed on the kinds-of-life option in the light of the kinds-of-wisdom stratification.

Key words: Plato; beauty ladder; Eros; love of beauty to benefit wisdom; good life

Myth and Modernity: On Hans Blumenberg's Essential Thought

Hu Jihua

Abstract: Hans Blumenberg (1926—1996), one of the greatest German thinkers of 20th century, focused on thinking about a paradigm of metaphor-ology, the relationship between modern ages and Gnosticism, and work on myth as the approaches to the history of ideas. Firstly, he built up a paradigm of metaphor-ology from the standpoint of metaphor which plays a much significant role in his thought. Secondly, coming to term with rather complicated interconnections and facing up to the raging debates on the essence of modernity since 1960s, he attempts to specify the particular nexus between modernity and Gnostic tradition by contending that "the modern ages is the second overcoming of Gnosticism"; it is especially noteworthy that from the perspectives of metaphor and myth he reflected upon the historical impacts of Copernicus Revolution, and assuredly claimed that there no any necessarily logic relation between geocentrism and anthropocentrism; neither between scientific "de-centering" and ontological "de-subjective move". Consequently, persisting on the mode of functionalism in the context related to the modernity, he researched into the muthos-logos-relation while emphasizing on the roles of both in the life of human beings, especially on the irreplaceable role of myth in self-preservation, self-assertion, and self-cultivation of human beings.

Key words: A paradigm of metaphor-ology; Gnosticism; Modernity; Work on myth

On the Aesthetic Ideas in André's *Essai sur le beau*

Zhang Ying

Abstract: During the period of Enlightenment, Father André, the erudite Jesuit, published the *Essais sur le beau* in 1741. According to Diderot, the study of "Beauty" in this book was better than those of Crousa, Hutcheson, Batteux, etc. He cited several paragraphs of this book in his *encyclopedia*. However, the delay of its translation restricted its spread and acceptance in the English world and the Chinese world. In consideration of this situation, this article is committed to outline the main ideas of this book, and to evaluate André's contribution to the history of aesthetics. The main contents of André's aesthetics consist in the classification and the principle of unity. He combines closely together the dichotomy and trichotomy, in order to show the related or transmitting structure between the phenomenon of beauty and the supreme order. He borrowed from Saint Augustine the unity principle as the general principle in the world of beauty. Situated in the bitter debate about the standards of taste during the first half of the 18th century, André tried to prove the essence of beauty and the eternity of the regularity of beauty. In front of the strong challenge, he tried his best to maintain the classicist aesthetic standards. His aesthetics seemed a little bit old-fashioned in the contemporary tendency, but it was a specimen of the rationalist aesthetics during the 18th century.

Key words: Saint Augustine; Beauty consisting in Unity; *Essai sur le beau*

Reveal on The Great Learning and its Aesthetic Implication

Yuan Jixi

Abstract: *The Great Learning*, which is an important part of *Book of Rites*, is one of the four books and takes the three programs and eight entries as the core content, containing profound aesthetic implications. Because of the close relationship between the direction of Chinese aesthetics and personality morality, the aesthetic implications of *The Great Learning* can be revealed from the aspect of Ritual Music Enlightenment. "Investigating things" in the *The Great Learning* is closely related with the aesthetic perception, it also has something in common with the concept of "describe things" in the Wei and Jin Dynasties literature. "Sincerity" as an important concept in Confucianism, into Chinese aesthetics and literary criticism field, become the important category and terminology and it is the ontology of significance, it is also an important contribution of *The Great Learning* to the Chinese aesthetics. Revealing the aesthetic implications of *The Great Learning* has some implications for understanding the humanistic implications of ancient classics.

Key words: *The Great Learning*; aesthetic category; investigating things; Sincerity

From "Poetry Calls out the Sentiment" to "Sentiment is Called out by the Study of Poetry" ——the Philosophical Inquiry with the Comparative Perspective

Lu Chunhong

Abstract: There are two reasons why Confucius focuses on poetry. One is that poetry plays the important part in the social life at that time; another is that the way of poetry is related to the thought of Confucius. From the latter, focusing on poetry shows philosophical significance. This article analyzes the content of discussing poetry of Confucius in the book of the Analects by comparing with the western thought, making the following three levels of understanding: firstly, "Xing" occupies a special position in the four functions of poetry, it is not only the foundation of the other three functions, but also constitutes the essence of poetry. Secondly, in essence, there is the same way of thinking between "sentiment is called out by the study of poetry" and the core concept of Confucius—— "Ren", it shows that the purpose of "Poetry calls out the sentiment" for Confucius is to become "Ren". Finally, as the result of the above-mentioned thinking, poetry forms the special way of its own existence—— "Yun wei" through the integration of sensibility and universality, and makes clear the direction in which poetry develop its different forms.

Key words: Xing; Ren; Yunwei

Wang Yuanhua on the Conception "Pathos" (Qingzhi)

He Bochao

Abtract: Pathos is a pivotal conception of aesthetics and literature, to which Wang Yuanhua drew deep attention. In his *An Interpretaion on The Literary Mind and the Carving of Dragons*, he discusses it with various articles and commonplaces in detail. This word originated from Ancient Greek aesthetics and was expounded by Hegel in his *Aesthetics* as a key moment. Wang Yuanhua combines it with Qingzhi (情志) of *The Literary Mind and the Carving of Dragons* and renders it as the latter in Chineses, meanwhile, he repudiates the translation Qingzhi (情致) from Zhu Guangqian. However, the both renderings are a part of mis-reading and relatively, Wang Yuanhua's exegesis is relevant, because it resulted from his epiphany and mediation in a period of hibernation.

Key words: Qingzhi (情志); Qingzhi (情致); Pathos; Leidenschaft

Arguments about Modern Aesthetics of Living Art

Nie Zhenbin

Abstract: We are told that Art has its life, by the philosophy of life in ancient China; the life of art is an spiritual manifestation of the human activity of self-consciousness of his/her own life. All of aetheticians, whether in modern China or in West, argue that art is fine only if it reveals its own life. They profoundly demonstrate the following problems: How a life becomes beauty, how the life of art comes into being, and of what definitive properties is the life of art, etc.

Key words: Living Art; Modern Aesthetics; Beauty

Three Issues of Design Aesthetics

Liang Mei

Abstract: Design products are objected to meet the daily demands of human life. The cultural properties of design put it in the category of plastic arts. Design aesthetics is based on design objects with their forms, colors and decorations, which demonstrate the lifestyles and values specific of particular nationality and time. Studies in design aesthetics are always related to specific design objects. While design aesthetics reveals in a variety of ways the universality of human values, it also reflects the aesthetic qualities and preferences that are characteristic of specific nationality and time. In order to fully appreciate a certain design, it is necessary to understand its function and functionality. Design works are not created to simply serve any pure or unthoughtful sensual pleasure, or merely for the sake of visual beauty. Differences in cultural backgrunds may lead to different ways of appreciating the beauty of design, as cultural diversity may result in aesthetic perception. Design criticism is thus based on fundamental knowledge of design history and characteristics. The beauty of design is the product of time, and is always deeply rooted in the values of its time.

Key words: design aesthetics; design appreciation; design criticism

《美学》第 1 期—第 10 期总目录

彭　波　王春燕　李　贺　整理

《美学》第 1 期（1979 年 11 月第 1 版，总第 1 期）

朱光潜：形象思维：从认识角度和实践角度来看

郏　义：鲁迅美学观点刍议——纪念"五四"六十周年

李泽厚：康德的美学思想

俞　晴：黑格尔论人物性格

秋　文：试论悲剧的美学意义

朱　狄：灵感概念的历史演变及其他

孙金钟（遗作）：屈原关于美的思想

聂振斌：王充《论衡》的美学思想

赵宋光：论音乐的形象性

王世仁：试论建筑的艺术特征

徐书城：线与点的交响诗——漫谈传统山水画的美学性格

张瑶均：电影艺术与形象思维

韩玉涛：书意——《孙过庭论》第三章第一节

王敬文、阎凤仪、潘泽宏：形象思维理论的形成、发展及其在我国

的流传

《美学》 第 4 期 （1982 年 10 月第 1 版，总第 4 期）

《美学》 第 5 期 （1984 年 7 月第 1 版，总第 5 期）

陈望衡：黑格尔的自然美论

王庆璠：费尔巴哈论美感

刘　东：西方的丑学

滕守尧：无意识与艺术

刑培明：马尔库塞美学批判的批判

薛　华：阿道诺论艺术和反艺术

《美学》第 7 期（1987 年 11 月第 1 版，总第 7 期）现代西方美学评介专辑

刑培明：桑塔亚那美学的基本问题

王又如：论贝尔与弗莱的形式主义美学

崔相录、王生平：存在主义艺术哲学述评

刘小枫：弗洛依德与美学问题

冯　川：荣格美学思想批判

刘大基：苏珊·朗格符号论美学简论

李思进：文学解释学介绍

姜永泰：论艺术节奏

陈华中：论西方美学中的黄金分割

于　平：舞蹈美学探究

李师东：论作为传统诗歌文化心理结构的"兴"的精神

刘长林：阴阳五行与中国传统艺术

朱立元：论黑格尔美学的内在矛盾

《美学》复刊第 1 卷（2006 年 9 月第 1 版，总第 8 期）

李泽厚：度与个体创造

李泽厚：实践美学短记（2005）

李泽厚：实践美学会议发言摘要

导论》

《美学》征稿函

本刊（《美学》，史称"大美学"）诚向学界同人征稿。稿件要求如下：

一　内容要求

1. 《美学》设有"实践美学""中国美学""西方美学""马克思主义美学""设计美学""生态美学"与"比较美学"等栏目。来稿需注明所选栏目，以便送交相关专家评审。此外，本刊还择优发表中外优秀美学著作评论、重要美学学术会议报道、当代美学思潮引介等方面的稿件。来稿要求语言表述畅达，逻辑层次分明，条理结构清晰，符合学术规范。

2. 来稿需为作者原创，不得有抄袭、剽窃或其他侵犯知识产权等问题，不得有违法、违纪和违反学术道德的内容。

3. 文中引文、注释和其他数据，应逐一核对原文，确保准确无误。如若使用转引资料，应实事求是地注明转引出处；如使用了外文数据，作者有责任将相关内容及版权页的纸质复印件或 PDF 等格式的电子文件提交给本刊编辑部备查。

4. 字数要求：论文以 8000—10000 字为宜，原则上每篇文章不超过15000 字。书评不超过 6000 字；会议报道不超过 4000 字；思潮引介不